수학의 모자이크

국제 수학올림피아드 우승자가 쓴, 수학영재를 위한 퍼즐

수학의 모자이크

Mathematical Mosaic

라비 바킬 지음

조정수 · 김은하 · 서현미 · 오유미
여주현 · 이임정 · 이은숙 · 장미선
김연수 · 이경진 · 이준혁 · 김 학 옮김

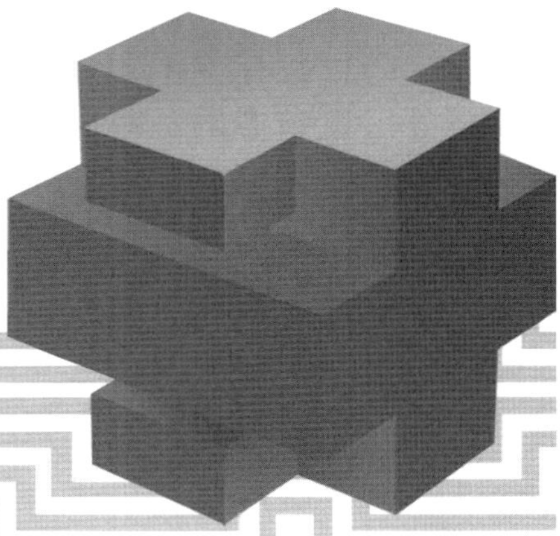

KM 경문사

옮긴이의 말

한 나라의 국가 경쟁력의 수준은 그 나라의 수학 수준과 일치한다고 한다. 그만큼 국가 경쟁력에서 수학이라는 학문과 교과가 차지하는 비중이 높다는 사실을 말하고 있다. 이러한 수학 수준을 향상시키기 위하여 우리나라에서는 10여 년 전부터 수학 영재교육을 실시하고 있으며, 앞으로 더욱 확대하여 수학영재교육을 받는 학생 비율을 높이려고 한다. 현재 여러 대학교의 영재센터와 교육청, 영재학교에서 수학영재 학생들이 영재교육을 받고 있다.

하지만 여러 영재교육기관의 수학영재 프로그램을 보면 상위 학년의 선행 내용 위주로 구성되어 있어 미래 한국 사회를 이끌어갈 수학영재들에게 필요한 수학적 창의성과 스스로 문제를 찾아 연구하고 해결 전략을 구상하는 수학적 문제해결 능력, 수학의 다양한 활용과 적용을 통한 수학적 유용성의 인식, 그리고 수학영재 학생들에게 반드시 필요한 불굴의 집념과 끝까지 포기하지 않는 끈기와 인내심을 길러주기에는 부족한 듯하다.

수학영재를 위한 대부분의 책들이 수학내용의 요약이나 문제풀이 중심으로 쓰인 반면이 책은 저자인 라비 바킬도 말했듯이 다양하고 폭넓은 수학적 경험을 통하여 수학하는 즐거움을 얻고, 수학의 아름다움을 느끼며, 수학의 심오함으로부터 지적 호기심을 가질 수 있도록 했다. 이 책의 내용은 중학교와 고등학교의 수학영재 및 이들을 지도하는 영재담당 수학교사에게 적합하다. 또한 이 책과 참고문헌에 제시되어 있는 여러 책의 내용은 수학영재를 위한 프로그램 개발에도 좋은 지침서가 될 것으로 기대한다.

이 책이 가지는 가장 큰 특징은 저자인 라비 바킬의 경력이다. 라비 바킬처럼 저자 자신이 여러 수학올림피아드에 참가하여 뛰어난 성적을 거둔 경험을 바탕으로 쓴 수학영재 관련 분야의 책은 아마 없을 것이다. 그러한 경험을 바탕으로 라비 바킬은 단순히 수학 내용을 정리하거나 문제를 나열하는 식이 아니라 내용을 읽는 가운데 독자로 하여금 다른 방식으로 생각하고 적용하고 해결하도록 하며, 또 '생각해보기'를 두어 도전적으로 수학적인 사고를 경험할 수 있도록 하고 있다.

이 책의 두 번째 특징은 수론을 포함하여, 조합론, 피보나치 수열, 게임이론, 기하, 체스판 색칠하기, 피보나치와 황금비, 무한, 미적분학의 개념, 복소수, 무한집합과 역설 등의 다양한 주제를 쉽고 깊이 있게 다루고 있다는 점이다. 물론 어떤 주제들의 경우 완벽하게 이해하려면 상당한 수학지식이 필요하지만 참고자료를 찾으면서 읽는다면 학교 수학교실에서 접할 수 없었던 수학을 알게 되는 소중한 경험이 될 것이다.

이 책의 세 번째 특징은 '인물탐구'란이다. 미국, 캐나다, 영국, 러시아 등의 역대 수학올림피아드 참가학생들의 삶과 수학에 대한 생각을 소개함으로써 수학에 대한 그들의 열정과 인생 과정을 살펴볼 수 있어 이 책을 읽는 중고등학교 영재학생들에게 좋은 귀감이 될 것이다.

이 책의 마지막 특징은 장의 내용과 관련된 '수학사 이야기'를 두고 있다는 점이다. 고대의 수학자인 아르키메데스와 피보나치부터 현대의 수학자인 라마누잔과 파인만까지 이들의 주요 업적을 수학사적 입장에서 기술함으로써 내용에 대한 폭 넓은 이해를 도와주고 있다.

이 책을 번역하고자 한 계기는 수학영재와 관련된 다른 책과 달리 앞서 말한 이러한 특징을 가지고 있어 우리나라의 수학영재교육에 시사하는 바가 클 것으로 기대하기 때문이었다. 이 책의 번역을 열한 명의 현장 수학교사들과 함께 한 것도 이들 수학교사부터 수학영재교육에 대한 관점을 바꾸기를 희망했기 때문이었다. 매주 만나 한 줄 한 줄 번역하고 수학문제를 논의하고 풀어보는 과정은 쉬운 일이 아니었지만 학교일과 개인적인 일도 접어둔 채 지난 일 년의 시간을 기꺼이 투자해준 수학교사들에게 감사의 마음을 전한다. 또한 이 책이 출판될 수 있도록 여러 가지 도움을 주신 경문사 여러분께도 깊은 감사를 드린다.

대표 역자
조정수

인간 지성에 대한 찬사

아르키메데스(Archimedes)가 목욕탕에서 뛰쳐나와 알몸으로 고대 그리스 거리를 뛰어다니면서 'Eureka!'(드디어 알아냈다!)라고 소리쳤다는 이야기는 민간에 전해지는 수학의 역사에서 잘 알려진 이야기이다. 목욕탕에서 한동안 정신을 집중하여 끊임없이 생각한 것이 아르키메데스에게 유체정역학(hydrostatics)의 법칙을 발견할 수 있는 영감을 주었다고 한다. 이 이야기가 사실이든 거짓이든 이 전설적인 이야기가 말하고자 하는 것은 어려운 문제를 깊이 생각할 때 일어나는 번쩍이는 영감에 뒤따르는 환희일 것이다. 이 책은 바로 이러한 수학적 발견의 즐거움을 맛보고 느껴보고 싶어 하는 사람들을 위한 책이다.

과거 3천 년의 세월을 지나오면서 각 세대에 있었던 위대한 지적 거인들은 인간 정신에 도전하는 어려운 문제들을 해결하기 위하여 사투를 벌여왔다. 그러다 번뜩이는 영감으로 문제가 풀렸을 때 그 성공적인 문제해결전략은 다듬어지고 세련되고 정교화되어 수학이라는 지적 기법의 하나가 된다. 수학사 전체를 통해서 가장 뛰어난 문제해결자 중의 한 사람이었던 아이작 뉴턴(Isaac Newton)은 자신이 좋아하는 발견들을 "부드러운 조약돌이나 보통 것보다 더 예쁜 조개들"이라고 했다.* 이 책의 저자 라비 바킬(Ravi Vakil)은 수학이라는 기법 중 가장 아름다운 조약돌과 가장 예쁜 조개를 구별하여 흥미로운 모자이크 그림을 창조해냈다. 이 책은 전체를 내다보는 뛰어난 아이디어를 통해 다양한 분야의 수학을 서로 연결해 놓은 모자이크 그림이다. 라비 자신은 거의 모든 수학경시대회와 수학올림피아드에서 최고의 자리를 차지했던 경력을 지닌 탁

* 이 인용에 대한 자세한 것은 8쪽 참고.

월한 문제해결가이다. 라비의 놀라운 이야기는 뒤에 별도로 소개하였다.

이 책에서 라비 바킬은 최근의 수학경시대회와 수학올림피아드의 우승자 몇 명에 대해서 소개하고 있다. 이들 우승자들은 세계적으로 천재적 능력을 인정받은 젊은이들이다. 이들의 흥미로운 이야기를 읽어보면 이들 모두의 마음속에 '유레카'의 흥분에 대한 열정을 공통적으로 가지고 있음을 발견할 수 있을 것이다. 이런 열정이 바로 이들이 서로를 이해하고 절친한 친구이자 경쟁자로 함께 유대를 맺어 갈 수 있도록 하고 있다.

인간 지성에 대한 찬사를 담고 있는 이 책을 출간하게 되어 매우 기쁘게 생각한다. 과거에 있었던 지적 거인들에 대한 찬사로서, 그리고 현재와 미래의 뛰어난 문제해결가에 대한 경의의 표시로 이 책을 출간하는 것이다. 이 책을 읽는 독자들에게 도전 문제를 하나 내고자 한다. 책장을 넘기면서 여러분의 호기심을 자극하는 문제가 하나도 없게 되도록 도전해보라!

세상 사람들에게
내가 어떻게 비칠지는 모르겠지만,
나는 진리의 거대한 대양이 저만치에서
미지인 채로 놓여 있는데도
그 대양을 헤엄치기는커녕
겨우 그 대양의 바닷가에서
매끄러운 돌이나 아름다운 조개를 찾으며
신나게 놀고 있는 어린 아이에 불과하지 않았나 생각한다.

아이작 뉴턴 *Isaac Newton*

글을 시작하며

겉으로 드러난 수학의 대중적 모습은 때로는 따분하고, 대로는 유용하다. 다시 말해서, 수학은 유용한 도구로 생각되기도 하고, 수많은 알고리즘과 방법들을 아무렇게나 모아 놓은 것으로 느껴지기도 하며, 또는 과학을 이해하기 위한 사전 필수지식이라고 생각하기도 한다. 이런 모습과 달리 수학의 내면적인 모습은 아름답다는 느낌에 훨씬 가깝다. 다시 말해서, 수학은 과학이 시키는 일을 순종적으로 행하는 하녀가 아니라 과학 위에 군림하며 과학에 명을 내리는 여왕이다. 수학은 독특한 심미성을 띤 학문이기에 수학자들은 훌륭한 아이디어에 찬사를 보내고자 할 때 '아름답다', '심오하다', '우아하다', '강력하다' 등의 단어를 사용한다. 수학을 진정으로 즐기기 위해서는 우아한 논쟁이 지닌 아름다움을 음미하는 법을 배워야 하며, 이를 통해서 논쟁을 할 수 있는 법 또한 배워야 한다.

이 책을 쓴 이유는 수학자들이 실제로 하는 일이 무엇인지를 일반 사람들이 조금이나마 이해하기를 원했기 때문이다. 참으로 놀랍게도 수학에서 대부분의 '위대한 아이디어들'이나 자주 예로 드는 수학 주제들은 어느 정도의 배경지식만 있으면 풀 수 있는 간단한 문제나 퍼즐에서 나온 것이란 사실이다. 이 책은 이러한 문제들을 모아 놓았으며, 또한 이 문제들에 대해 오늘날의 수학 연구 분야와 역사적 배경을 거슬러 올라가서 살펴보기도 했다. 과거의 수학적 아이디어들이 새로운 의미로 해석되어 더 발전된 단계로 도약하는 데 몇 세기가 걸리는 것이 수학에서는 다반사이다. 이처럼 수학적으로 중요한 아이디어들을 살펴보는 가운데, 순수수학과의 연관성은 있지만 약간은 재미있는 놀이 같기도 하여 엄격한 수학을 하는 사람들에게는 불손하게 느껴질 수도 있는 주제를 다루기도 한다.

이 책은 수학 문제와 씨름하는 것이 재미있고 흥분되는 것이란 점을 어느 정도 전달하고는 있지만 문제를 해결하는 방법을 가르치고자 하는 것은 아니다. 수학으로 만든 푸짐한 음식들로 가득 찬 식탁을 차려 놓고 여러분들이 천천히 여유롭게 음미하면서 소화시키기를 바라는 뜻에서 이 책을 쓰게 된 것이다.

이 책은 결코 어떻게 끝나거나 완성하는 것을 의도하지 않고 있다. 오히려 조금씩 읽어나가야 하는 책이다. 이 책에 있는 수학 내용은 다른 모든 수학과 마찬가지로 한 손에 연필을 들고 오랫동안 깊이 생각하고 적어가면서 읽어야 한다. 수학은 스포츠를 관람하는 것처럼 해서는 절대 이해할 수 없는 학문이다!

여러분이 이 책을 읽으면서 알게 되겠지만 다른 종류의 모자이크 그림처럼 이 책은 여러 종류의 수많은 수학 조각으로 이루어져 있다. 이 조각들은 대략 난이도에 따라서 정렬되어 있으며 각 절의 제목은 조각들의 전체적인 특징을 나타내고 있다. 그래서 여러분이 흥미롭다고 생각하는 아무 절이나 그냥 읽기 시작하면 된다. 그리고 책의 순서와 상관없이 여러분이 읽은 내용과 관련된 주제로 넘어가서 더 읽으면 된다. 이렇게 책을 읽는 가운데 여러분은 한 분야의 수학적 아이디어들이 다른 많은 주제와 연관되어 있다는 사실을 쉽게 발견할 수 있을 것이다. 그리고 이 책을 읽으면서 각 절에 있는 수학적 내용에 대해 놀라움과 함께 당황스러움도 경험하기를 바란다.

각 장의 끝 부분이나 중간에 '생각해보기'가 있다. '생각해보기'는 연습 이상의 의미를 지닌 것으로 여기에 있는 내용은 여러분들 스스로 생각해서 문제를 해결하도록 하고 있다. 앞에 나오는 본문 내용이 도움은 되겠지만 그렇다고 큰 도움이 되지는 않을 것이다. 그런 의미에서 의도적으로 몇 개의 해답을 제시해놓았다. 사실 '생각해보기'에 있는 문제의 경우 단 하나의 정답만 있는 것은 아니며, 상당히 개방형인 문제들이라 '완벽하게' 풀었다고 말할 수 있는 경우는 아마 없을 것이다. 그래서 모든 문제를 다 풀려고 애쓰지 않아도 된다. 여러분의 눈에 띄는 한두 문제를 골라서 고민해서 풀어보고 힘들면 며칠 쉬었다가 풀어도 된다. 수학에서 성공이란 얼마나 많은 문제를 풀었나에 의해 정해지는 것이 아니라 얼마나 많은 새로운 수학적 아이디어를 가지고 있느냐에 의해 결정되는 것이다. 그리고 수학을 공부할 때 반드시 기억해야 할 미덕은 바로 인내심이다.

이 책을 읽어나가다 보면 참고한 책에 대한 언급을 자주 보게 된다. 여러분들이 이 두껍고 무거운 여러 권의 책을 읽어야 한다고 겁주기 위해 언급해놓은 것은 아니다. 여기에 언급해 놓은 책들은 혹시라도 여러분들이 특별히 흥미로운 내용을 발견했을 때 더 깊고 넓게 공부하고 싶은 경우 참고할 수 있도록 하려고 제시해놓은 것이다.

또한 이 책에는 여러 해 동안 수학과 관련 있는 뛰어난 수학적 재능을 지닌 흥미로운 젊은 사람들에 대한 간단한 소개가 실려 있다. 수학을 공부하면서 내가 운 좋게 만나게 된 수많은 흥미진진한 사람들 중에서 임의로 뽑아서 소개한 것이다. 이들 중 몇 명은 수학을 전공하여 명성을 떨친 사람도 있으며, 자신들이 좋아하는 학문을 공부하는 사람들도 있다. 이들에 대한 소개를 통해서 수학을 하는 즐거움에 대한 그들만의 독특한 시각을 여러분들과 함께 경험하고 싶다.

이들 젊은 사람들 모두가 수학경시대회에서 정말 뛰어난 재능을 발휘했다는 사실을 책을 읽으면서 알게 될 텐데, 국제수학올림피아드에서 이들이 받은 금메달을 합치면 무려 11개나 된다. 그렇다고 수학경시대회가 수학에서 성공하는 길이란 뜻은 결코 아니며, 또한 수학경시대회가 수학에서 성공하기 위한 필수조건임을 뜻하고자 하는 것은 더더욱 아니다. 내가 이들을 소개하는 것은 수학경시대회에 참가하면서 이들 젊은 수학자들과의 개인적인 친분관계를 쌓을 수 있었기 때문이다.

이 책을 즐거운 마음으로 읽기 시작하는데 준비해야 할 것은 사실 아무것도 없다. 여러분들이 이해할 수 있고 풀 수 있을 만큼만 하면 된다. 그런데 정말 옴짝달싹 못할 정도로 꽉 막힌 경우에는 친구나 선생님에게 도움을 받으라고 말하고 싶다. 이 책을 통해서 여러분들이 얼마나 많은 수학 내용과 아이디어들을 배웠는지 놀라게 될 것이다! 이 책의 뒤쪽에 있는 내용들은 수학적 귀납법, 간접 논증법, 집합론, 복소수 및 미적분학을 알고서 보면 훨씬 좋으며, 어떤 경우에는 이런 내용이 필요하기도 한다. 그렇지만 그 외의 내용들은 고등학교 정도의 수학 지식과 약간의 무모한 도전정신만 있으면 충분히 읽을 수 있다고 본다.

이 정도면 책에 대한 소개는 충분할 것이니 이제 수학을 공부해보자!

목 차

피보나치 수열

게임이론

기하

조합론의 재조명

체스판 색칠하기

수론의 재조명

수론

수학은 과학의 여왕이며, 수론은 수학의 여왕이다.

칼 가우스 *Karl Gauss*

마법 같은 계산

마법처럼 재미있고 빠르게 계산하는 몇 가지 방법이 있다. 이 방법은 겉으로는 심오한 수학으로 보이지 않지만 이를 통해 초보적인 대수를 연습할 수 있다. 예를 들어 10의 자리수가 같고 1의 자리수의 합이 10인 두 수를 곱하는 마법 같은 계산법이 있다. 다음 예를 통해 답을 구하는 과정에서 규칙을 찾아보자.

38	13	79	25	118
× 32	× 17	× 71	× 25	× 112
1216	221	5609	625	13216

비결

- 10의 자리 수와 그 수보다 1 더 큰 수를 서로 곱한다. 그 결과를 'A'라 한다.
- 1의 자리의 두 수를 서로 곱한다. 그 결과를 'B'라 한다.
- A를 적고 바로 다음에 이어서 B를(여기서 B는 두 자리 수로 생각한다) 적는다.
- 그러면 두 수의 곱을 구할 수 있다.

예를 들어 32와 38을 머릿속으로 곱한다고 하자. 그러면 A=12(10의 자리인 3과 그보다 1 더 큰 수인 4의 곱이므로), B=16(1의 자리의 두 수인 8과 2의 곱이므로)이다. 이 A와 B를 나란히 적으면 구하고자 하는 답이 된다. 위에 있는 다른 예들을 통해 이 방법이 옳은지 확인해보자.(마지막 예는 100의 자리의 수라서 규칙을 따르지 않을 듯 보이지만 조금만 생각하면 쉽게 구할 수 있을 것이다).

증명

위 방법에 대한 증명은 그렇게 어렵지 않다(여러분 스스로 증명을 해볼 수도 있다). 위에서 제시된 두 수의 10의 자리 수를 x라 하자. 그리고 첫 번째 수의 1의 자리 수를 y라고 하자. 그러면 두 번째 수의 1의 자리 수는 $10-y$로 표현할 수 있다.

그러면 제시된 두 수를 식을 사용하여 나타내면 $10x+y$와 $10x+10-y$가 된다.
이들 두 식을 곱하면

$$\begin{aligned}(10x+y)(10x+10-y) &= 100x^2+100x+y(10-y)\\ &= 100x(x+1)+y(10-y)\\ &= 100\textcircled{A}+\textcircled{B}\end{aligned}$$

A: 10의 자리 수와 그 다음 수의 곱

B: 1의 자리의 곱

*몇 가지 계산과정은 생략했음

불가능한 임무

계산을 빠르게 하는 또 다른 방법이 있다. 이 방법은 앞의 방법보다 더 신기한데 어떻게 이런 계산이 되는지에 대한 답은 여기에 나와 있지 않다. 여러분의 임무는 아래의 네 가지 예로부터 계산 방법을 추측해 내는 것이다(만약 여러분이 이 계산 원리를 알아낸다면 컴퓨터가 어떻게 숫자들을 곱하는지도 쉽게 이해할 수 있게 될 것이다).

[예 1] $12 \times 23 = 276$

~~12~~	~~23~~
~~6~~	~~46~~
3	32
1	184
	276

[예 2] $35 \times 42 = 1470$

35	42
17	84
~~8~~	~~168~~
~~4~~	~~336~~
~~2~~	~~672~~
1	1344
	1470

[예 3] $53 \times 65 = 3445$

53	65
~~26~~	~~130~~
13	260
~~6~~	~~520~~
3	1040
1	2080
	3445

[예 4] $21 \times 71 = 4191$

21	71
~~10~~	~~142~~
5	284
~~2~~	~~568~~
1	1136
	1491

다음은 그다지 어렵지 않은 숫자 퍼즐의 또 다른 예이다.

> 여섯 자리의 수 N이 있다. $2N$, $3N$, $4N$, $5N$, $6N$을 계산했을 때, 배열은 다르지만 같은 숫자가 나타나는 N을 찾으시오(이 수는 여러분이 흔히 본 수이기도 하다). 그러면 $7N$은 얼마인가?

어떻게 풀지 전혀 감이 오지 않으면 28쪽에서 답을 확인할 수 있는데, 암호문으로 적어두었다.

멍청이인가, 계산의 천재인가?

역사상 초인적인 계산 능력을 가진 사람들이 있었다. 천재적 재능을 가진 이 사람들은 자신들이 어떻게 컴퓨터와 같은 빠른 속도로 복잡한 계산을 하는지 설명할 수가 없었다. 이들의 경우는 보통 천부적인 수학적 능력으로 볼 수 없는 경우가 많아 이들을 멍청이 학자라고 부르게 되었다. 1988년 영화배우 더스틴 호프만(Dustin Hoffman)은 영화 '레인맨(Rain Man)'에서 자폐증을 앓는 계산 천재 역을 연기하여 그 해 아카데미 최우수 연기상을 수상했다. 역사상 가장 유명한 멍청이 계산 천재 중에는 조지 파커 비더(George Parker Bidder)가 있다. 그는 10세 때인 1816년 "마차 바퀴의 원주가 5피트 10인치라면 800,000,000마일을 달리려면 몇 바퀴를 회전해야 하는가?"라는 질문을 받았다. 비더는 불과 50초 만에 724, 114, 285, 714바퀴를 돌면 20인치가 남는다."라고 정확하게 답했다.

기네스북의 가장 최근 기록에 따르면 1980년 6월 18일, 인도의 샤쿤탈라 데비(Shakuntala Devi)라는 가정주부가 무작위로 고른 13자리의 두 수의 곱을 불과 28초 만에 정확하게 계산했다고 한다.

1981년 4월 7일에는 빌렘 클라인(Willem Klein)이 일본 츠쿠바에 있는 고에너지 물리학 연구소에서 100자리 수의 13번째 제곱근을 불과 1분 28.8초 만에 정확하게 계산해 냈다. 이런 놀랄 만한 계산 능력을 본다면 이들은 멍청이가 아니라 계산의 천재라고 부르는 것이 더 적절할 것이다.

생일 알아맞히기 마술 카드

마술사 메를린은 다섯 장의 마술 카드를 보여주고 생일이 있는 카드가 어느 것인지만 물어봐도 여러분이 태어난 날짜를 알아맞힐 수 있다고 한다. 어떻게 이것이 가능한지 알아보자.

메를린이 5장의 카드를 보여주면서 여러분이 태어난 날짜가 있는 카드를 골라보라고 한다. 그런 다음 여러분이 고른 카드의 왼쪽 위 모서리에 있는 수들을 더하는데 이렇게 해서 구한 값이 바로 여러분이 태어난 날짜이다.

예: 만약 여러분이 태어난 날이 이번 달의 12일이라고 하자. 그러면 옆의 카드에서 12가 있는 2번과 3번 카드를 선택한다.

Card 0

1	3	5	7
9	11	13	15
17	19	21	23
25	27	29	31

Card 1

2	3	6	7
10	11	14	15
18	19	22	23
26	27	30	31

Card 2

4	5	6	7
12	13	14	15
20	21	22	23
28	29	30	31

Card 3

8	9	10	11
12	13	14	15
24	25	26	27
28	29	30	31

Card 4

16	17	18	19
20	21	22	23
24	25	26	27
28	29	30	31

TIP 이 마술에 대한 답은 32쪽 '생일 알아맞히기 마술 카드의 숨은 비밀'에 나와 있다. 하지만 여러분 스스로 답을 찾아보고 싶다면 각 카드에 있는 수들의 패턴을 조사해보기 바란다.

나누어떨어지는 규칙

수학의 오랜 역사상 칼 프리드리히 가우스(Karl Friedrich Gauss)는 가장 뛰어난 수학자 중 한 명이었으며 또한 계산의 천재였던 몇 안 되는 수학자였다(이 책의 147쪽에서 가우스에 대해 더 많은 것을 배우게 된다). 가우스는 사칙연산 중에 나눗셈을 가장 싫어했다 1801년에 출판된 그의 논문 〈계산의 논고(Disquisitiones Arithmeticae)〉에서 가우스는 수론의 많은 다른 정리들을 통합하여 법연산(modular arithmetic)이라 불리는 새로운 계산법을 발표하였다. 이러한 계산에 대한 새로운 접근 중 하나는 나눗셈을 곱셈으로 바꾸어 계산에 필요한 나눗셈의 양을 줄이는 것이었다. 일반적인 계산에서는 두 정수가 같은 경우에 한하여 동치라고 말한다. '법 n(modulo n)'의 계산에서는 두 정수를 n으로 나누었을 때 나머지가 같은 경우에 한하여 이 두 정수는 동치라고 한다. 법 n에 관한 동치(equivalence modulo n)는 다음과 같이 정의한다.

정의

만약 $x-y$가 n으로 나누어진다면, 두 정수 x와 y는 법 n어 관한 동치(equivalence modulo n)라 한다.
$x-y$가 n으로 나누어질 때, $x \equiv y \pmod{n}$으로 쓴다.

간단하게 법 n에 관한 동치는 정수들을 n으로 나누었을 때의 나머지에 따라 집합으로 분류할 수 있다. 즉 같은 나머지를 갖는 모든 정수들은 동치로 생각할 수 있다. 예를 들어 법 2에 관한 동치는 모든 정수들을 짝수와 홀수라는 두 개의 집합으로 나눈다.

$$\text{정수의 집합 } Z=\{0, \pm 2, \pm 4, \cdots\} \cup \{\pm 1, \pm 3, \pm 5, \cdots\}$$

법 3에 관한 동치는 모든 정수들을 3의 배수, $3n+1$ 형태의 정수, $3n+2$ 형태의 정수로 나눈다.

$$\text{정수의 집합 } Z=\{3n | n \in Z\} \cup \{3n+1 | n \in Z\} \cup \{3n+2 | n \in Z\}$$

같은 집합에 있는 수들은 법 3에 관한 동치임을 알 수 있다. 예를 들어

$$3 \equiv 45 \pmod{3}, \quad 5 \equiv 32 \pmod{3}$$

이 장에서는 법 계산과 'mod' 표기법의 사용에 대해 배울 것이다.

누구나 2, 3, 4, 5와 같은 수들에 의한 나눗셈 규칙에는 익숙하다. 11과 같은 두 자리 수들에 대한 나눗셈 규칙도 마찬가지로 쉽게 기억하고 있을 것이다. 이러한 규칙들이 증명은 법 계산의 몇 가지 기본적인 성질들을 사용하여 아주 쉽게 해결할 수 있다. 여기서는 일반적인 나누어떨어지는 규칙을 증명하고 알려지지 않은 몇 가지 정리들도 살펴보자. 아주 간단한 예로 시작해보자.

2로 나누어떨어짐

> 어떤 수가 2로 나누어떨어진다와 동치는 그 수의 마지막 자릿수가 짝수일 때이다.

이것은 아주 쉬워 보이지만, 여기에서 앞으로 사용하게 될 몇 가지 유용한 방법들을 얻어낼 수 있다. 471을 10의 거듭제곱을 이용하여 다음과 같이 나타내보자.

$$471 = 4 \times 10^2 + 7 \times 10^1 + 1$$

만약 n 자릿수 M과 관련된 어떤 수학적 사실을 증명하고자 한다면, 그 수의 자릿수를 나타내기 위해 변수를 사용해야 한다. 만약 M의 각 자릿수들을(왼쪽에서 오른쪽으로 적었을 때) a_{n-1}, a_{n-2}, $\cdots$, a_1, a_0이라고 한다면 이 수 M은 $M = (a_{n-1}a_{n-2} \cdots a_1a_0)_{10}$이라고 쓸 수 있다.

아래첨자 '10'은 괄호 안의 수와 곱하는 수가 아님을 기억하자. 이것이 의미하는 것은 다음과 같다.

$$M = a_{n-1} \times 10^{n-1} + a_{n-2} \times 10^{n-2} + \cdots + a_1 \times 10^1 + a_0$$

(나중에 10을 2나 3과 같은 몇 가지 다른 수들로 대신하면 놀라운 현상을 볼 수 있는데, 이것을 수학적 용어로 '다른 진법의 사용'이라고 한다.)

M이 2로 나누어지는지 알아보기 위해서는 $M \equiv 0 \pmod 2$만 확인하면 된다.
$10 \equiv 0 \pmod 2$이기 때문에 다음이 성립한다.

$$\begin{aligned} M &\equiv a_{n-1} \times 10^{n-1} + a_{n-2} \times 10^{n-2} + \cdots + a_1 \times 10^1 + a_0 \\ &\equiv a_{n-1} \times 0^{n-1} + a_{n-2} \times 0^{n-2} + \cdots + a_1 \times 0^1 + a_0 \\ &\equiv a_0 \pmod 2 \end{aligned}$$

이 방법을 사용하여 5와 10으로 나누어떨어지는 규칙을 증명할 수 있는가?

따라서 M이 2로 나누어떨어진다는 것은 그 마지막 자릿수가 2로 나누어떨어지는 것과 같다!

9로 나누어떨어짐

어떤 자연수가 9의 배수일 필요충분조건은 그 수의 각 자리의 숫자의 합이 9의 배수일 때이다. 예를 들어 1234567890이 9의 배수인지 아닌지 판정하려면 각 자리 숫자의 합을 구해야 한다. 1+2+3+4+5+6+7+8+9+0=45이고 45는 9의 배수이므로, 1234567890은 9의 배수이다.

앞에서 살펴본 것처럼 M이 n자리 자연수인 경우에 대하여 알아보자.

$$M = a_{n-1} \times 10^{n-1} + a_{n-2} \times 10^{n-2} + \cdots + a_1 \times 10^1 + a_0$$

이때 $10 \equiv 1 \pmod 9$이고, 따라서 모든 $k(k=0,\ 1,\ 2,\ \cdots)$에 대하여 $10^k \equiv 1^k \pmod 9$이고, 이 사실을 이용하여 계산하면 다음과 같다.

$$\begin{aligned} M &\equiv a_{n-1} \times 10^{n-1} + a_{n-2} \times 10^{n-2} + \cdots + a_1 \times 10^1 + a_0 \\ &\equiv a_{n-1} \times 1^{n-1} + a_{n-2} \times 1^{n-2} + \cdots + a_1 \times 1^1 + a_0 \\ &\equiv a_{n-1} + a_{n-2} + \cdots + a_1 + a_0 \pmod 9 \end{aligned}$$

이 증명을 통해 기본적인 배수 판정법 이상의 정보, 즉 M의 각 자리 숫자의 합을 통해 M을 9로 나눈 나머지를 알 수 있다.

예: $$\begin{aligned} 123454321 &\equiv 1+2+3+4+5+4+3+2+1 \\ &\equiv 25 \\ &\equiv 2+5 \\ &\equiv 7 \pmod 9 \end{aligned}$$

다음의 3으로 나누어떨어지는 규칙을 증명해보시오.

3으로 나누어떨어짐

> 어떤 자연수가 3의 배수일 필요충분조건은 그 수의 각 자리의 숫자의 합이 3의 배수일 때이다. (일반적으로 어떤 수는 각 자리의 숫자의 합이 법 3에 한하여 동치이다.)

4로 나누어떨어짐

> 어떤 자연수가 4의 배수일 필요충분조건은 그 수의 마지막 두 자리의 수(두 자리 자연수로서)가 4의 배수일 때이다. (8의 배수에 관하여 비슷한 규칙을 유추해낼 수 있는가?)

위의 4의 배수에 관한 판정법은 다음의 판정법과 동치이다.

만약 마지막 두 자리의 수가 ab라면, ab가 4의 배수일 필요충분조건은 다음 조건 중 어느 하나를 만족하는 것이다.

i) b가 4의 배수이고 a가 짝수인 경우
ii) b가 짝수이지만 4의 배수는 아니고 a가 홀수인 경우

11로 나누어떨어짐

> $M=(a_{n-1}a_{n-2}\cdots a_1a_0)_{10}$이 11의 배수일 필요충분조건은
> $a_0+a_2+a_4+\cdots=a_1+a_3+a_5+\cdots$ (도움말: $10\equiv-1 \pmod{11}$)

$M=(a_{n-1}a_{n-2}\cdots a_1a_0)_{10}$을 11로 나눈 나머지를 구하는 간단한 방법을 찾을 수 있는가? (단순히 11로 나눈 다음 그 나머지가 무엇인지를 알아보는 방법으로는 안 된다.)

합성수의 일반화

6의 배수를 판정하기 위해서는 2와 3의 배수임을 판정하면 된다. 12의 배수임을 판정하기 위해서는 3과 4의 배수임을 판정하면 된다. (그러나 비록 2와 6을 곱하면 12가 될지라도 2와 6의 배수임을 판정하는 것은 충분하지 않다. 왜 그럴까?) 이러한 방법을 이용하면 12, 15, 36, 60과 같은 많은 수들의 배수를 쉽게 판정할 수 있다.

인수정리

여러분이 어느 정도 수학을 공부했다면 다음 정리에 익숙할 것이다.

인수정리 (Factor Theorem)

$g(x)$가 x에 관한 다항식이라고 하자. 그러면 $g(x)$는 $(x-a)$를 인수로 가진다. $\Leftrightarrow$ $g(a)=0$

기호 $\Leftrightarrow$는 동치(필요충분조건)라는 뜻이다

인수정리는 다항식의 해와 일차인수를 관련짓는 것이다.
$(x-3)$이 다항식 $g(x)=x^3-8x^2+22x-18$의 인수가 되는지 알아보기 위해서 $g(3)$을 계산한다. x에 3을 대입하면 $3^3-8(3)^2+22(3)-18=3$이다. $g(3)\neq 0$이기 때문에 $g(x)$는$(x-3)$을 인수로 가지지 않는다.

인수정리가 9와 11로 나누어떨어지는 규칙과 관련된 개념임을 이해할 수 있겠는가? ['다항식이 $(x-1)$로 나누어떨어진다'와 '다항식의 계수의 총합이 0이다.'는 것이 동치인 것이 이해되는가? 예를 들어, $x^{73}-3x^2+2$는 $(x-1)$로 나누어떨어진다. 그러나 $x^{94}+5x+3$은 그렇지 않다. 이것은 9로 나누어떨어지는 것과 같은 특징을 가지고 있다. 다항식이 $(x+1)$로 나누어떨어지는 것과 유사한 법칙을 생각할 수 있겠는가? 다시 말해서 11로 나누어떨어지는 것과 본질적으로 같다는 것을 알 수 있는가?]

인수정리는 나머지 정리의 특별한 경우이다.

나머지 정리 (Remainder Theorem)

$g(x)$가 x에 관한 다항식이라고 하자. 그러면 $g(x)$를 $(x-a)$로 나눈 나머지는 $g(a)$이다.

다항식 $g(x)$를 $(x-a)$로 나눈 몫을 $f(x)$, 상수항을 r이라 하고 나머지 정리를 증명해보자. 그러면 다항식 $g(x)$는 다음과 같이 나타낼 수 있다.

$$g(x) = (x-a)f(x) + r$$

이 등식에서 x 대신에 a를 대입하면 $r=g(a)$이다. 따라서 $g(x)=(x-a)f(x)+g(a)$이다. 그러므로 $g(x)$를 $(x-a)$로 나누면 몫 $f(x)$와 나머지 $g(a)$를 얻는다. 그렇다면 나머지 정리를 이

용해서 인수정리를 증명할 수 있겠는가?

잠시 생각해보면 나머지 정리를 다음과 같이 적용할 수 있다.

$$(a_{n-1}\,a_{n-2}\cdots\,a_1 a_0)_{10} \equiv a_{n-1}+a_{n-2}+\cdots+a_1+a_0 \pmod 9$$

20쪽에 있던 숫자 퍼즐의 답이다. 아래 알파벳을 알파벳 순서에서 바로 전 알파벳으로 바꾸어 다시 문장으로 적어보면 답이 무엇인지 알 수 있을 것이다.

UBLF UIF GJSTU TJY EJHJUT BGUFS UIF EFDJNBM
QPJOU JO UIFEFDJNBM FYQBOTJPO PG PDFTFWFOUI

도전문제

위의 퍼즐 답은 10진법에 적용되는 것이다. 그렇다면 다른 진법에서도 이와 유사한 예의 숫자들이 있을까?

좀더 복잡한 나누어떨어짐

다음은 비교적 덜 알려진 7로 나누어떨어지는 규칙이다.

7로 나누어떨어짐

> $(a_{n-1}a_{n-2}\cdots a_1a_0)_{10}$ 가 7로 나누어떨어진다.
> $\Leftrightarrow$ $(a_{n-1}a_{n-2}\cdots a_1)_{10}+5a_0$가 7로 나누어떨어진다.

12345가 7로 나누어떨어지는지를 확인하기 위해 이 규칙을 반복해서 사용해보자.

12345가 7로 나누어떨어진다.
$\Leftrightarrow$ 1234+5×5는 7로 나누어떨어진다.
$\Leftrightarrow$ 1234+25는 7로 나누어떨어진다.
$\Leftrightarrow$ 1259는 7로 나누어떨어진다.
$\Leftrightarrow$ 125+5×9는 7로 나누어떨어진다.
$\Leftrightarrow$ 125+45는 7로 나누어떨어진다.
$\Leftrightarrow$ 170은 7로 나누어떨어진다.
$\Leftrightarrow$ 17+5×0=17은 위의 규칙에 따르면 7로 나누어떨어진다. 그러나 17은 7로 나누어떨어지지 않는다.

따라서 12345는 7로 나누어떨어지지 않는다는 것을 알 수 있다. 이와 같이 이 규칙은 7로 직접 나누는 것보다 조금 더 편할 뿐이라는 것을 알 수 있다. 그러나 아주 조금 특별한 규칙과 함께라면 이 규칙을 좀 더 효율적으로 만들 수 있다. 예를 들어 1234567이 7로 나누어떨어지는지 확인해보자.

❶ 먼저 마지막 7을 버린다. 이것은 7로 나누어떨어짐에 영향을 미치지 않는다. (왜 그럴까?) 1234560이 남는다.
❷ 다음으로 10으로 나눈다. 이것 또한 7로 나누어떨어짐에 영향을 미치지 않는다. (왜 그럴까?) 123456이 남는다.
❸ 위의 규칙을 사용하여 123456을 12345+5×6=12375로 바꾼다.
❹ 7을 버리고 12305를 얻는다.
❺ 다시 규칙을 사용하면 1230+5×5=1255를 얻는다.
❻ 한 번 더 규칙을 사용하면 125+5×5=150이다.
❼ 마지막으로 10으로 나누어 15를 얻는다. 이것은 7로 나누어떨어지지 않는다.

그러므로 1234567은 7로 나누어떨어지지 않는다. 조금만 연습하면 이 규칙을 잘 활용할 수 있을 것이다.
이 규칙을 증명해보자. 주어지는 수를 M이라 하면 각 자리의 숫자를 미지수로 두는 것보다 10의 자리 이상의 수를 미지수로 두는 것이 이 경우에는 더 쉽다. 그리고 일의 자리의 수를 다른 미지수로 두자. 즉, $M=10x+y$. (단, x는 음이 아닌 정수이고 y는 0 이상 9 이하의 정수이다.)

다음 명제를 증명해보자.

명제

$10x+y$는 7로 나누어떨어진다. $\Leftrightarrow$ $x+5y$는 7로 나누어떨어진다.

증명

7로 나누어떨어지는 수는 5배를 하여도 7로 나누어떨어진다.

$$\begin{aligned} 10x+y\text{가 7로 나누어떨어진다.} &\Leftrightarrow 5(10x+y)\text{는 7로 나누어떨어진다.} \\ &\Leftrightarrow 7(7x)+(x+5y)\text{는 7로 나누어떨어진다.} \end{aligned}$$

$7(7x)$는 7의 배수이므로

$$7(7x)+(x+5y)\text{는 7로 나누어떨어진다.} \Leftrightarrow x+5y\text{가 7로 나누어떨어진다.}$$

(이 증명을 조금만 변형하면 49로 나누어떨어지는 규칙을 찾을 수 있다. 할 수 있겠는가?)

이 증명은 법연산을 이용하여 다음과 같이 표현할 수 있다.

$$10x+y \equiv 0(\mathrm{mod}7) \Leftrightarrow 5(10x+y) \equiv 0(\mathrm{mod}7)$$

7로 나누어떨어지는 규칙을 통해 13으로 나누어떨어지는 규칙도 증명할 수 있다.

13으로 나누어떨어짐

$(a_{n-1}a_{n-2}\cdots a_1a_0)_{10}$이 13으로 나누어떨어진다.
$\Leftrightarrow (a_{n-1}a_{n-2}\cdots a_1)_{10}+4a_0$가 13으로 나누어떨어진다.

여기에 흥미가 있다면 비슷한 방법을 이용하여 19(13으로 나누어떨어지는 규칙에서 4를 2로 바꿔서), 23, 29, 59, 79, 89로 나누어떨어지는 규칙도 발견할 수 있을 것이다.

생각해보기

❶ 앞의 방법을 이용하면 30 이하의 수 중 17과 27을 제외한 수로 나누어떨어지는 규칙을 찾을 수 있다. ('제외한 수'에 대한 규칙도 존재하는지 생각해보자. 이것은 도전할 만한 가치가 있다.)

❷ 만약 사람이 12개의 손가락을 가졌다면 오늘날 12진법을 사용했을 것이다. 12진법에서 2, 3, 4로 나누어떨어지는 규칙을 찾을 수 있겠는가? 11이나 13의 경우는 어떠한가?

❸ 7, 11, 13으로 나누어떨어지는 규칙을 동시에 확인하는 방법이 있다. 이 방법은 특히 큰 수에서 매우 유용하다. 만약 매우 큰 수가 있다면 ','를 이용하여 자릿수를 3개씩 나누어 표기한다(예를 들어 342,032,731,131). 이제 첫 세 자리의 수를 가져와서 두 번째 세 자리의 수를 빼고 다음 세 자리의 수를 더하고 이런 방법을 되풀이한다. 이렇게 얻은 수는 다루기가 훨씬 수월하다. 만약 원래의 수가 7로 나누어떨어진다면 이렇게 얻은 수도 역시 7로 나누어떨어질 것이며 그 역도 성립한다. (11과 13에도 같은 방법을 적용할 수 있다.) 예를 들어 342,032,731,131을 가져오면 342−32+731−131=910이며, 이 수가 7과 13으로는 나누어떨어지나 11로는 나누어떨어지지 않으므로 원래의 수도 7과 13으로 나누어떨어지지만 11로 나누어떨어지지 않는다. 왜 그럴까?

❹ 첫째 자릿수가 1이며 이것을 마지막 자릿수와 바꾸면 3배가 되는 자연수를 찾아라. (이것은 이 장의 내용과는 무관하지만 나누어떨어지는 규칙과 자릿수에 관한 문제이다.)

TIP 수론에 대해서 더 알고싶다면 '수론의 첫 단계'(130쪽)를 보시오.

생일 알아맞히기 마술 카드의 숨은 비밀

생일 알아맞히기 마술카드의 비밀은 이진법에 있다.

- 카드 0에 있는 수들은 1의 자리에 1이 오는 수들로 이루어져 있다.
- 카드 1에 있는 수들은 2의 자리에 1이 오는 수들로 이루어져 있다.
- 카드 2에 있는 수들은 2^2의 자리에 1이 오는 수들로 이루어져 있다.
- 일반적으로 카드 k에는 2^k의 자리에 1이 오는 수들로 이루어지게 된다.

이 게임을 더 재미있고 복잡하게 하기 위해서 카드를 섞더라도 방법은 변하지 않는다. 각 카드의 맨 윗줄 첫 번째 수를 선택하면 되기 때문이다.

예를 들어 $25 = 11001_{(2)}$이므로 2^0, 2^3, 2^4자리에 '1'이 있으므로 25는 카드 0, 카드 3, 카드 4에 나타나게 된다.

Card 0

1	3	5	7
9	11	13	15
17	19	21	23
25	27	29	31

Card 1

2	3	6	7
10	11	14	15
18	19	22	23
26	27	30	31

Card 2

4	5	6	7
12	13	14	15
20	21	22	23
28	29	30	31

Card 3

8	9	10	11
12	13	14	15
24	25	26	27
28	29	30	31

Card 4

16	17	18	19
20	21	22	23
24	25	26	27
28	29	30	31

생각해볼 거리

게임을 바꿔보자. 1에서 31까지의 수 중에서 하나의 수를 생각하게 하고 그 수가 나타나는 카드를 말하게 하자. 위의 방법을 이용하면 그 수를 알아맞힐 수 있다. 만약에 이 게임에서 수를 100까지 확장한다면 카드는 몇 장이 필요하고 각 카드에는 어떤 수들이 나타날까?*

* 필요한 카드의 수는 1에서 100까지의 수를 2진법의 수로 나타냈을 때의 자리의 개수와 같다. 그리고 이 방법은 컴퓨터가 정보를 저장하고 관리하는 데에도 사용된다.

마방진(魔方陣, magic square)

n차 마방진은 1부터 n^2까지 자연수를 정사각형 안에 배열하는 것을 말한다.(각 행과 열, 두 대각선의 합이 항상 일정하도록) 다음은 합이 34가 되는 4차 마방진이다.

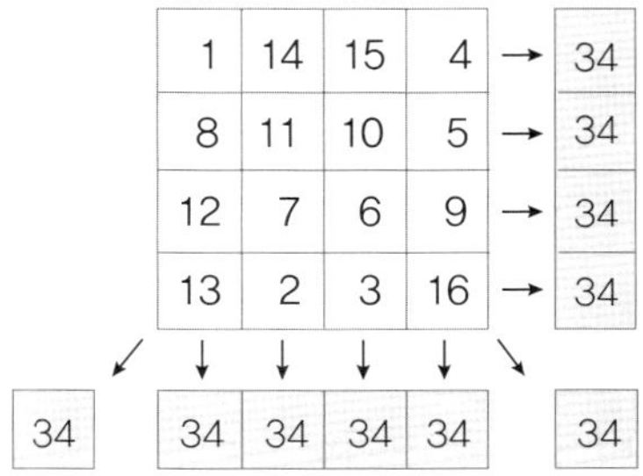

34와 같은 일정한 합을 마방진의 합(magic sum)이라 한다. 옛날 중국에서는 마방진을 신비스러운 힘을 가졌다고 생각했다. n차 마방진은 2를 제외한 모든 양의 정수 n에 대하여 존재한다. (2차 마방진이 존재하지 않는다는 것은 쉽게 알 수 있다.)

일반적으로, 주어진 차수에 대하여 많은 마방진이 존재한다. 다음 장의 '마방진과 관련된 두 가지 정리'에서 마방진 속에 숨겨진 이론들을 보게 될 것이다. 지금부터는 모든 가능한 크기의 마방진을 만들 수 있는 방법에 대하여 살펴보자.

n차 마방진 만들기(n은 홀수)

5차 마방진을 만들어 보자. 홀수 차수 마방진은 모두 다음과 같은 규칙을 따른다.

❶ 중심에 있는 5×5배열의 위쪽과 오른쪽에 두 개의 5×5배열을 만든다. 그리고 중심에 있는 5×5배열의 첫 행의 가운데에 있는 1에서 출발한다.

❷ 2부터 25까지 자연수를 차례대로 대각선의 오른쪽 위로 각각 채워 나간다. 만약에 중심 마방진의 칸을 다 채우면 인접한 마방진으로 옮겨 중심 마방진에서와 같은 위치에 숫자를 채워나간다.

❸ 계속해서 채워나가다가 막히면 바로 그 숫자의 아래에서부터 다시 채워나간다.(이 마방진에서 6의 위치를 주목하라.)

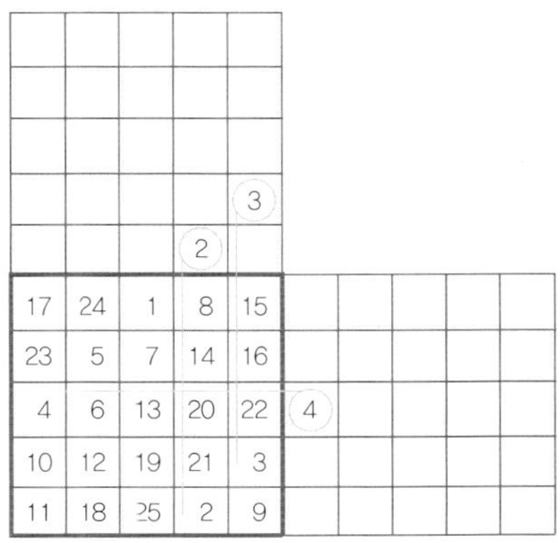

n차 마방진 만들기($n=4m+2$)

이 경우의 예에 해당하는 6차($m=1$인 경우) 마방진을 만들어보자. 마방진을 그림과 같이 A, B, C, D의 작은 네 개의 사각형으로 분할하자.

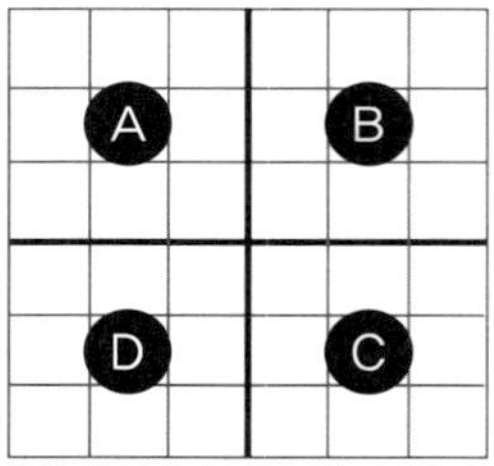

A, B, C, D는 각각 $(2m+1)\times(2m+1)$의 사각형이다. 동일한 방법으로 마방진을 채운다. (앞의 경우에서 어떻게 하는지 배웠다.) 이 과정을 계속하면 다음과 같은 3×3 마방진을 얻을 수 있다.

8	1	6
3	5	7
4	9	2

이 3×3 마방진을 A, B, C, D의 자리에 넣으면 아래와 같은 미완성 6×6 마방진의 모양이 된다.

8	1	6	8	1	6
3	5	7	3	5	7
4	9	2	4	9	2
8	1	6	8	1	6
3	5	7	3	5	7
4	9	2	4	9	2

이제 $(2m+1)^2$을 C에 있는 각 수에 더하고, $2(2m+1)^2$을 B의 각 수에 더한다. 그리고 $3(2m+1)^2$을 D의 각 수에 더한다.(여기서는 $m=1$이므로 C의 각 원소에는 9를, B에는 18을, D에는 27을 더하면 된다.) 이제 마방진은 1부터 n^2까지의 정수를 가지며 모든 열의 합은 같지만, 아직 완전하진 않다. 미완성 6×6 마방진은 다음과 같다.

8	1	6	26	19	24
3	5	7	21	23	25
4	9	2	22	27	20
35	28	33	17	10	15
30	32	34	12	14	16
31	36	29	13	18	11

마지막 단계는 뜬금없어 보이지만, 이 과정을 거친 후 사각형의 행과 대각선의 합을 구해보면 의도한 대로 마방진이 완성되었음을 확인할 수 있을 것이다.

(8)	1	6	26	19	24
3	(5)	7	21	23	25
(4)	9	2	22	27	20
(35)	28	33	17	10	15
30	(32)	34	12	14	16
(31)	36	29	13	18	11

부분사각형 A(왼쪽 위의 것)의 가운데 행을 제외하고 각 행의 m번째 수에 동그라미를 그린다. (예에서는 $m = 1$이므로 하나의 수밖에 없다.) 가운데 행에서는 m 다음 수에 동그라미를 그린다. 즉 두 번째에서 시작한다. 주어진 예에서 8, 4, 5에 동그라미를 그렸다. 그러면 부분사각형 D에서도 같은 일을 한다.(예에서는 35, 31, 32에 동그라미를 그렸다.) 마지막으로 A의 동그라미 친 수와 같은 위치에 있는 D의 동그라미 친 수를 서로 바꾼다. 6×6 마방진은 아래와 같이 완성되었다.

↙ 111							→
	(35)	1	6	26	19	24	111
	3	(32)	7	21	23	25	111
	(31)	9	2	22	27	20	111
	(8)	28	33	17	10	15	111
	30	(5)	34	12	14	16	111
	(4)	36	29	13	18	11	111
↓	111	111	111	111	111	111	↘ 111

n차 마방진 만들기($n = 4m$)

먼저 1부터 n^2까지 수들을 각 열의 왼쪽부터 오른쪽 방향으로 맨 윗열에서 시작하여 아랫열로

차례대로 사각형을 채운다. (아래의 예는 8차, 즉 $m=2$ 인 마방진을 만든 것이다.)

1	2	3	4	5	6	7	8
9	10	11	12	13	14	15	16
17	18	19	20	21	22	23	24
25	26	27	28	29	30	31	32
33	34	35	36	37	38	39	40
41	42	43	44	45	46	47	48
49	50	51	52	53	54	55	56
57	58	59	60	61	62	63	64

1	2	3	4	5	6	7	8
9	10	11	12	13	14	15	16
17	18	19	20	21	22	23	24
25	26	27	28	29	30	31	32
33	34	35	36	37	38	39	40
41	42	43	44	45	46	47	48
49	50	51	52	53	54	55	56
57	58	59	60	61	62	63	64

마방진을 4차인 m^2 부분사각형으로 나누어라. 각각의 4×4 부분사각형에서 오른쪽 위의 그림처럼 대각선에 위치한 수들에 동그라미를 그려라.

마지막으로 큰 사각형에서 동그라미를 그린 모든 수들을 마방진의 중심에 대하여 맞은편에 있는 숫자들과 서로 위치를 바꾼다. 즉 마방진의 중심을 기준으로 180° 회전시켜 대응되는 위치의 수들을 교환한다. 예를 들면 3행 2열의 수(18)는 뒤에서 3행 2열에 위치하는 수(47)와 교환한다. (만약 너무 혼란스러우면 동그라미한 수 x를 n^2+1-x로 교환하면 된다.) 완성된 마방진은 아래와 같다.

64	2	3	61	60	6	7	57
9	55	54	12	13	51	50	16
17	47	46	20	21	43	42	24
40	26	27	37	36	30	31	33
32	34	35	29	28	38	39	25
41	23	22	44	45	19	18	48
49	15	14	52	53	11	10	56
8	58	59	5	4	62	63	1

TIP 마방진에 관해서는 여러 책에 그 내용이 실려 있다. 콕서터(Coxeter)와 라우즈(Rouse)의 《수학의 레크리에이션과 에세이(Mathematical Recreations and Essays)》는 마방진에 관한 다양한 내용을 담고 있는 책이다. 더 자세한 정보는 참고문헌을 보기 바란다.

마방진과 관련된 두 가지 정리

앞에서 2차보다 큰 마방진을 어떻게 만드는지 살펴보았다. 이 장에서는 마방진과 관련된 몇 가지 정리를 증명할 것이다.

정리 1

> n차 마방진에서 마방진의 합은 $\frac{n(n^2+1)}{2}$이다.

'마방진'에서 마방진을 만드는 방법을 세 가지 경우로 나누어 살펴코았다. 앞에서 살펴본 각기 다른 예들($n=4$, 5, 6, 8)은 모두 정리 1이 적용됨을 알 수 있다.

증명

n차 마방진의 합을 s라 하자. 마방진에서 각 행의 원소들의 합은 s이다. 따라서 모든 n개의 행의 합은 ns이다.

그러나 마방진의 원소들은 1, 2, 3, …, n^2으로 구성되어 있으므로, 마방진의 원소들의 합은 n^2까지 자연수들을 더한 것이다. 즉

$$\frac{n^2(n^2+1)}{2}$$

> 이 공식은 '$1^k+2^k+3^k+\dots+n^k$'에 증명되어 있다.(146쪽)

앞의 식을 연립하면 $ns=\frac{n^2(n^2+1)}{2}$이고, 이로부터 $s=\frac{n(n^2+1)}{2}$임을 알 수 있다.

예를 들면 정리 1은 10×10 마방진의 합이 505가 됨을 차수가 10인 마방진을 구하지 않고도 알 수 있도록 해준다.
정리 2는 3차 마방진이 '근본적으로' 한 가지밖에 없음을 말하고 있다. 그것에 대해 이야기하기 전에, 먼저 '근본적으로'가 의미하는 것을 자세히 살펴보자. 예를 들어 다음의 마방진들은

얼핏 보기에 모두 달라 보인다.

I

8	1	6
3	5	7
4	9	2

II

6	1	8
7	5	3
2	9	4

III

4	3	8
9	5	1
2	7	6

그러나 II는 I의 첫 번째와 세 번째 열을 바꿈으로써 얻을 수 있다. 즉, 마방진의 가운데 열을 중심으로 대칭시킨 것이다. III은 I을 시계방향으로 90° 회전시켜 얻을 수 있다. (또한 II의 오른쪽 위에서 왼쪽 아래까지의 대각선을 중심으로 대칭시키면 얻을 수 있다.)

이러한 마방진들은 회전과 대칭까지 포함할 때 동치이다. 이것은 대칭이라는 수학적 개념이 적용된 예이다.

정리 2

3차 마방진은 한 가지뿐이다. (대칭까지 포함할 때)

이것을 증명하는 방법 중 하나는 3×3행렬에 1부터 9까지의 정수들을 넣어보고 가능한 모든 경우를 살펴보는 것이다. 하지만 이 방법은 9!, 즉 362,880가지의 가능성을 살펴보아야 하므로 시간이 꽤나 걸린다. 그러나 조금만 깊게 생각해 보면 비교적 쉽게 문제를 해결할 수 있다.

증명

단계 1 마방진의 합은 15여야만 한다.
(이것은 정리 1에서 $n=3$인 경우이다.)

단계 2 마방진의 한가운데 숫자는 5가 되어야만 한다.

이것의 증명은 정리 1의 증명과 매우 유사하다. 다음과 같이 마방진의 미지수 9개를 a, b, c, d, e, f, g, h, i라 하자.

a	b	c
d	e	f
g	h	i

이제, 주 대각선 위의 수들의 합은 마방진의 합과 같아야 하므로 $a+e+i=15$라 두자. 그러면

$$\begin{aligned} 3e &= (a+e+i)+(b+e+h)+(c+e+g)-(a+b+c)-(g+h+i) \\ &= 15 + 15 + 15 - 15 - 15 \\ &= 15 \end{aligned}$$

따라서 $e=5$이다.

만약 이 문제가 흥미 있다면 나머지 증명은 스스로 탐구해보기 바란다.

단계 3 9와 8은 그 합이 마방진의 합 15보다 크기 때문에 같은 행과 열, 대각선상에 있을 수 없다. 이와 유사하게 9와 7, 8과 7도 같은 행과 열, 대각선상에 있을 수 없다. 따라서 이 세 개의 큰 수들을 어디에 놓아야 할까? 조금만 생각해보면 이 수들이 아래 배열 중 한 가지로 놓여야 함을 알 수 있다. (여기서 큰 수들을 'B'로 나타내기로 하자.)

B		
	5	B
	B	

		B
B	5	
	B	

	B	
B	5	
		B

	B	
	5	B
B		

단계 4 이제, 4와 6을 배열해보자. 4–5–6은 중심을 지나는 행이나 열, 또는 대각선 중의 한 곳에 놓여야 한다. 그러나 단계 3에서 큰 수들이 놓여야 하는 위치를 보면, 4–5–6은 대각선상에 놓여야 함을 알 수 있다. 앞서 살펴보았듯이 마방진에서 회전은 같은 것으로 보기 때문에 4가 오른쪽 위의 귀퉁이에 있다고 가정할 수 있다. 따라서 마방진은 다음과 같다.

		4
	5	
6		

단계 5 이제 9를 어디에 놓을 것인가? 9는 6과 같은 행이나 열에 놓일 수 없다. 왜냐하면 9와 6의 합이 15이고, 행이든 열이든 세 번째 수를 놓으면 15를 넘어버리기 때문이다. 따라서 9는 아래 그림의 동그라미 친 부분 중 하나에 위치해야 한다.

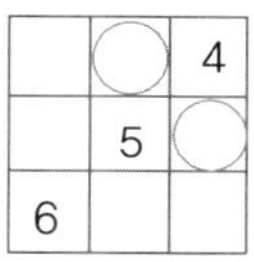

하지만 대칭에 의한 마방진은 같은 것으로 여기므로, 9를 첫 번째 행의 가운데에 놓는다 해도

무방하다. 이제 마방진 모양은 다음과 같이 된다.

	9	4
	5	
6		

단계 6 여기서부터는 한 행이나 열의 합이 15라는 사실을 이용하면 나머지 칸을 쉽게 채울 수 있다. 그래서 회전이나 대칭에 의한 유일한 마방진의 모양은 다음과 같다.

2	9	4
7	5	3
6	1	8

이 마방진은 중심을 축으로 하여 180° 회전한 '마방진'(34쪽)의 3×3 마방진과 동일한 것임을 알 수 있다.

생각해보기

❶ 만약 '대칭'이라는 조건을 제외한다면 3차 마방진은 몇 개인가? (답: 8)

❷ 15를 1과 9 사이의 서로 다른 3개의 양의 정수의 합으로 나타내는 방법은 모두 몇 가지인가? 이들 세 수는 3×3 형태의 마방진에서 행이나 열 또는 대각선에 나타나는가? (이 사실은 정리 2의 또 다른 증명에 사용되기도 한다.)

❸ 15 먼저 만들기 마술 게임
스페이드 모양(♠)의 1에서 9까지 아홉 장의 카드를 한 벌의 카드에서 빼내어 숫자가 위로 보이도록 테이블 위에 놓는다. 두 사람이 번갈아 카드를 뽑는다. 이렇게 뽑은 세 장의 카드의 숫자의 합이 먼저 15가 되는 사람이 이긴다. (가끔은 무승부로 끝날 수도 있다.) 이 게임을 잘 할 수 있는 비결을 알 수 있는가? (도움말 1: 이 책의 다른 곳에서 언급해 놓은 유명한 게임과 똑같다. 도움말 2: 이 문제를 왜 여기에 실어 놓았을까?)*

* 베르캠프(Berlekamp), 콘웨이(Conway), 가이(Guy)의 《이기는 방법(Winning Ways)》에 있는 《마법의 게임 15(The Magic Fifteen Game)》은 페리코로소 스폴게르시(E. Pericoloso Sporgersi)가 쓴 것이다.

인물탐구

그로스만(J.P. Grossman, 캐나다) 1973년 3월 23일생

좋아하는 것을 하라!

그로스만은 어렸을 때부터 세상을 즐겁게 바라보았다. 유치원을 다닐 때 그는 시계, 계산기, 손목시계, 라디오, 심지어 컴퓨터와 오디오를 분해하는 일에 호기심이 많았다. 그의 독창성은 다른 사람들의 관심을 끌지 못했지만 또래보다 너무 앞서간다는 이유로 교장실에 불려가곤 했다.

무엇인가를 이해하려고 '분해하는 것'은 그로스만의 학습법의 특징이었다. 9학년 때 그는 친구와 《디스커버(Discover)》 잡지의 프랙털에 대한 내용을 읽고 열중하기 시작했다. 그들은 프랙털이 어떻게 작용하는지를 찾아내는데 관심을 가졌다. 첫 번째 관문은 −1의 제곱근인 신비로운 'i'를 이해하는 것이었다. 그들은 'i'에 대해 물었을 때 "너희 수준보다 너무 높다"는 말을 듣는 것보다는 개념과 어떻게 작용하는지를 알고자 했다. 그들은 어떤 컴퓨터에서도 작동하는 프랙털 생성 컴퓨터 프로그램을 만들어 나갔다. Vic−20(애플사의 컴퓨터)에서 시작하여 수준을 높여 나갔으며, 베이직(BASIC) 언어에서 시작하여 필요하면 다른 언어들도 익혀 나갔다.

10학년 때, 수학문제에 대한 그의 직관력과 문제를 분해하는 능력 덕분에 경시대회에 참가하게 되었다. 11학년 때 캐나다수학올림피아드에서 우승함으로써, 국제수학올림피아드에 캐나다 대표로 참가할 자격을 얻었다. 국제 수학 올림피아드에 참가한 3년 동안 그는 1개의 금메달과 2개의 은메달을 땄다. 게다가 고등학교에서의 마지막 2년 동안 미국수학올림피아드에 참가하여 1위에 입상하였다. 토론토 대학교에서 수학, 물리학, 전기공학을 공부하며 그로스만은 북미퍼트남수학경시대회에 세 번이나 참가하여, 두 번은 최고점수를 받았다. 그는 토론토 대학교를 졸업하기 전에 한 번 더 응시를 했다.

수학적인 능력과 함께 그로스만은 체스, 토론, 축구, 스키를 포함한 다양한 취미를 가지고 있었다. 재즈광이기도 한 그는 또한 능숙한 테너섹스폰 연주자였다.

졸업 후에 그로스만은 VLSI(초고밀도 집적회로) 칩 디자인 일을 하고자 했다. 그로스만에게 칩 디자인은 또 다른 문제풀이였으며, (수학처럼) 만지작거리고, 조작하고, 분해하는 일이었다.

그로스만이 수학에서 가장 좋아하는 것은 '연관성이 없어 보이는 두 개의 사실을 연결시키는 것'이었다. 그는 수학 내적인 그리고 수학 외적인 분야에서 서로 다른 것들 사이의 패턴을 찾아내어 이들을 연결시키는 것을 즐거워했다. 이런 경험에 가장 적합한 예가 바로 '생일 알아맞히기 마술 카드(22쪽)'이다. 어린시절 이 카드의 마법과 원리를 알게 된 후 그는 이진법에 대한 통찰을 얻었다.

그로스만의 호기심은 이 책에 소개된 어린 수학자들의 전형적인 특징이다. 또 다른 전형적인 특징은 관심을 가지고 있는 분야에 대한 열정이다. 무차별적인 지적호기심을 시간을 낭비하고 자신을 퇴보하게 만드는 것으로 보지 않고 오히려 끊임없는 발전의 원동력으로 삼았다. 그의 인생의 철학은 "좋아하는 것을 하라!"이다.

조합론

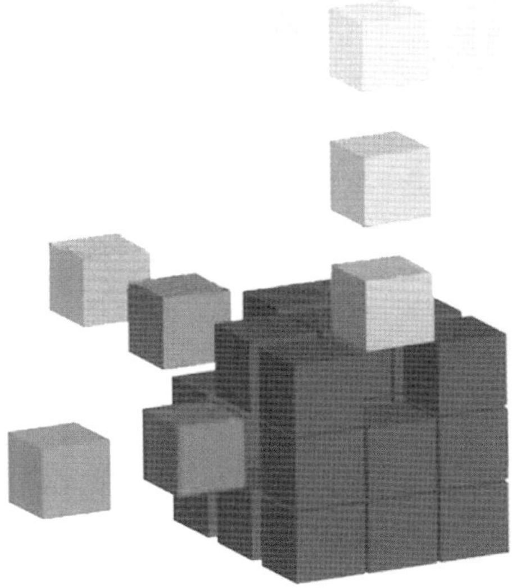

음악이란 (박자를) 헤아리고 있다는 사실을 못 느끼면서 헤아리는 경험으로부터 인간 영혼이 얻는 즐거움이다.

고트프리드 라이프니츠 *Gottfried Leibniz*

숫자 카드의 속임수

이 카드 속임수를 처음 보았다면 대단히 신기하게 느껴질 것이다. 하지만 속임수의 비밀을 알고 나면 신기함은 사라질 것이다.

속임수

다음과 같이 해보자. 먼저 카드 한 벌을 완전히 섞는다. 그 다음 그림이 있는 앞면이 보이지 않도록 카드를 엎는다. 그리고 카드의 뒷면을 주의 깊게 관찰하면서 카드를 양쪽으로 분리한다. 마지막으로 마법의 주문을 건다. 그러면 첫 번째 더미의 검은색 카드의 수와 두 번째 더미의 붉은색 카드의 수가 같아짐을 확인할 수 있다.

왜 그럴까?

TIP 이 속임수에 대한 답은 54쪽의 '숫자 카드의 속임수 비밀'에 나오지만 답을 보지 말고 한번 풀어보기 바란다.

입방체의 면의 개수 세기

수를 세는 예술이자 과학인 조합론은 최근에 수학에서 가장 활발하게 연구하고 있는 분야이다. 조합론은 고등학교 과정의 끝에 잠깐 소개되는 내용으로 수학과 컴퓨터 과학 모두와 관련 있으며 조합론의 많은 결과들은 알고리즘을 결정하거나 계산하는데 사용된다.

더 중요한 것은 조합론에 미학적인 매력이 있으며, 그 속에 많은 놀란 만한 결과와 우아한 증명이 있다는 점이다. 그 중 최고의 매력은 수년에 걸친 연구기간이 필요없다는 것이다. 조합론의 초보적인 결과들은 모든 사람들이 쉽게 이해할 수 있는데 그 중에는 파스칼의 삼각형, 게임이론, 여러 가지 변환 등이 있다.

우선 평소에 잘 세어본 적이 없는 것들을 세어보도록 하자. 정육면체에는 몇 개의 면들이 있을까? 주사위를 생각해 보면 대부분 '6'이라고 대답할 것이다. 이는 전혀 흥미롭지 않다.

그래서 **면**(face)에 대한 정의를 좀더 유연하게 내려보자. 일반적으로 정육면체에 대해 생각하는 **면**은 2차원이다. 모든 차원을 면에 대해 생각해보자. 예를 들면 정육면체는 12개의 모서리가 있는데 이것을 1차원의 면이라 하자. 8개의 꼭짓점이 있으므로 8개의 0차원의 면이 있다. 정육면체는 3차원의 물체이므로 4차원이나 그보다 높은 차원의 면은 존재하지 않는다. 그러나 정육면체를 하나의 3차원 면으로 가진다.

그래서 정육면체에서 면의 개수를 전부 더하면

8	0차원의 면
12	1차원의 면
6	2차원의 면
1	3차원의 면
27	면

이것도 여전히 흥미롭지 않다. 그래서 더 많은 정의를 일반화시켜보자. 앞에서는 면의 정의를 일반화했는데 이제 정육면체의 정의를 일반화시켜보자. 일반적으로 정육면체라고 생각하는 것을 이제부터는 '3차원의 정육면체'라 하자. 2차원의 정육면체는 정사각형이 해당된다. 같

은 방법으로 선분을 1차원의 정육면체로, 점을 0차원의 정육면체로 간주할 수 있다.
앞의 정의를 사용하면 **4차원 입방체**(hypercube)나 더 높은 차원의 입방체를 정의할 수 있다. 이에 대해서는 나중에 살펴보자.

우선 낮은 차원의 입방체의 면을 세어보자.

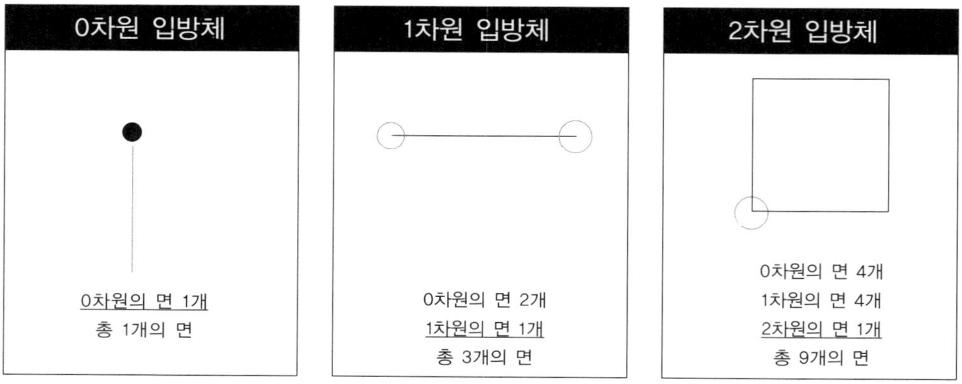

여기서 다음과 같은 표를 얻을 수 있다.

입방체의 차원	0	1	2	3	4	5
면의 수	1	3	9	27	?	?

분명한 규칙이 보이는가? 이 규칙에 따라 추론하면 **4차원 입방체**는 81개의 면을 가진다! 그러나 'n차원 입방체'가 무엇을 의미하는지 먼저 정의해야 한다. 3차원 입방체인 정육면체는 2차원 도형인 정사각형인 3번째 차원인 공간을 움직이면서 그려지는 3D 그림이므로, 정육면체가 4번째 차원의 방향으로 다른 차원에 '수직'이 되도록 움직이면서 그려지는 4D 그림도 상상할 수 있다. 이러한 입방체를 '4차원 입방체'라고 하자. 일반적으로 n차원 입방체는 $n-1$차원 입방체를 통해 정의할 수 있다.

정의

> n차원 입방체(hypercube)는 $n-1$차원 입방체가 n번째 차원의 방향으로 움직일 때 그려진 기하학적 그림이다.

n차원 입방체를 다른 방법으로 정의하면 아래와 같이 집합

$$\{(x_1,\ x_2,\ \cdots,\ x_n) \mid 0 \le x_1,\ x_2,\ \cdots,\ x_n \le 1\}$$

로 정의하는 것이다. 이 정의는 1, 2, 3차원에서 입방체가 어떻게 정의되는지를 보여준다. 이 중에서 어느 정의를 사용해도 상관없다.

다음의 명제를 증명해보자.

가설

n차원 입방체는 3^n개의 면을 가진다.

증명

이 증명은 수학적 귀납법(mathematical induction)을 사용한다.

$n=0$일 때 가설은 성립한다. 즉 0차원 입방체는 3^0개의 면을 가진다.

이제 결과가 임의의 n에 대하여 성립한다면 $n+1$에 대해서도 성립한다는 것을 보이자. ($n=0$일 때 가설이 성립함을 보였고, 이 사실을 이용하여 $n=1$, $n=2$, $n=3$, … 일 때 참임을 보일 수 있다. 이것이 수학적 귀납법의 원리이다.)

예를 들면 아래 그림과 같이 색칠된 정사각형(2차원 입방체)이 평면을 벗어나 움직여 그려진 3차원 입방체를 생각해보자. 색칠된 정사각형이 4개의 0차원 면을 가지는 것을 관찰할 수 있다(즉 4개의 꼭짓점). 색칠된 정사각형이 평면에서 벗어나 움직이면 꼭짓점 A가 0차원 다른 면과 1차원 면 AA′도 만들면서 A′ 위치로 움직인다. 색칠한 사각형에 있는 현재의 0차원 각 면은 입방체의 3개의 면을 구성한다.

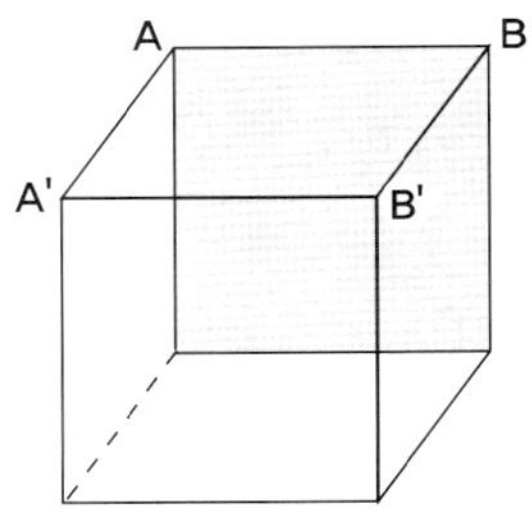

유사하게 선분 AB는 입방체에서 1차원 면인 두 선분 AB, A′B′(1차원의 면)와 2차원의 면 AA′B′B를 만든다.

일반적으로 n차원 입방체가 $n+1$차원 입방체를 만들 때, n차원 입방체에서 $k(k \le n)$차원의 각 면은 $n+1$차원 입방체에서 3개의 면을 만든다(k차원 면 자체, 처음과 마지막 위치를 연결한 새로운 상과 새로운 면). 모든 면은 이런 방식으로 생성된다.

n차원의 입방체의 모든 면은 $n+1$차원의 입방체에서 3개의 면을 만든다. n차원의 입방체는 3^n개의 면을 가진다고 가정하였으므로, $n+1$차원의 입방체는 $3 \times 3^n = 3^{n+1}$개의 면을 가진다.

수학적 귀납법에 의해 모든 n에 대하여 가설은 참이다.

여러분 스스로 증명을 좀더 발전시켜보면 이 과정에서 더 많은 정보를 얻을 수 있을 것이다. 예를 들면 5차원 입방체는 80개의 2차원 면을 가지고 있음을 알 수 있다.
n차원 입방체에 포함된 k차원의 면의 수를 $F_n(k)$라 하자. $n-1$차원 입방체를 새로운 차원에서 움직여 n차원 입방체를 그릴 때, k차원의 각 면은 n차원 입방체에 3개의 면을 제공한다. 이때 3개의 면은 먼저 k차원 면 자체와 그것의 새로운 상(k차원의 두 면)과 처음과 마지막 위치를 연결한 $k+1$차원의 새로운 면을 일컫는다. 이러한 관계는 아래와 같이 표현할 수 있다.

$$F_n(k) = 2F_{n-1}(k) + F_{n-1}(k-1) \quad (*)$$

이러한 관계를 이용하여 아래에 나오는 표를 완성할 수 있다. k행, n열에 있는 원소를 관찰해 보면, $k-1$행, $n-1$열의 원소에 k행, $n-1$열의 원소를 2배 한 것을 더하면 얻을 수 있다. 이것은 방정식($*$)을 풀어 쓴 것이다.

n차원 입방체의 각 차원의 면의 수 ; n=0, …, 5						
면의 차원	0차원 입방체 (점)	1차원 입방체 (선분)	2차원 입방체 (사각형)	3차원 입방체 (입방체)	4차원 입방체	5차원 입방체
0	1	2	4	8	16	32
1		1	4	12	32	80
2			1	6	24	80
3				1	8	40
4					1	10
5						1
면의개수	1	3	9	27	81	243

위의 방정식($*$)은 $\sum_{k=0}^{n} F_n(k) = 3^n$을 증명하는데 사용할 수 있다.

$$\begin{aligned}\sum_{k=0}^{n+1} F_{n+1}(k) &= \sum_{k=0}^{n+1}\left[2F_n(k) + F_n(k-1)\right] \\ &= 2\sum_{k=0}^{n+1} F_n(k) + \sum_{k=0}^{n+1} F_n(k-1) \qquad \leftarrow F_n(-1)=0,\ F_n(n+1)=0 \\ &= 3\sum_{k=0}^{n} F_n(k) = 3^{n+1}\end{aligned}$$

따라서 위의 가설은 모든 자연수 n에 대하여 증명되었다.
최고의 증명은 증명에 필요한 직관적인 아이디어를 제공해주는 것이다. 문제는 사람들마다 서로 다른 증명방법을 사용한다는 것이다. 여러분은 어떤 종류의 증명을 더 선호하는가?

만약 이러한 종류의 문제에 흥미를 느낀다면, 다음 문제를 풀어보시오. 이 문제들은 어디론가 걸어가고 있을 때 또는 줄을 서서 기다리고 있을 때처럼 할 일이 없을 때 깊이 생각해보면 좋을 것이다.

생각해보기

❶ a) n차원 입방체는 몇 개의 0차원 면(꼭짓점)을 가지고 있을까? 어렵긴 하지만 증명해보기 바란다.

도움말: n차원 입방체를 아래와 같은 점들의 집합을 꼭지점으로 가지는 n차원 유클리드 공간에서의 도형으로 정의해보기 바란다.

$$\{(e_1,\ e_2,\ e_3,\ \cdots,\ e_n) \mid e_i = 0 \text{ 또는 } 1\}$$

b) 만약 호기심이 생긴다면, 그리고 이런 문제들을 다루어 본 적이 있다면, 아래와 같이 주어진 n차원 입방체에 있는 k차원의 면의 개수를 증명해보자.

$$\binom{n}{k} = \frac{n!}{k!(n-k)!} \text{ 일 때, } F_n(k) = \binom{n}{k} 2^{n-k}$$

❷ a) 사면체는 삼각뿔이다. 이것을 일반화시켜보자. 2차원 사면체는 무엇인가? 1차원 사면체는 무엇인가? 0차원적 사면체는 무엇인가? 어려운 말로, 사면체는(차원의 수와 상관없이) **단체**(單體, simplex)라고 불린다. 이것의 복수형은 'simplices'이다.

b) 하나의 n차원 단체는 얼마나 많은 꼭짓점을 가지는가?

c) 하나의 n차원 단체는 얼마나 많은 면(차원과 상관없이)을 가지는가? (여기에는 두 단계가 있다. 먼저 낮은 차원의 면의 개수를 살펴보고 규칙을 찾는다. 그 다음은 찾은 이 규칙이 항상 참임을 증명한다.)

❸ 만약 3차원 입방체의 한 꼭짓점을 들고, 가장 높은 곳의 꼭짓점과 가장 낮은 곳의 꼭짓점에 평행이 되게 잘라낸다면, 정육각형을 얻을 수 있다. 왜 그럴까?

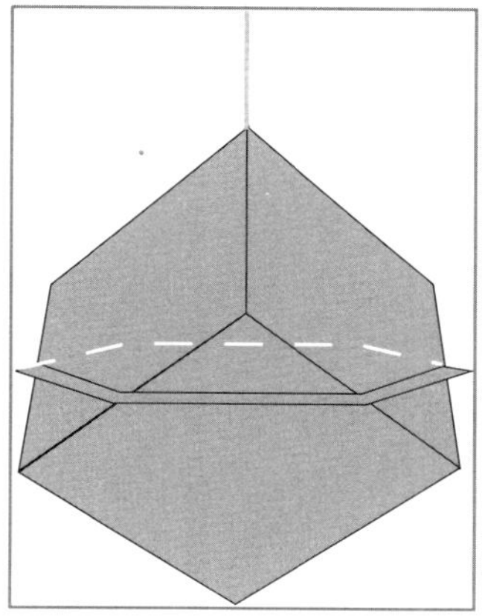

좀더 쉬운 질문은 "2차원 입방체에서 같은 방식으로 하면 어떻게 될까?"이다. 훨씬 더 어려운 질문은 "4차원 입방체에서 같은 방식으로 작업을 하면 어떻게 될까?"이다.(3차원 입방체의 일부분이 2차원인 것처럼, 4차원 입방체의 일부분은 3차원 입방체일 것이다.) 정답은 다섯 개의 **플라톤 입방체**(Platonic solids) 중의 하나이다.

숫자 카드의 속임수 비밀

여러분이 카드 뒷면을 주의 깊게 관찰하는 동안 나는 카드 수를 세어보았다. 각각의 카드 더미에는 26장의 카드가 있음을 확인했다. 왜 그럴까?

숫자 카드의 속임수는 46쪽에 있음.

이 문제를 푸는 데는 두 가지 방법이 있다.

방법 1: 대수적으로

첫 번째 카드 더미의 검정색 카드 숫자를 a로, 첫 번째 카드 더미의 빨간색 카드 숫자를 b로, 두 번째 카드 더미의 검정색 카드 숫자를 c로, 두 번째 카드 더미의 빨간색 카드 숫자를 d로 나타내고 $a=d$임을 보이자.

카드 한 벌에는 26장의 빨간색 카드가 있으므로, $b+d=26$
첫 번째 카드 더미에는 26장의 카드가 있으므로, $a+b=26$
첫 번째에서 두 번째 방정식을 빼면, $d-a=0$을 얻는다.

방법 2: 직관적으로

각 카드 더미마다 26장의 카드가 있다. 이제 첫 번째 카드 더미의 검정색 카드를 두 번째 카드 더미로 옮기자. 그러고 나서 두 번째 카드 더미의 빨간색 카드를 첫 번째 카드 더미로 옮기자. 그러면 첫 번째 카드 더미는 이제 모든 빨간색 카드를 포함하고 있고, 두 번째 카드 더미는 이제 모든 검정색 카드를 포함하고 있다. 각각의 카드 더미에는 여전히 26장의 카드가 있으므로, 첫 번째 카드 더미에서 두 번째 카드 더미로 옮긴 (검정색) 카드의 개수는 두 번째 카드 더미에서 첫 번째 카드 더미로 옮긴 (빨간색) 카드의 개수와 같을 수밖에 없다.

물과 포도주 퍼즐

만약 숫자 카드 속임수가 의심스럽다면 다음 퍼즐을 관심 있게 보자.

같은 용량의 두 개의 컵이 있다. 첫 번째 컵에 포도주를 반만큼 따른다. 마찬가지로 두 번째 컵에는 물을 반만큼 따른다. 첫 번째 컵에서 포도주를 한 스푼 떠서 두 번째 컵에 붓는다. 그런 후 두 번째 컵의 내용물이 얼마만큼 섞이는가에 관계없이 두 번째 컵에서 한 스푼 떠서 첫 번째 컵에 붓는다.

첫 번째 컵에 들어 있는 포도주의 양이 많을까? 두 번째 컵에 들어 있는 물의 양이 많을까?

TIP 이 문제의 정답은 이 책에 정확하게 제시되어 있지 않다. 하지만 이해가 되지 않는다면 46쪽의 '숫자 카드의 속임수'를 다시 읽어보고 두 문제가 왜 같은지를 생각해보기 바란다.

축구공에 관한 질문

조합론에서는 종종 서로 다른 방법으로 사물을 헤아린다. 다음 문제의 풀이에 이 조합론을 적용해 보자.

24개의 축구팀이 토너먼트에 참가하고 있다. 각 경기마다 두 팀은 짝을 이뤄서 경기를 하고 진 팀들은 탈락한다. (만약 홀수개의 팀이 경기를 하면 제비로 뽑힌 한 팀은 부전승으로 올라간다.) 마지막까지 남은 팀은 승리자가 된다.

a) 몇 번의 경기가 펼쳐지는가?
b) 만약 n개의 팀이 있다면 몇 번의 경기가 펼쳐지는가?

- 축구공에는 몇 개의 면이 있는가?
- 모서리의 수는?
- 꼭짓점 수는?
- V는 꼭짓점 수, E는 모서리 수, F는 면의 수라고 할 때, V−E+F를 계산하시오. (정답은 2이어야 한다.)
- 정육면체, 사면체, 삼각기둥, 사각기둥, 정팔면체와 다른 다면체들에 대해서도 같은 계산을 해보아라. 무엇을 발견할 수 있는가?

1985년 벅민스터풀러린(Buckminsterfullerene, C_{60})이라는 새로운 형태의 탄소가 발견되었는데 간단히 줄여서 버키볼(Buckyball)이라고도 한다. [현재 이 탄소는 풀러린(Fullerenes)이라고 불리며 모든 탄소분자 중에서 가장 안정된 형태를 취하고 있다.]

벅민스터풀러린은 축구공 모양을 하고 있는데 꼭짓점에는 탄소원자, 모서리는 원자들의 결합으로 되어 있다. 그 이후로 수학자들은 이 축구공의 모양을 연구해 오고 있으며 이로부터 발견한 중요한 성질들은 화학자들이 벅민스터풀러린의 작용을 예측하는데 큰 도움을 주고 있다.*

* Robert F. Curl and Richard E. Smalley, "Fullerenes", *Scientific American.* (Vol. 264, No. 4, (Oct. 1991)), 54-63.

스콧 아담스의 만화 딜버트

인물탐구

카트리오나 맥클린(Catriona Maclean, 영국) 1976년 8월 15일생

어려운 문제를 풀자! 흥분되지 않는가?

요크셔의 할로게이트에서 태어나서 자란 케이티 맥클린은 지역 종합중등학교인 할로게이트 그래머 학교를 졸업했다. 필립 헤이스 선생은 그녀에게 수학의 흥미를 일깨워 주었다. 헤이스는 자신이 가르치는 과목인 수학을 사랑했고, 많은 시간을 학생들과 대화하는데 사용했다. 헤이스 선생으로 인해 케이티는 수보다도 훨씬 수학적인 무언가가 존재하고 많은 숨겨진 아름다움이 있음을 깨달았다.

케이티는 항상 수학을 좋아하고 논리퍼즐을 즐겼지만, 자신의 수학적 능력은 나이에 비해 늦게 나타나는 것을 깨달았다. 고등학교를 졸업하기 전 2년 동안 국제수학올림피아드 대표를 뽑기 위한 영국수학올림피아드에서 다른 사람들이 여러 해 동안 이룩한 것을 단 번에 해내었다. 영국수학올림피아드 대표의 다크호스로 등장하여 1993년 터키에서 열린 국제수학올림피아드에서 은메달을 땄다. 다음 해에도 놀라운 일은 계속 되었는데, 영국 수학 올림피아드에 거의 완벽한 논문을 써서 그 해 홍콩에서 열린 국제 수학 올림피아드에서 금메달을 땄다.

이 시기에 케이티는 문제를 해결하는 데에 큰 즐거움이 있다는 사실을 발견했다. 아무리 생각해도 잘 풀리지 않는 문제가 있었는데 다른 일을 하다가 문득 기막힌 아이디어를 얻어서 해결한다면 얼마나 흥분된 일인가!

1994년 이후 케이티는 케임브리지의 엠마뉴엘 대학에서 공부하면서 예술영화에 심취했다. 또 학생답게 케임브리지 대학의 여러 캠퍼스 모임에도 소속되어 있었다.

미학은 케이티의 수학적 영감의 중심이었다. 그녀는 말한다. “우주 속에 존재하는 패턴의 아름다움에 대한 어린아이와 같은 궁금증에 의해서 영감을 얻었다. … 수학이 자연의 아름다운 작품을 발견하거나 아름다운 예술 작품을 창조하는지는 확신할 수는 없지만, 점차 그럴 것이라고 믿는다.”

피보나치 수열

모든 새로운 발견은 수학적 형식을 띠는데 그 이유는 다른 어떤 학문도 새로운 발견을 이끌지 못하기 때문이다.

찰스 다윈 *Charles Darwin*

엘비스 수

요정 엘비스가 번호가 매겨진 계단을 날듯이 올라가는데, 첫 번째 계단에서 시작하여 한 번에 하나 또는 두 계단을 올라간다. 무엇인가에 집착하는 성격을 가진 엘비스는 얼마나 많은 방법으로 n번째 계단에 도달할 수 있는지 세어보길 원했고, 그 방법의 수를 자신의 이름을 따서 n번째 엘비스 수 E_n이라고 했다.

E_n의 값을 숫자로 계산할 수 있는가? 도움말: 잘 알려진 수열이다.
만약 어렵게 느껴지면 E_1, E_2, E_3, E_4, E_5의 순서로 하나씩 생각해보고 이들 사이의 규칙을 찾아 추측해보라.

TIP 정답을 찾았거나 아무리 해도 정답을 찾지 못했다면 '요정 엘비스의 별난 계단 오르기 운동에 대한 풀이'(63쪽)를 참조하기 바란다.

수학사 이야기

레오나르도 드 피사(피보나치)[Leonardo da Pisa(Fibonacci)] 1180년경~1250년

중세 유럽의 가장 위대한 수학자

레오나르도 드 피사는 중세 유럽의 가장 위대한 수학자였으며, 오늘날 우리에게 '피보나치' 또는 '보나치오의 아들'로 알려져 있다. 이탈리아 상인의 아들이었던 레오나르도는 이슬람교도 선생 밑에서 공부했고, 이집트, 시리아, 그리스로 여행했다. 그 결과 그는 중세 이슬람 세계에서 유행하고 있던 수학에 대하여 많이 알게 되었다. 특히 그는 1에서 9까지의 숫자를 사용하여 수를 나타냈던 힌두-아라비아 수의 사용을 강력하게 주장했던 인물이다.

레오나르도는 1202년, 산술과 초등대수를 다룬 고전인 《산반서(Liber Abaci)》를 펴냈는데 이 책에는 여러 문제에 대한 다양한 산술 알고리즘을 설명하고 있다. 아래의 문제는 《산반서》에서 가장 유명한 문제이다.

> 한 쌍의 토끼가 매달 한 쌍의 새끼 토끼를 낳고, 새로운 토끼 한 쌍은 두 번째 달부터 한 쌍의 새끼 토끼를 매달 낳는다면, 한 쌍의 (새끼)토끼는 일 년 뒤에 몇 쌍의 토끼로 불어나겠는가?

매월 마지막에 토끼 쌍의 수를 보여주는 수형도를 그려봄으로써 처음 6개월의 토끼 쌍의 수가 다음과 같은 수열 1, 1, 2, 3, 5, 8, … 로 표현됨을 알 수 있다. 레오나르도에게 경의를 표하기 위하여 '피보나치 수열'(Fibonacci sequence)이라 이름 붙여진 이 유명한 수열은 앞선 두 항의 합이 다음 항이 되는 성질을 가지고 있다.*

다음 쪽의 수형도에서 첫 번째 토끼 쌍을 숫자 1로 표시하자. 두 번째 달에는 새끼를 낳지 않으므로 두 번째 달의 마지막에는 단지 한 쌍의 토끼만 있다. 세 번째 달에는 새끼 토끼 한 쌍을 낳으므로 세 번째 달에는 두 쌍의 토끼가 있게 된다. 이 수형도에서 화살표는 6개월을 거쳤을 때 매달 태어나는 새끼들을 나타낸다.

---

* *The Fibonacci Quarterly*는 특별히 피보나치 수만 다루는 저널이다.

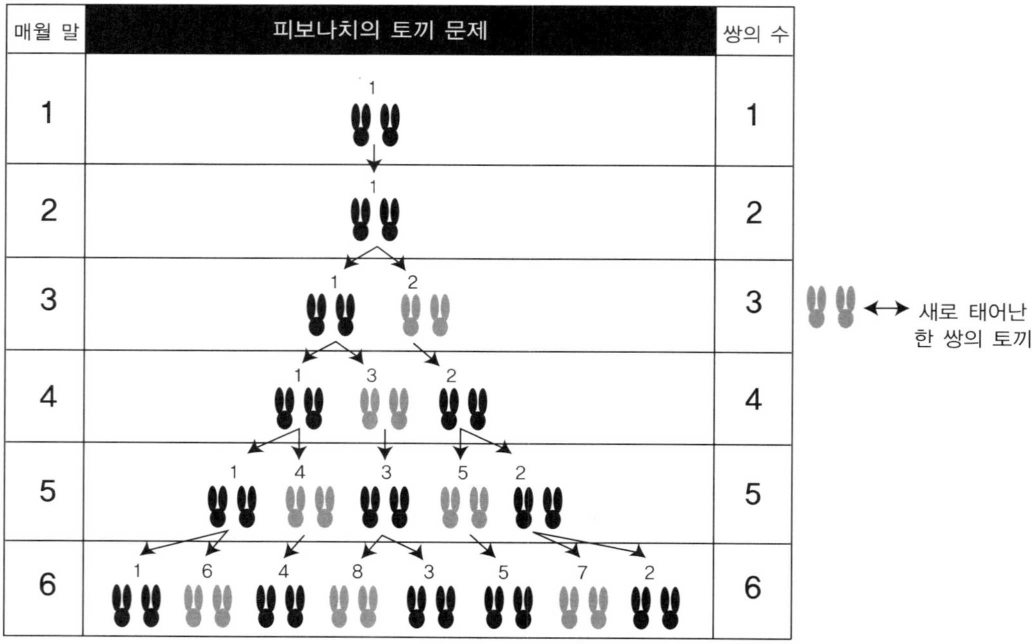

수열은 이전 항과 n번째 항의 관계식으로 정의할 수 있으므로 피보나치 수열은 다음과 같이 귀납적으로 정의된다.

$$F_n = F_{n-1} + F_{n-2}$$

여기서 F_n은 수열의 n번째 항을 의미한다. n번째 개월의 토끼 쌍의 수가 이 관계식을 만족시키는가?

한번 해보기

만약 수열 기능이 있는 그래픽 계산기가 있으면 다음과 같이 방정식을 사용하여 피보나치 수열을 귀납적으로 정의한다.

$$u_n = u_{n-1} + v_{n-1} \text{ 그리고 } v_n = u_{n-1}$$

그런 다음 $\lim_{n \to \infty} \frac{u_{n+1}}{u_n}$을 계산해보자.

이 결과가 어떤 수인지 짐작할 수 있는가?

요정 엘비스의 별난 계단 오르기 문제 풀이

요정 엘비스의 별난 계단 오르기 운동은 63쪽의 '엘비스 수'에 있다. 피보나치 수 F_1, F_2, F_3, … 는 다음과 같이 정의된다.

$$F_1 = F_2 = 1$$
$$F_n = F_{n-1} + F_{n-2} \ (n \geq 3)$$

n번째 엘비스 수는 실제로 n번째 피보나치 수이다! 엘비스는 어떻게 이것을 알았을까? 그는 버릇처럼 계단을 뛰어오르지 않고 한 번에 한 칸씩 조심스럽게 올라갔다. 이렇게 올라간 n번째 계단을 E_n이라 하자.

엘비스는 녹색신발을 신고 n번째 계단에 오르는 방법의 수를 헤아리기 시작한다.

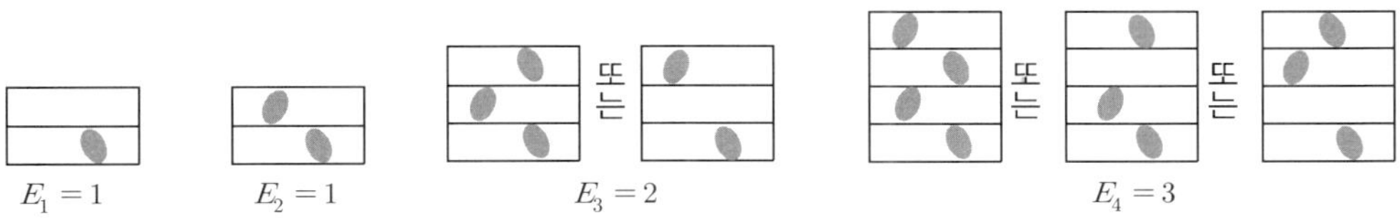

지루함을 피하기 위해, 엘비스는 직접 헤아리지 않고 E_5를 계산하는 방법을 생각해 보았다. "어떻게 5번째 계단에 도착할 수 있을까? 음, 내가 3번째 계단을 오른 다음, 두 계단을 더 올라가면 되는구나. 즉 E_3방법을 행한 후에 다시 4번째 계단을 오르고, 한 계단을 더 올라가면 되는구나. 또는 E_4방법을 행한 후 한 계단을 오르는 방법이 있네. 그러나 두 가지 방법 중 정확히 한 가지만 할 수 있어. 그래서 5번째 계단에 오르는 방법은 $E_3 + E_4$이네. 즉 $E_5 = E_4 + E_3$." 엘비스는 재빨리 $E_n = E_{n-1} + E_{n-2} \ (n > 2)$임을 보여주기 위해 이를 일반화했다. $E_1 = 1$, $E_2 = 1$임을 추가하면 이것은 일반적으로 E_n을 결정하기에 충분하다. 그러나 피보나치 수는 ($F_1 = F_2 = 1$, $F_n = F_{n-1} + F_{n-2}$)과 같은 방법으로 주어진다. 그러므로 이 두 수열은 같은 것이다! 엘비스는 '증명된 것'임을 의미하는 라틴어인 Quod Erat Demonstrandum, 즉 Q.E.D.라는 문자를 사용하여 증명을 끝냈다. 이것은 증명이 완성되었음을 과시하는 방법이다.

피보나치 수열의 n번째 항에 대한 공식

앞에서 피보나치 수 F_n이 아래와 같이 정의됨을 살펴보았다.

$$F_1 = F_2 = 1$$
$$F_n = F_{n-1} + F_{n-2} \; (n \geq 3)$$

이번에는 F_n이 비네의 공식(Binet's Formula)라고 불리는 아래의 방정식을 만족시키는지 확인해보자.

$$F_n = \frac{\left(\frac{1+\sqrt{5}}{2}\right)^n - \left(\frac{1-\sqrt{5}}{2}\right)^n}{\sqrt{5}}$$

교사를 위한 조언!

학생들에게 비네의 공식을 주십시오. 학생들이 그 수열을 추측하게 해보십시오. 이 공식에서 나오는 피보나치 수들을 발견하고는 대단히 놀랄 것입니다. 또 학생들에게 이것을 증명하도록 해 보십시오.

이것은 정말로 딱 들어맞다!

F_n은 몇 가지 상수를 사용하여 더 간단히 나타낼 수 있다.

$$\tau = \frac{1+\sqrt{5}}{2}, \quad \sigma = \frac{1-\sqrt{5}}{2}$$

τ, σ는 각각 '타우', '시그마'라고 불리는 그리스 소문자이다. 타우('오우'라고도 불리는)는 '황금비'를 나타내는 고대 그리스의 상수로 알려져 있다. 이 문자는 수학에서 습관적으로 쓰이는 특별한 경우이다. 그 중 몇 가지는 '피보나치와 황금비' 장에 나타나 있다.
τ, σ를 사용하여 F_n을 나타내면 아래와 같다.

$$F_n = \frac{\tau^n - \sigma^n}{\sqrt{5}}$$

F_n을 표현하는 몇 가지 다른 방법들이 있다.

$$\sigma = -\frac{1}{\tau} \text{이므로} \quad F_n = \frac{\tau^n - \left(\frac{-1}{\tau}\right)^n}{\sqrt{5}}$$

두 번째 방법으로 σ를 τ로 나타낸다. 즉, $\sigma = 1-\tau$이므로

$$F_n = \frac{\tau^n - (1-\tau)^n}{\sqrt{5}}$$

피보나치 수열의 정의로부터(비록 일반항에 대한 공식으로부터는 아니더라도) F_n은 모든 n에 대해서 양의 정수임을 알고 있다. 따라서 $F_n = \frac{\tau^n}{\sqrt{5}} - \frac{\sigma^n}{\sqrt{5}}$이 모든 n에 대해서 양의 정수임을 알 수 있다. 모든 n에 대하여 $\left|\frac{\sigma^n}{\sqrt{5}}\right| < \frac{1}{2}$이므로 (스스로 이것을 증명하라.) $\frac{\tau^n}{\sqrt{5}}$은 다른 어떤 정수보다도 F_n에 가깝다. 다시 말하면, F_n은 $\frac{\tau^n}{\sqrt{5}}$에 가장 가까운 정수이다. 왜냐하면 n이 커짐에 따라 $\frac{\sigma^n}{\sqrt{5}}$이 매우 작아지므로, $\frac{\tau^n}{\sqrt{5}}$은 F_n에 근사하기 때문이다. (계산기로 $n=20$까지 계산해보시오.)*

'요정 엘비스의 별난 계단 오르기 운동에 대한 정답'(63쪽)—수학적 귀납법(비록 귀납법이라는 이름이 언급되지 않았지만)을 이용하여 F_n에 대한 공식이 성립함을 증명할 수 있다. 기본적으로 귀납법은 이미 정답이 무엇인지 추측했거나 알고 있을 때 이를 증명할 수 있는 아주 좋은 방법이다.

신비로운 공식이나 귀납법, 많은 다른 방법들을 이용하여 '피보나치 수에 관한 재미난 사실'(156쪽)에 나오는 피보나치 수에 대한 몇 가지 놀라운 결과들을 증명하는 것이 가능하다.

생각해보기

'ELVIS'를 몇 가지 방법으로 적을 수 있을까? E에서 시작해서 각 단계마다 오른쪽이나 아래로 이동한다.

```
E L V I S
L V I S
V I S
I S
S
```

풀이는 다음 쪽에 있다.

---

* 임의의 큰 수 n에 대하여 $\frac{\tau^n}{\sqrt{5}}$는 어떤 정수에 근사한다는 사실은 매우 놀라운 것이다. 또 큰 수 n에 대하여 τ^n이 어떤 정수에 매우 근사한다는 사실 또한 놀랄 만하다. 계산기로 확인해보자! 이 특이하고 별난 사실들은 '황금비의 몇 가지 흥미로운 성질(161쪽)'에 나온다.

'생각해보기'에 대한 풀이

Elvis의 철자를 표기하는 방법은 16가지이다. 이것은 2의 거듭제곱으로 나오는 결과와 일치하는 것일까? 도움말은 다음 그림처럼 'NO'의 철자를 'N'을 왼쪽 위에 표기하고 아래쪽으로 진행하거나 오른쪽으로 진행하면서 표기할 수 있는 경우의 수를 찾아보는 것이다.

```
N → O
↓
O
```

만약 확신이 들지 않는다면, 같은 방법으로 'NEGATIVE'의 철자를 표기해보자.

```
N → E → G   A   T   I   V   E
↓   ↓
E → G   A   T   I   V   E
↓
G   A   T   I   V   E

A   T   I   V   E

T   I   V   E

I   V   E

V   E

E
```

여전히 잘 이해가 가지 않으면 아래의 뒤집어져 있는 도움말은 보기를 바란다.

도움말

이 문제를 해결할 수 있는 한 가지 방법은 이렇게 질문해 보는 것이다. 오른쪽이나 아래로만 이동할 수 있다면 N에서 바로 옆의 E로 이동하는 방법은 2가지다. 그리고 E에서 G로 갈 수 있는 길은 4가지 방법이 있다. G에서 A로 2가지 방법이 있으므로 N에서 A까지의 길은 총 8가지가 된다. 이런 식으로 계속 해나가면 N에서 대각선에 있는 E까지 갈 수 있는 방법은 총 2^7=128가지임을 알 수 있다.

다른 문제

위에 그림에서 8개의 E가 대각선에 놓여 있다. 각각의 E에 도달하는 경로는 몇 가지인가?

정답: 1–7–21–35–35–21–7–1

이 결과는 어떻게, 왜 파스칼 삼각형과 관련이 있을까? [이는 '파스칼 삼각형, 주세걸(朱世傑), 시어핀스키'(98쪽)에서 자세하게 다룰 것이다.]

게임이론

게임은 끝나기 전까지는 끝난 것이 아니다.

요기 베라 *Yogi Berra*

게임이론

게임이론(game theory)은 부족한 자원을 위한 경쟁과 같은 광범위하고 다양한 상황에 대해 전략을 분석하는 수학의 한 분야이다. 이것은 경제학뿐만 아니라, 정치학이나 심리학, 철학에서도 중요한 분야이다. 1994년의 노벨 경제학상을 수상한 수학자인 존 내쉬(John Nash)는 21세에 박사논문에서 게임이론에 대한 토대를 닦았다.(1950년 프린스턴 대학에서의 존 내쉬에 대하여 알고 싶다면 영화 '뷰티풀 마인드'를 보시오. 이것이 수학자에게 주어진 첫 번째 노벨 경제학상은 아니다. 74쪽의 '게임 이론과 정치: 애로(Arrow)의 정리'를 보기 바란다.)

게임이론에 대한 중요한 예로 '죄수의 딜레마'가 있다. 이 문제에 대한 변형이 무수히 많지만 기본 구조는 다음과 같다. 두 명의 용의자가 유치장에 붙잡혀 와서 서로 다른 방에 갇혔다. 검사는 그들이 어떤 범죄에 대한 진범임을 확신하고 있지만 그것을 입증할 증거가 불충분했다. 검사는 용의자에게 두 가지 선택을 할 수 있음을 설명한다. 그들은 자백해도 되고 묵비권을 행사해도 된다. 둘 다 묵비권을 행사하면 죄의 분명한 부분에 대해서만 형량이 인정되어 그들은 최소한의 처벌(1년형)만 받는다. 한 명이 자백하면 자백한 사람은 석방되고 다른 한 명은 10년형을 받는다. 둘 다 자백하면 둘 다 기소되지만 좀 덜 심한 처벌(8년형)을 받는다.

용의자들은 어떻게 할까?

여러분이 용의자의 상황에 처해 있다고 생각해보자. 친구가 범죄자인지 아닌지에 상관없이 여러분은 죄를 자백하는 편이 낫다. (만약 친구가 묵비권을 행사하면 여러분은 풀려나고, 그 친구가 죄를 자백하면 여러분은 10년 대신 8년형을 살게 된다.) 그러나 둘 다 자신의 이익을 위해 행동할 것이고, 이 논리를 따를 것이기 때문에 결국 둘 다 자백하여 8년형을 받을 것이다. 이것은 둘 다 묵비권을 행사하는 것보다 나쁜 결과이다. 아이러니하게도 각자에게 최선을 결과를 만들기 위한 전략은 양쪽 모두의 이익을 생각했을 때 최선의 결과를 가져오는데 실패하게 된다.

또 다른 잘 알려진 게임이론에 대한 문제는 '서로를 믿지 않는 두 사람이 파이를 공정하게 나누어 가지기'이다. 이에 대한 전략으로 한 사람이 자르고 나머지 사람은 고르는 것이다. 이 경우 자르는 사람은 최대한 공정하게 자르려고 할 것이다. (세 명이면 어떻게 해야 할까?)

게임이론은 또한 우리가 '진짜' 게임이라고 생각하는 것들을 분석하는데도 사용된다. 예를 들어 입체사목게임은 1984년에 완벽하게 풀렸다. 즉, 먼저 하는 사람을 위한 완벽한 전략이 있다. 먼저 하는 사람이 그 다음 사람이 어떻게 하든지에 상관없이 무조건 이기는 전략이 항상 있다.

어떤 게임을 분석할 때는 일어날 수 있는 모든 상황을 관찰해보면 된다. 예를 들어 틱택토(삼목게임, Tic-Tac-Toe) 게임에서 첫 번째 가능한 경우의 수는 아래 그림처럼 세 가지뿐이다.

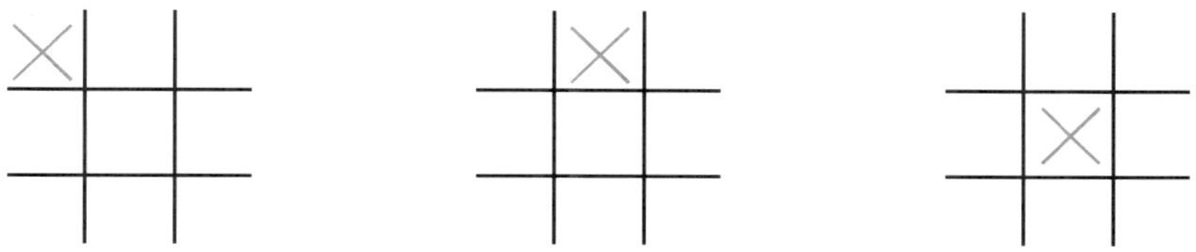

이때, 오른쪽 맨 아래에 표시하는 것은 왼쪽 위에 표시하는 것과 같다. 가운데를 중심으로 180도 회전시켜 보면 된다. 이 이야기는 '마방진과 관련된 두 가지 정리'(35쪽)에서 언급한 대칭에 관한 원리와 같음을 알 수 있다.

각각의 첫 번째 경우에 대하여 여러 가지 두 번째 경우들이 발생한다. 여기에서 다양한 경우의 수를 탐구하여 최적의 경우를 찾아야 한다. 이런 분석에 따라 둘이서 틱택토 게임을 하게 되면 이 게임은 무승부가 된다는 것은 잘 알려진 사실이다. (덜 알려진 사실 : 가장 좋은 시작은 네 모서리에 두는 것이다. 상대방이 가운데에 돌을 두지 않으면 시작한 사람이 무조건 이긴다.)

게임이론에 대한 감각을 익히는 가장 좋은 방법은 게임을 두루 해보고 어떻게 하면 이길 수 있는지를 살펴보는 것이다. 때때로 간단한 게임 뒤에 아름다운 수학이 숨어 있곤 한다. 이런 종류의 유명한 게임인 님(Nim) 게임에 대해서 살펴보자.

님(NIM) 게임

님(Nim)은 이기는 전략이 가장 완벽하게 분석되어 있는 게임으로 유명하다. 게임 규칙은 간단하지만 이기는 전략은 명확하지 않다. 이 게임의 전략은 간단하지만 수학의 여러 분야와 연관되어 있다.

게임 방법

- 님(NIM)은 이쑤시개 몇 줄을 가지고 두 사람이 함께 하는 게임이다.
- 한 행에서 몇 개의 이쑤시개를 선수들 각자가 번갈아 가져간다.
- 마지막 이쑤시개를 가져가는 사람이 이긴다.

예를 들어 가장 흔하게 시작하는 숫자 배열은 아래 그림과 같이 1, 2, 3, 4, 5개의 이쑤시개를 5행으로 배열하는 것이다.

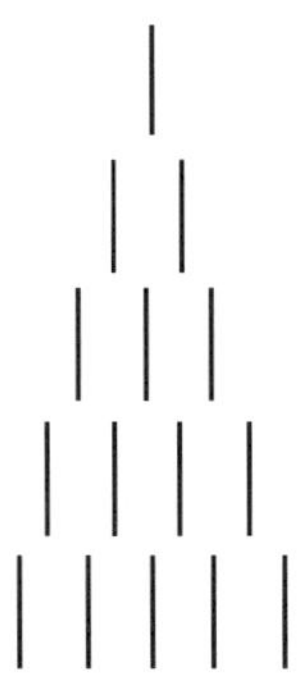

당신의 호기심을 자극하는 것

이기는 전략은 처음 선수가 정확하게 홀수 행에서 한 개의 이쑤시개를 옮기는 것이다. 그렇지 않으면 두 번째 선수가 이기게 된다.

게임이 3개의 행으로 시작된다면 다음 그림과 같이 진행될 것이다.

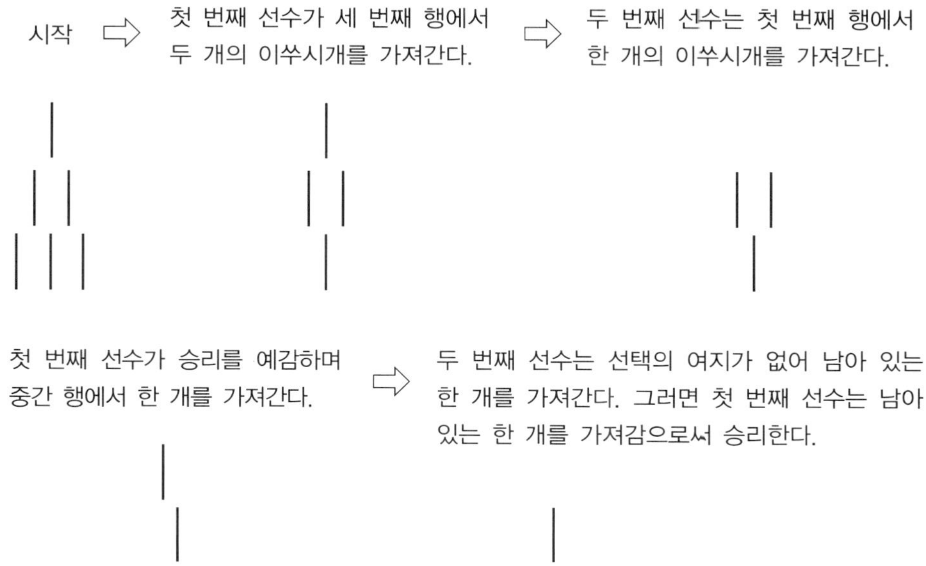

이기는 전략은 '님(Nim) 게임에서 이기는 방법(203쪽)'에 설명되어 있다. 그 장을 읽기 전에 여러분들은 이쑤시개가 많이 남아 있지 않는 상황에서 무엇이 '최선의 전략'인지 찾아내기 위해 님 게임을 여러번 해 보아야 한다.

충분한 능력을 가지고 있는 사람이라면 이기는 전략에 대해서 스스로 찾을 수 있을 것이다. 작은 경우로부터 시작해서 복잡한 경우로 확장시켜 보는 것이 좋은 방법이다. 수 주 또는 수 개월 동안 게임을 해보면서 여러 각도에서 숙고해 보는 것도 의미 있을 것이다. 자기 스스로 이기는 전략을 발견했을 때 그 만족도는 대단히 클 것이다. 꾸준히 노력하다 보면 아래의 '님 게임의 힌트 암호문'의 핵심을 깨달을 수 있을 것이다.

님 게임의 힌트 암호문

SBUIFS UIBO XSJUJOH EPXO UIF
TJAF PG UIF QJMFT JO CBTF 10.
XSJUF UIFN EPXO JO CBTF 2.

님 게임의 암호문을 해독하려면 위 문장의 각 글자를 알파벳 순서에서 그 글자보다 앞에 있는 알파벳으로 바꾸어 다시 적으면 된다.

게임 이론과 정치: 애로(Arrow)의 정리

철학자들과 일반인들은 "최선의 정부 형태는 무엇일까?"에 대해 논쟁을 해왔다. 최근 우리 사회는 민주주의가 최선의 정부 형태라는 것에 어느 정도 의견 일치를 본 것 같다. 물론, 여기에는 "누구의 민주주의가 최선의 것인가?"라는 의문이 제기될 수 있다.

완벽한 정부에 대한 탐구는 수학적 관점에서도 해볼 수 있다. 최선의 체제에 대한 후보 중 일부에는 어떤 비합리성이 존재하기도 한다. 예를 들어, 다수결 체제에서 두 가지 중 하나를 결정하는 것은 투표를 하면 간단해진다. 그러나 두 개 이상의 선택이 가능한 경우에는 간단한 문제가 아니다. 예를 들어, 대통령 선거에서 4명의 후보자가 나왔다고 하자. 그들 중 한 명만 우익에서 28%의 지지를 얻고 나머지 세 후보는 좌익에서 각각 24%의 지지를 얻었다. 따라서 대통령은 우익에서 나올 것이다. 비록 72%의 대다수가 좌익 후보자 중 한 명을 지지하지만 몇몇 사람들은 단지 이것을 운이 좋지 않아서라고 생각할 것이고, 어떤 사람들은 이와는 다른 체제가 더 공정하다고 생각할지도 모른다.

하버드 대학의 경제학자 케네스 애로(Kenneth Arrow)는 1951년 이 주제에 대해서 연설을 했다. 그는 그 체제가 합리성의 최소한의 기준을 만족해야 한다고 주장했다.

우리는 개인의 욕구를 공동의 선택으로 바꾸어 주는 체제를 원한다. 우리가 셋 또는 그 이상의 개인이 있는 나라(주, 의회, 학교)를 가지고 있고 두 가지 이상의 선택사항 중 공동의 의견을 선택해야 한다고 가정해보자. 모든 사람이 자신의 선택을 투표용지에 적어 컴퓨터로 보낸다. 컴퓨터는 많은 사람들이 선택한 순서에 따라 한 가지 결과를 제시한다. 그런데 컴퓨터에 다음과 같이 작은 제한조건만 걸더라도 컴퓨터는 아주 이상한 알고리즘에 따라 작동한다.

1. **우선, 제한조건이 없는 경우로써 투표에서 모든 표들은 동등하게 인정되지 않을 수 있다.** 이것은 투표 자체가 투표자의 나이, 학력, 전문성, 수입, 눈 색깔에 의존하게 되는 가능성을 허용한다. 예를 들어, 컴퓨터는 대학교수가 현실과 동떨어져 산다고 결정해서 그들의 표를 무시할 수도 있다.

2. **만약 모든 사람이 Y보다 X를 선호한다면 사회 전체가 Y보다 X를 선호할 것이다.** 이것은 확실히 합리적인 최소 조건이다.

3. **두 가지 선택사항 중에서 사회가 선택을 해야 할 때, 사회의 선택은 이 두 가지에 대하여 개개인이 어떻게 느끼느냐에 좌우되어야 한다.** 이것은 1992년 미국의 대통령 선거 당시 클린턴과 부시 중에서 사회의 선택이 페럿의 출마 여부에 영향을 받아서는 안 된다는 것을 의미한다.

4. **개인들이 바보가 아니라고 가정한다.**—개인은 B보다 A, C보다 B, A보다 C가 좋다고 말하지 않는다. 그래서 사회에도 이것이 똑같이 적용된다. 다수결의 원리는 이러한 조건에 어긋난다. 예를 들어, 다음과 같은 의견을 가진 세 사람만 있는 사회를 생각해보자.

투표자 1은 C보다 B, B보다 A를 지지한다.
투표자 2은 A보다 C, C보다 B를 지지한다.
투표자 3은 B보다 A, A보다 C를 지지한다.

다수결의 원리에 따른다면 사회는 각각 2 : 1로 B보다 A, C보다 B, A보다 C를 선호할 것이다.

이상의 4가지 조건은 선택을 위한 최소한의 합리적인 조건처럼 보인다. 하지만 다수결의 원리가 이 조건을 만족시키지 않음을 쉽게 알 수 있다. 그럼에도 불구하고 누군가는 이 조건을 만족하는 어떤 민주적 체제가 반드시 존재한다고 생각할지 모른다. 하지만 애로는 그렇지 않다고 말한다.

애로의 정리

이 최소한의 조건을 만족시키는 체제는 한 사람에 의해 지배되는 독재정권밖에 없다.

이 정리는 많은 혼란 요소를 가지고 있다. 이에 대한 가능한 대응 중 하나는 의사결정 체제를 선택할 때 많은 요소들이 고려될 필요가 있다는 것이다. 그리고 비록 다양한 민주적 체제가 하나 또는 그 이상의 합리적인 조건에 실패했다고 하더라도 이 체제들은 여러 다른 조건하에서는 매우 잘 운영된다. 많은 사람들이 윈스턴 처칠의 잘 알려진 아래의 논평에 동감할 것이다.

윈스턴 처칠 경
Sir Winston Churchill
1874~1965

민주주의는 다른 모든 사람들을 제외하고 남자들의 유머에 의해 고안된 최악의 체제이다.

생각해보기

❶ 여기에는 앞에서 본 것과 유사한 흥미로운 역설이 숨어 있다. 아래 그림과 같이 숫자가 새겨진 세 개의 주사위를 생각해보자.

주사위 A : 1, 1, 5, 5, 5, 5
주사위 B : 3, 3, 3, 3, 3, 3
주사위 C : 2, 2, 2, 2, 6, 6

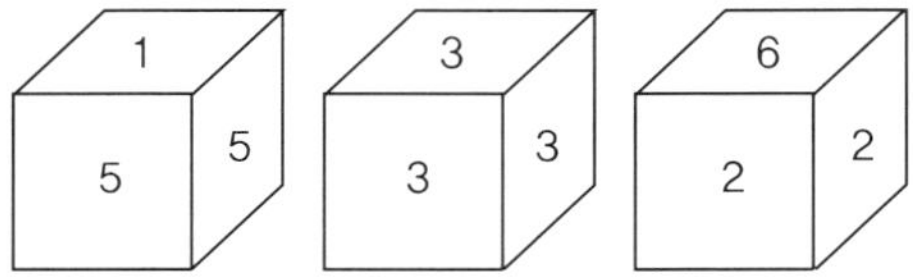

주사위 A　　주사위 B　　주사위 C

두 사람이 게임을 한다. 그들은 서로 다른 주사위를 선택한 후 각자 주사위를 굴려, 더 높은 수가 나온 사람이 이긴다고 한다. 한 사람이 A주사위, 다른 사람이 B주사위를 선택한다면 A가 경기에서 이길 확률이 $\frac{2}{3}$라는 것을 쉽게 알 수 있다.
왜냐하면 B는 항상 3이 나올 것이고, A는 5가 나오면 이기므로 A를 선택한 사람이 경기에서 이길 확률은 $\frac{2}{3}$이고, 1이 나오면 지게 되므로 질 확률은 $\frac{1}{3}$이다.

B와 C의 주사위를 선택한다면 누가 이기게 될까? C와 A의 주사위를 선택하는 경우 누가 이기게 될까?

만약 왜 그러는지 확실히 모르겠다면, 3개의 보통 주사위를 가지고 숫자를 바꾸어 실험해 보면 알 수 있을 것이다.

❷ 1956년 미국의 하원에서는 학교 건축을 위한 연방정부의 원조를 청하는 법안을 투표로 결정했다. 헌법개정안에는 학교에서 인종차별을 하지 않는 주들에 대해서만 연방정부가 원조를 제공한다는 것을 규정하고 있다.* 투표자들은 비슷한 규모의 세 그룹인 공화당원, 북부의 민주당원, 남부의 민주당원으로 나누어졌다. 세 개의 그룹은 선택 가능한 서로 다른 세 개의 견해들을 가지고 있었다. 공화당원들은 처음에는 법안을 반대했으나, 하나가 통과되어야 한다면 인종차별을 하지 않는 주들에 대해 제한된 원

* 이 주제는 옥스퍼드 대학교의 파라스 메타(Paras Mehtar)가 처음으로 저자에게 소개해 준 것이다. 애로의 정리는 호프만(Hoffman)의 《아르키메데스의 복수(Archimedes' Revenge)》에 자세하게 설명되어 있다(참고문헌 참조). 이 책의 학교 건축을 위한 법안발의의 예는 많은 곳에서 인용되고 있다.

조를 하는 것을 선택했다. 인종차별을 하는 학교들이 있는 주의 출신인 남부의 민주당원들은 처음에는 최초의 법안을, 두 번째는 법안 반대를, 세 번째는 개정된 법안을 선택했다. 북부의 민주당원들은 처음에는 개정된 법안을, 두 번째는 최초 법안을, 세 번째는 법안을 반대하는 것을 선택했다. 이러한 선택들을 요약하여 표로 나타내면 아래와 같다.

선택	공화당원	남부의 민주당원	북부의 민주당원
첫 번째	법안 반대	최초 법안	개정된 법안
두 번째	개정된 법안	법안 반대	최초 법안
세 번째	최초 법안	개정된 법안	법안 반대

분명한 것은, 남북부 민주당원들이 최초 법안을 함께 선택했다면 최초 법안은 통과되었을 것이다. 그러나 하원의 절차에 따라 첫 번째 투표는 개정된 법안을 받아들일 것인가에 대해 진행되었다. 공화당원들과 북부의 민주당원들은 개정된 법안이 통과될 것이라고 확신했다. 왜냐하면 그들은 둘 다 최초의 법안보다는 개정된 법안을 선택했기 때문이다. 두 번째 투표는 개정된 법안에 찬성이냐 반대냐 하는 것이었다. 이번에는 공화당원들과 남부의 민주당원들은 개정된 법안을 통과하는 것보다는 법안 반대를 선택하여 법안을 파기하기 위해 음모를 꾸몄다. 통과가 확실히 보장된 개정된 법안이 최종적으로 파기되었다는 것은 역설일 수밖에 없다. 어떻게 이런 일이 일어났는지 분석해보자.

TIP 풀이와 설명은 78쪽에 있다.

생각해보기에 대한 풀이

1. A와 B의 시합

B는 항상 3이 나온다. 그러므로, A에서 5의 눈이 나와 이길 확률은 $\frac{2}{3}$이고, 1의 눈이 나와 질 확률은 $\frac{1}{3}$이다. 따라서 A가 B를 이길 확률이 높다.

B와 C의 시합

위와 비슷한 방법으로, B가 C를 이길 확률이 높다.

C와 A의 시합

A와 C의 시합에서 승자가 누구인지 결정하는 방법으로 가능한 모든 경우는 아래의 표와 같다.

	A가 1인 경우 (확률: $\frac{1}{3}$)	A가 5인 경우 (확률: $\frac{2}{3}$)
C가 2인 경우 (확률: $\frac{2}{3}$)	확률: $\frac{2}{3}\times\frac{1}{3}=\frac{2}{9}$	확률: $\frac{2}{3}\times\frac{2}{3}=\frac{4}{9}$
C가 6인 경우 (확률: $\frac{1}{3}$)	확률: $\frac{1}{3}\times\frac{1}{3}=\frac{1}{9}$	확률: $\frac{1}{3}\times\frac{2}{3}=\frac{2}{9}$

위 표로부터 C가 A를 이길 확률은 다음과 같다.

$$\frac{2}{9}+\frac{1}{9}+\frac{2}{9}=\frac{5}{9}$$

믿기지 않겠지만 A가 B를 이길 확률이 높고, B가 C를 이길 확률이 높으며, C가 A를 이길 확률이 높다는 결론을 얻을 수 있다.

2. 이 역설은 위에서 주어진 주사위 문제에서 발생한 역설과 매우 유사하다.
이는 또한 75쪽의 조건 4를 만족하는 '다수결의 원리'가 존재하지 않음과 관련이 있다.

루이스 캐럴(Lewis Carroll) 1832~1898

사회선택론

사회선택론은 경제학, 정치학, 철학을 포함한 많은 분야에서 연구되고 있는 게임이론의 한 분야이다. 이 이론은 투표, 선거, 국정에 관한 이론과 이와 관련된 정치학과 밀접히 연관되어 있으며, 또한 평등, 정의, 이성적인 행동에 관한 이론들을 포함하는 철학과도 연관되어 있다. 이 이론은 새로운 분야임에도 불구하고 그 근원은 18세기 제레미 벤담(Jeremy Bentham, 공리주의와 복지의 철학적 토대 분석)과 존 찰스 드 보다(John Charles de Borda)와 마르퀴스 드 콘돌셋(Marquis de Condorcet)(선거와 위원회 결정의 이론)으로 거슬러 올라간다. 《이상한 나라의 엘리스》와 《거울 나라의 엘리스》의 작가인 찰스 루트위지 도지슨(Charles Lutwidge Dodgson)—루이스 캐럴(Lewis Charroll)으로 더 잘 알려진—은 옥스퍼드의 수학과 교수로서 투표 문제의 역설에 관한 완벽한 분석을 최초로 시도하여 사회선택론의 발전을 예견했다.

케네스 애로(Kenneth Arrow)는 사회선택론의 현대 조합론적 토대를 완성했다. 《아르키메데스의 복수(Archimedes' Revenge)》에서 폴 호프만은 다음과 같이 말했다.

> 미국 경제학자인 케네스 애로의 노벨상 수상 업적은 완벽한 민주주의의 이상을 실현하는 것이 수학적으로 불가능함을 보여준다. 실제로 하원처럼 간접대표체제에서 각 선거구에 얼마나 많은 대표자들이 할당되는지에 대한 결정과 같은 투표에서뿐만 아니라 심지어 투표를 하기 이전에도 이러한 불필요한 역설이 야기될 수 있다(p. 213, 인용은 참고문헌을 참조).

존경하는 왓슨 씨에게!

논리적 추론의 달인인 셜록 홈스(Sherlock Holmes)는 전 유럽을 이동하며 노련한 범인을 추적하고 있다. 한 사람은 용감하고 대담하게 행동하는 홈스이고, 다른 사람은 극악무도하고, 비열하고, 염치없고 악명 높은 앤드런이다.

게임

이 재미있는 게임은 유럽의 여러 공항에서 진행된다. 이 게임은 다음 쪽의 지도를 사용한다. 각 점들은 추적할 수 있는 장소인 도시를 나타내고, 경기자는 연필이나 펜으로 도시에 점을 찍음으로써 자신의 위치를 나타낼 수 있다. 이 지도에 있는 직선은 경기자가 통과하게 될 항공경로를 나타낸다. 셜록 홈스는 스톡홀름에서 추적을 시작하고 범인인 앤드런은 모나리자를 훔쳐서 파리를 떠난다. 각 경기자는 자신의 순서가 될 때 한 도시에서 항공편을 이용하여 연결된 다른 도시로 이동할 수 있다. 홈스가 먼저 시작한다. 만약 홈스가 앤드런과 같은 도시에 도착하면 범인을 잡게 되어 게임에서 이긴다. 만약 홈스가 앤드런을 15번 이하의 이동으로 잡지 못한다면 엔드런이 게임에서 이기게 된다.

문제

이 게임은 일정한 틀이 있는데, 만약 여러분이 그 틀을 알고 게임을 진행한다면, 상대방이 얼마나 잘 하느냐에 상관없이 항상 이기게 된다. 이 게임의 중요한 점은 누가 이기는 전략을 알고 있느냐 하는 것이다. 그러면 그 전략은 무엇일까?

힌트

이 게임의 힌트는 평범하고 상식적이므로 너무 빨리 포기하지 않길 바란다! 다른 사람과 게임을 몇 번 해보고 게임이 어떻게 진행되는지 생각해보시오. 양쪽을 다 시도해 보고 전략을 추측을 해보시오. 그런 다음 이 전략이 왜 옳은지 또는 왜 잘못된 것인지를 생각해 보시오.

TIP 해답은 198쪽에 있다.

셜록 홈스의 대륙 추적

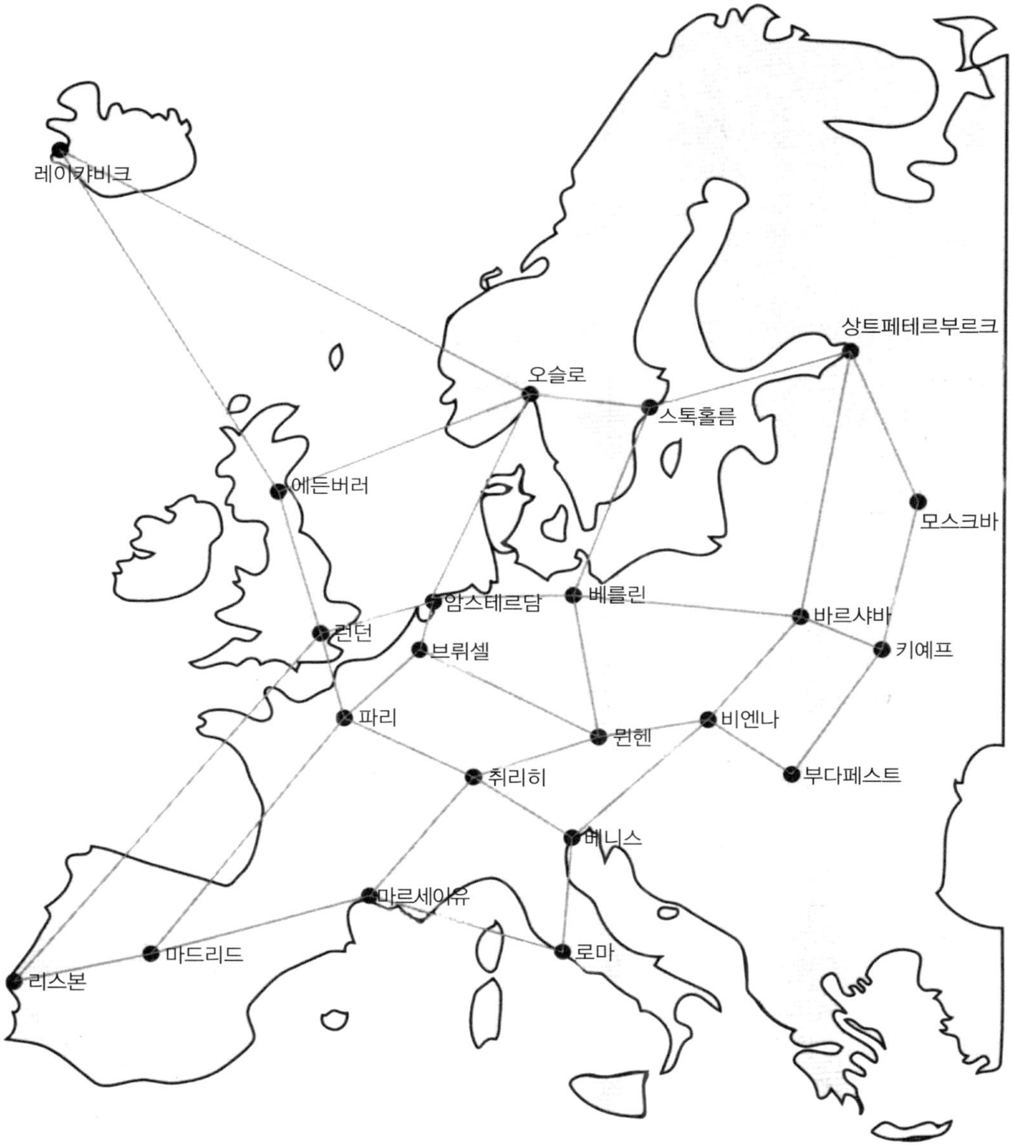
레이캬비크
상트페테르부르크
오슬로
스톡홀름
에든버러
모스크바
암스테르담
베를린
바르샤바
런던
브뤼셀
키예프
파리
뮌헨
비엔나
취리히
부다페스트
베니스
마르세이유
로마
마드리드
리스본

기하

설령 왕이라 하더라도 기하학을 공부하는 데 쉬운 길은 없습니다.

메나이크무스 *Menaechmus*(알렉산더 대왕에게 한 말에서)

수학사 이야기

지지대를 놓을 자리만 있다면 이 지구도 옮길 수 있다. 아르키메데스(Archimedes, 287-212 B.C.)

2000년 전에 이미 미적분학을 예견했던 수학자

수학사학자들이 역사적으로 가장 위대했던 수학자들을 밝히려고 시도했을 때, 필연적으로 아르키메데스, 뉴턴, 가우스 이 세 명을 떠올린다. 아르키메데스는 고대 그리스인임에도 불구하고, 그의 수학적 기교는 17, 18세기의 수학의 거장들과 비교해도 손색이 없었다. 그의 수많은 논문 중에 나선에 관한 28가지 정리를 보여주는 〈소용돌이선(螺線)에 관하여(On Spirals)〉라는 것이 있다. 그로 인해 나선(螺線)이라는 말 속에는 현재 그의 이름이 내재되어 있다.

2000여 년 전에 그가 사용한 실진법(exhaustion)은 적분법의 시초가 되었다. 〈포물선의 구적법(Quadrature of the Parabola)〉이라는 논문 79쪽에서는 정리를 유도하기 위해 실진법을 적용했고 포물선으로 둘러싸인 영역의 넓이를 내접하는 삼각형의 넓이를 이용해서 나타내었다. 하지만 아르키메데스도 타원이나 쌍곡선같이 그의 시대에선 알 수 없었던 초월함수를 포함하는 다른 원뿔곡선들의 일반적인 넓이들을 알아낼 수는 없었다.

또한 아르키메데스는 유체역학의 법칙과 함께 응용 수학과 공학에 대하여 큰 기여를 했다. 그는 기원전 212년 시라쿠사가 포위되어 있는 동안 로마군의 공격에 대항하여 0.25톤의 거대한 바위를 던지는 투석기의 지레와 같은 실용적인 다양한 장비들을 개발했다.

아르키메데스는 수학에서의 많은 업적 가운데 원기둥에 내접하는 구의 부피는 원기둥 부피의 $\frac{2}{3}$가 된다는 발견에 큰 자부심을 가졌다. (이것을 계산하는 방법은 89쪽에 기술된 '아르키메데스가 또 생각해내다'에 나와 있다.) 아르키메데스는 그가 발견한 것을 그림으로 묘비에 새겨줄 것을 요구했고, 로마의 대웅변가 키케로의 연설로 인해 그의 바람은 이루어졌다. 키케로는 시실리의 검찰관이 되고난 후, 아르키메데스의 업적을 되살려 그의 묘비에 이 그림을 새겨 넣었다.

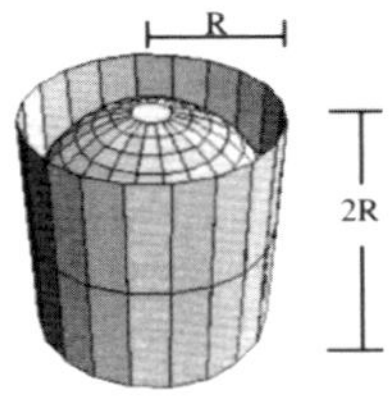

구의 부피는 구를 둘러싸고 있는 원기둥 부피의 $\frac{2}{3}$이다.

길이, 넓이, 부피 : 참과 거짓에 관한 주장

Part 1: 원의 넓이

반지름이 r인 원의 원주를 C, 넓이를 A라 하면, C와 A는 아래의 공식을 사용하여 계산할 수 있다.

$$C=2\pi r,\quad A=\pi r^2$$

이 공식을 사용하여 손쉽게 $A=\dfrac{rC}{2}$라는 공식을 유도할 수 있다.

이것이 참인지를 확인할 수 있는 또 하나의 직관적인 방법이 있다. 주어진 원을 n개의 똑같은 크기의 파이 모양의 부채꼴로 나눈다.

원을 같은 크기의 n개의 조각으로 나눈다.

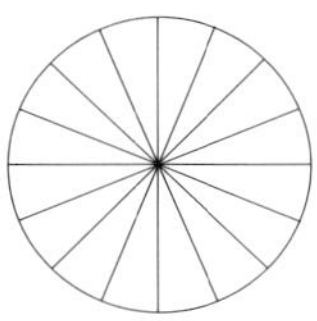

원에서 자른 한 조각은 n등분한 부분 중 한 개이다.

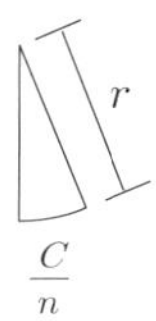

이 전체의 논리는 극한의 용어로 훨씬 잘 표현되고, 이를 이용하여 아래와 같은 유명한 결과를 발견할 수 있다.

$$\lim_{x\to\infty} x\sin\left(\frac{1}{x}\right)=1 \text{ 또는 } \lim_{x\to 0}\frac{\sin x}{x}=1$$

이 예는 위의 극한이 참이라는 사실을 보여주는 좋은 예이다.

각각의 부채꼴은 밑변의 길이가 $\dfrac{C}{n}$이고 높이가 r인 삼각형과 흡사하다. (특히 n이 아주 클 경우에) 그러면 각각의 삼각형 넓이는 $\dfrac{rC}{2n}$이다. 이와 같은 부채꼴이 n개가 있으므로 전체 원의 넓이는 $n\times\left(\dfrac{rC}{2n}\right)=\dfrac{rC}{2}$이다.

Part 2: 포물선 조각의 넓이

어떤 사람들은 위의 주장이 거짓이라고 생각할지 모른다. 그러나 이것은 고대 그리스인들이 넓이를 계산할 때 사용한 방법이었다. 몇몇 계산은 이 주장이 참임을 입증하는데 필수적인 것이었다. 그러나 그리스인들은 심지어 계산 없이도 몇몇 놀랄 만한 결과들을 증명할 수 있었다. 예를 들어 아르키메데스는 포물선으로 둘러싸인 도형의 넓이를 구하고자 했다. (포물선은 어떤 실수 값 a에 대하여 $y=ax^2$ 곡선과 유사한 평면곡선이다. 포물선으로 둘러싸인 부분은 포물선과 어떤 직선으로 둘러싸인 닫힌 영역이다.) 아르키메데스는 포물선으로 둘러싸인 영역이 밑변의 길이와 높이가 같은 삼각형 넓이의 $\frac{4}{3}$가 된다는 증명을 엄밀하게 했다.

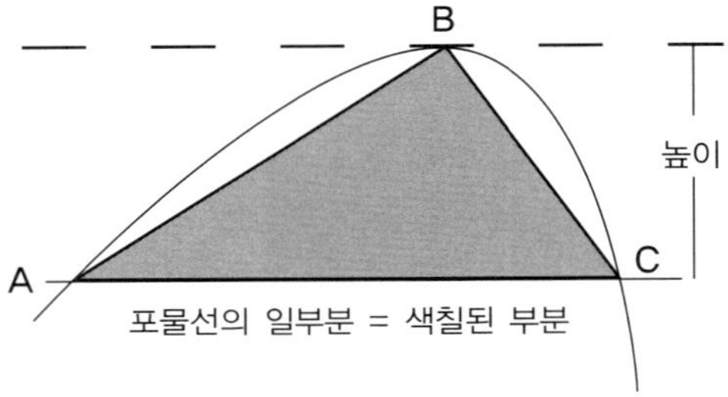

Part 3: 구의 겉넓이

여전히 논의 방식에서 정확성의 부족에 대해 불안해할지도 모른다. 이 방식을 사용하여 잘못된 결과가 나오는 유사한 예가 있다. 여러분은 결점을 발견할 수 있는가? (이 논의는 엄밀한 증명절차를 따르지 않기 때문에 무엇이 잘못되었는지 찾아내는 것은 까다롭다.)

반지름이 r인 구를 적도에서 두 개의 반구로 나눈다. 그리고 길이가 $\frac{2\pi r}{n}$인 n개의 선분으로 적도를 분할한다. 이 분할점과 구의 북극, 남극을 통과하는 대원을 그린다. 이제 구를 메르카토르(Mercator)식 투영기법처럼 대원을 따라 자르고 뒷부분을 잘라서 평평하게 펼쳐진 구를 생각해보자.

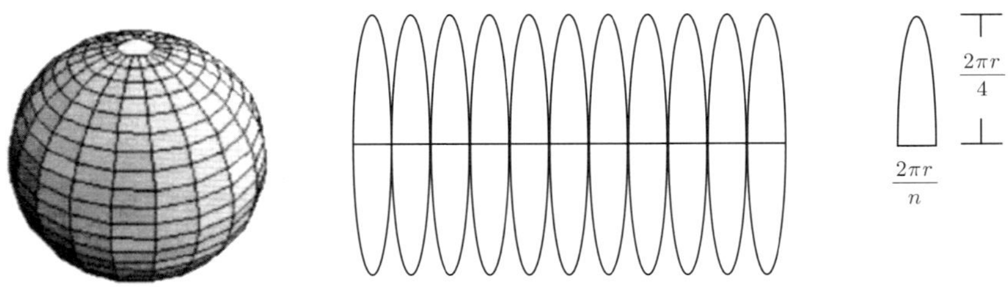

각각의 작은 삼각형은 밑변이 $\frac{2\pi r}{n}$이고 높이는 구의 원주의 $\frac{1}{4}$인 $\frac{2\pi r}{4}$이므로 면적은 다음과 같다.

$$\frac{1}{2}\left(\frac{2\pi r}{n}\right)\left(\frac{2\pi r}{4}\right)=\frac{\pi^2r^2}{2n}$$

$2n$개의 삼각형이 있으므로 총면적은 π^2r^2이다. 이것은 여러분이 알고 있는 구의 겉넓이 공식과 일치하는가? 그렇지 않다. 일반적으로 반지름이 r인 구의 겉넓이는 $4\pi r^2$이라는 것이 알려져 있으며 $\frac{4}{\pi}$라는 인수가 없다. 무엇이 잘못되었을까? 어떻게 Part 1에서 성공한 방법이 Part 3에

서는 실패한 것인가? 아무리 엉터리 수학이라고 해도 두 개의 거짓이 하나의 참이 되는 경우는 없다. 그런데 하나가 참이고 또 다른 하나가 거짓이면 어떻게 될까?

"맞아. 누구나 다 알고 있어! 그런데 여길 봐. 거짓을 제곱해서 4배 하여 거짓의 2배의 4제곱으로 뺀 다음 이 공식으로 나누어주면 참이 돼."

Part 4: 구의 부피

구의 부피를 계산함으로써 더 혼란스러울 수 있다. Part 1과 같은 방법으로 구의 중심에 꼭짓점을 가지는 피라미드와 유사한 n개의 조각으로 구를 나누어보자. 만약 구의 겉넓이가 A이고 반지름이 r이라면 구의 부피 V는 $V=\frac{Ar}{3}$임을 알 수 있다.

구의 부피 $V=\frac{4\pi r^3}{3}$이고 겉넓이 $A=4\pi r^2$이므로 이 공식은 올바르게 유도되었으며, 이 방법은 여기서는 잘 들어맞는 듯하다.

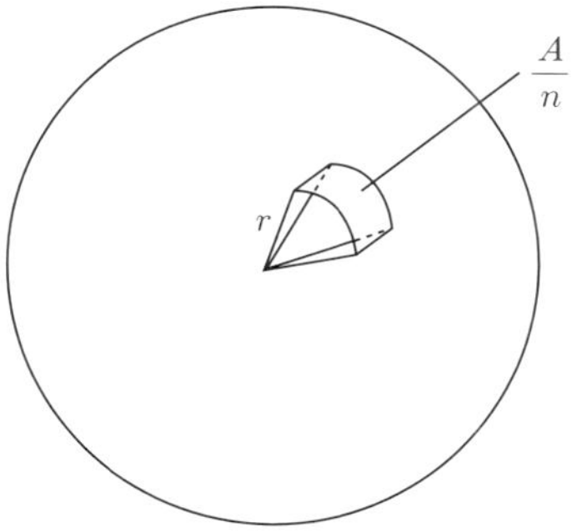

생각해보기

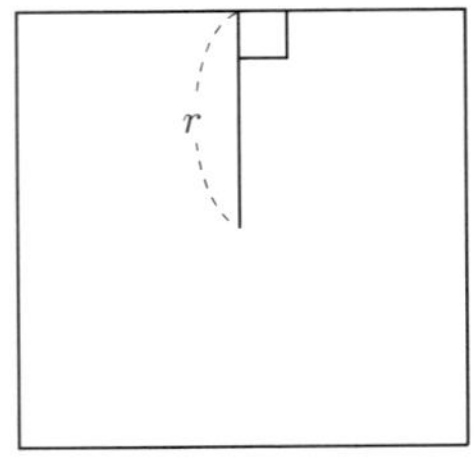

❶ a) 정사각형의 '반지름' r을 사각형의 중심에서 한 변까지의 높이로 정의한다. Part 1에서 나온 공식 ($A=rC$)이 여기에서도 성립함을 보이시오.

b) 정n각형에서 이 공식이 성립하기 위해서는 '반지름'이 어떻게 정의되어야 할까?

c) Part 4의 공식이 성립하기 위해서 무엇이 정육면체의 '반지름'일까? 정사면체에서는 어떠한가? 왜 이 답들은 모두 유사할까?

❷ 반지름이 r인 '4차원 구'의 부피 $H=\dfrac{\pi^2 r^4}{2}$이다. '표면 부피'를 찾기 위해 Part 1, Part 4와 유사한 방법을 사용할 수 있는가?

TIP 이 내용의 일부분은 *Mathematical Mayhem*(Vol.4, Issue 4, March/April 1992) 에 실려 있다. 위의 잘못된 논리에 대한 부분은 *Mathematical Digest*(NO.86, Jan. 1992, P.15)에 있다. 더 자세한 내용은 참고문헌을 보기 바란다.

아르키메데스가 또 생각해내다

우리는 반지름이 r인 구의 부피는 $V=\frac{4}{3}\pi r^3$임을 알고 있다. 그 증명을 본 적은 없을 것이다. 다음은 아르키메데스에 의한 최초의 직관적인 증명이다.

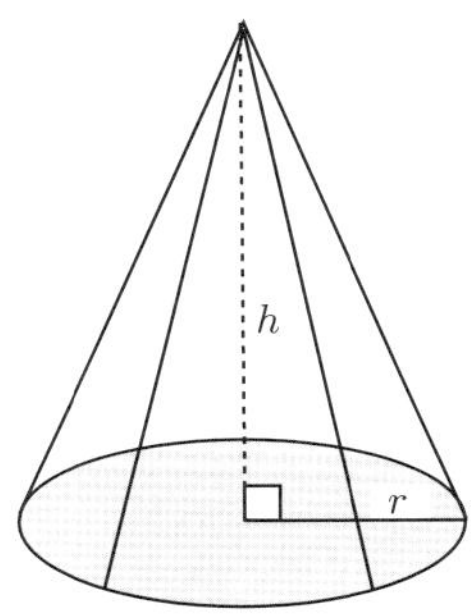

먼저 하나의 사실을 기억하자. 밑면의 반지름이 r이고 높이가 h인 오른쪽 원뿔의 부피는 $V=\frac{1}{3}\pi r^2 h$이다.

이것은 좀더 일반적인 경우이다.
만약 넓이가 B인 특이한 모양의 평면 S와 평면의 위쪽으로 높이가 h인 점 P가 있다고 하자. 그러면 밑면이 S이고 꼭지점이 P인 뿔은 S의 둘레 위의 점과 점 P를 양 끝점으로 하는 선분으로 만들어진다.
그러면 이 뿔의 부피는 다음과 같다.

$$V=\frac{1}{3}Bh$$

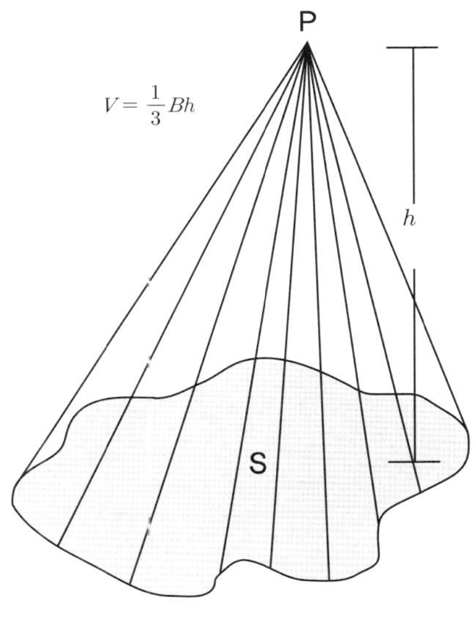

이것은 밑변의 길이가 b이고 높이는 h인 삼각형의 넓이가

$$A=\frac{1}{2}bh$$

인 공식의 일반화이다.
이것을 4차원으로 좀더 일반화할 수 있을까?

아르키메데스는 반구의 부피를 다음과 같이 계산했다.
평평한 테이블 A 위에 반지름이 r인 반구를 놓고, 그 옆에 밑면의 반지름과 높이가 r인 원뿔을 밑면이 테이블과 평행이 되도록 아래 그림과 같이 놓는다.

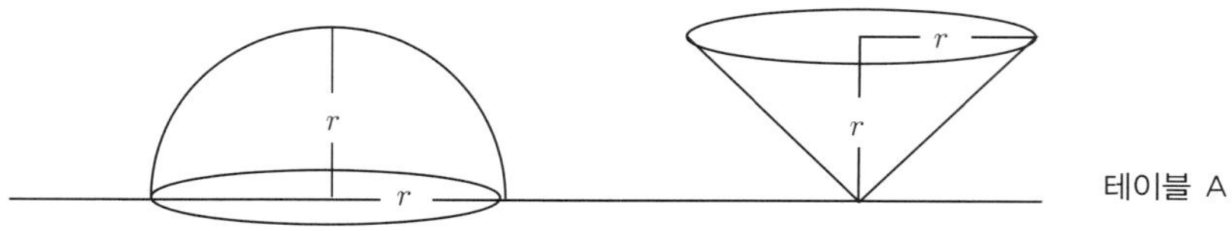

다른 테이블 B에는 밑면의 반지름과 높이가 r인 원기둥을 놓는다.

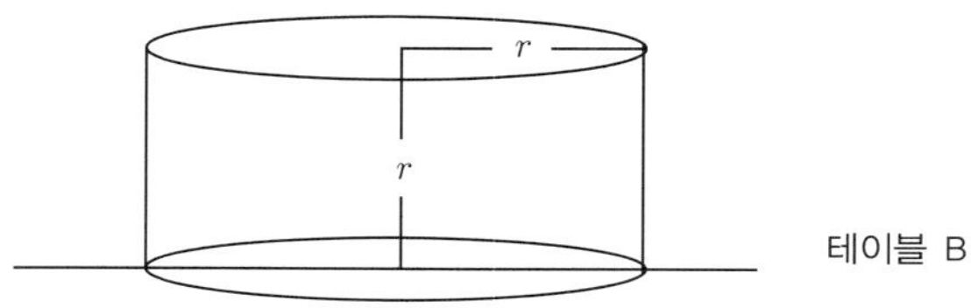

이제 테이블 A에서 높이가 h인 지점에서의 횡단면을 생각해보자.

그림에서 보는 것과 같이 반구의 횡단면은 반지름 $\sqrt{r^2-h^2}$ 인 원이다.

뿔의 횡단면은 반지름이 h인 원이다.(증명은 $90^\circ - 45^\circ - 45^\circ$ 인 삼각형의 짧은 두 변의 길이는 같다는 사실을 이용한다.)

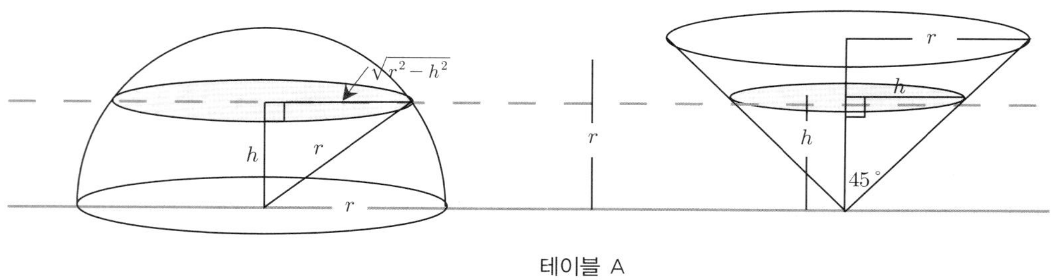

그러므로 테이블 A에서 높이가 h일 때, 단면의 총 넓이는

$$\pi(\sqrt{r^2-h^2})^2 \quad + \quad \pi h^2 \quad = \quad \pi r^2$$

↑ 반구 ↑ 뿔 ↑ 전체 단면

원기둥의 단면은 항상 반지름이 r인 원이므로, 테이블 B의 단면의 넓이 역시 πr^2이다.

다음 단계가 중요하다. 각각의 높이에 따라 단면의 넓이는 같기 때문에 전체적인 부피도 같을 수밖에 없다.

그러므로, 반구의 부피 + 원뿔의 부피 = 원기둥의 부피

즉, 반구의 부피 + $\frac{1}{3}(\pi r^2)r = (\pi r^2)r$

이것으로부터 우리는 반지름이 r인 반구의 부피가 $\frac{2}{3}\pi r^3$ 이라는 결론을 얻을 수 있다. 그러므로 반지름이 r인 구의 부피 V는 다음과 같다.

$$V=\frac{4}{3}\pi r^3$$

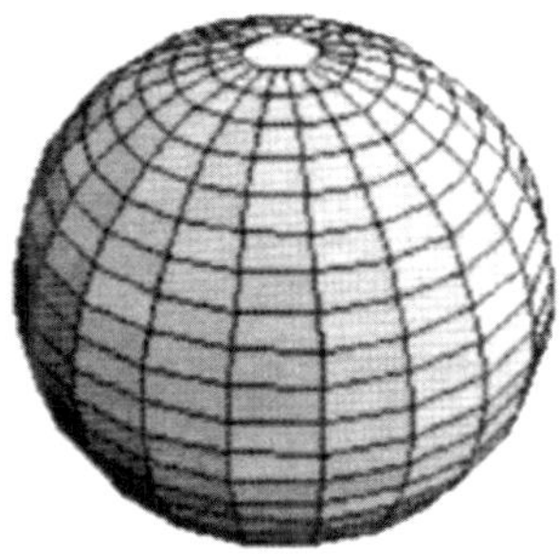

드디어 증명이 완성되었다. 이 증명은 확실히 "유레카!"가 절로 나오지만, 내가 아르키메데스였다면 벌거벗고 거리를 뛰어다니지는 않을 것이다.

만약 적분계산에 익숙하다면, 어떻게 아르키메데스가 기초적인 개념을 예상했는지 알 수 있을 것이다. 그리고 만약 지금까지 적분 계산을 본 적이 없다면, 이 예제를 잘 기억하고 있기를 바란다.

떨어지는 사다리 문제

❶

늦은 밤, 손전등을 가진 도둑이 집에 침입하기 위해 정확하게 사다리의 반만큼 올라갔다.

❷

불행하게도 (혹은 생각에 따라서는 운 좋게도), 사다리의 끝을 땅에 단단히 고정하지 않았다.

❸

사다리가 미끄러졌고 도둑은 바닥에 내동댕이 쳐졌다.

현장에 도착한 경찰관은 강도의 흔적을 발견했지만 어둠 속에서 경찰관이 볼 수 있는 것은 고작 손전등의 움직임뿐이었다. 그러나 추론을 통해서 강도의 시도에 대한 정확한 증거를 제시할 수 있다.

손전등이 어떤 자취를 그리는가? 그것은 점 A와 점 B를 잇는 직선을 따라 움직이는가? 174쪽의 '떨어지는 사다리 문제에 대한 풀이'를 보기 전에 스스로 추측해보기를 바란다.

손전등이 사다리의 중간 지점이 아닌 다른 지점에 있었다면 자취는 어떻게 될까?

$\arctan\frac{1}{3}+\arctan\frac{1}{2}=45°$ 의 쉬운 증명

아래는 $\arctan\frac{1}{3}+\arctan\frac{1}{2}=45°$ 에 대한 비대수적 증명 방법이다.

직교 좌표계 위에서 A(0, 0), B(1, 3), C(2, 1)을 꼭지점으로 하는 삼각형과 점 D(1, 0)를 생각하자.

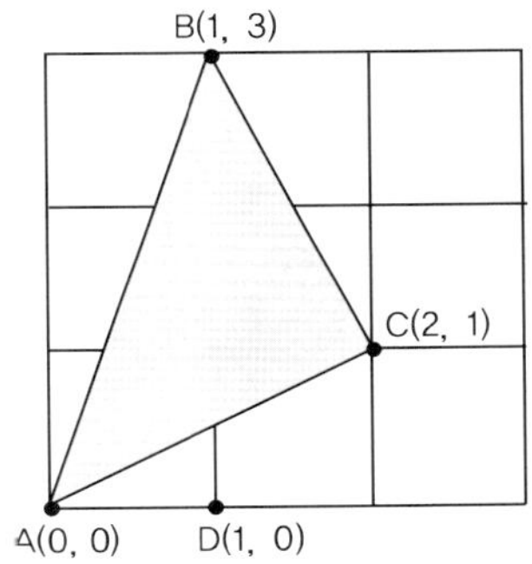

ΔABC가 $45°-45°-90°$ 삼각형이 됨을 보인다. 즉 $\overline{AC}=\overline{BC}=\frac{1}{\sqrt{2}}\overline{AB}$ 이므로 $\angle ABC=45°$ 이다.

그런데 $\angle ABC=\angle ABD+\angle DBC$ 이다.

이제 $\tan(\angle ABD)=\frac{1}{3}$ 이고, $\tan(\angle CBD)=\frac{1}{2}$ 임을 알 수 있는가? 만약 그렇다면 기본적인 증명은 완성되었다.

위와 유사한 방법으로 아래 식을 증명해보자.

a) $\arctan 1+\arctan 2+\arctan 3=180°$

b) $\arctan\frac{1}{2}=\arctan\frac{1}{3}+\arctan\frac{1}{7}$

c) 일반적으로, a와 b가 $a>b$인 양의 정수라면

$$\arctan\frac{1}{a-b}=\arctan\frac{1}{a}+\arctan\frac{b}{a^2-ab+1}$$

다이어그램에 의한 증명의 또 다른 예는 다음 쪽의 '에일스 직사각형'에서 볼 수 있다.*

* 이러한 '다이어그램에 의한 증명'의 대부분은 넬슨(Nelsen)의 《말없는 증명(Proofs Without Words)》에 나와 있는데, 넬슨의 책 39쪽에 $\arctan 1+\arctan 2+\arctan 3=180°$ 의 증명이 있다.

에일스 직사각형

삼각함수를 배운 사람이라면 누구나 $0°$, $30°$, $45°$, $60°$, $90°$ 와 같은 특수각들의 사인, 코사인, 탄젠트 값을 기억하고 있을 것이다. 캐나다 온타리오의 에토비코 대학 부설고등학교 교사인 더그 에일스(Doug Ailles)는 $15°$ 와 $75°$ 의 삼각비의 아주 간단한 계산법을 고안했다. 수학사에서 누군가 이미 유사한 방법을 사용했다면 이 계산법은 별로 놀랄 일이 아니었을 것이다. 그러나 지금까지 그런 일이 없었기 때문에 이것을 '에일스 직사각형'이라고 이름 붙였다. 그것은 다음과 같다.

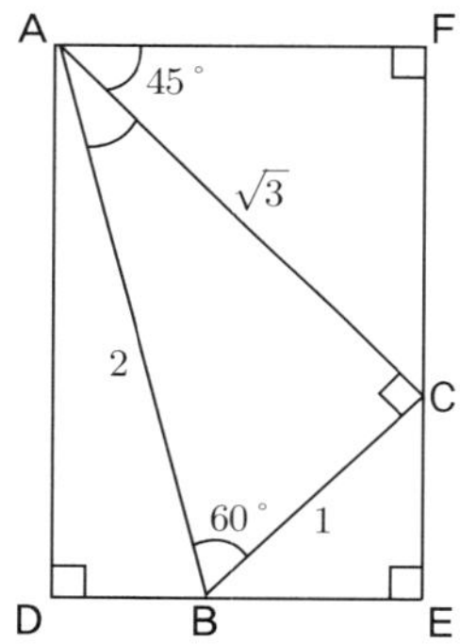

$\triangle ABC$는 $\overline{AB}=2, \overline{BC}=1, \overline{CA}=\sqrt{3}$ 을 세 변으로 하는 $30°-60°-90°$ 삼각형이다.
$\triangle ABC$는 $\angle FAC=45°$ 를 만족하는 $\square ADEF$에 내접한다.

$45°-45°-90°$ 삼각형과 $\overline{AF}=\overline{DE}$, $\overline{AD}=\overline{FE}$ 라는 사실을 이용하여 그림에서 비워져 있는 각들을 채워 넣고 나면 $15°$ 와 $75°$ 의 삼각함수 값을 계산하는데 필요한 길이를 모두 구할 수 있다.

이 문제에 대한 풀이는 96쪽에 있다. 또 다음과 같은 사인, 코사인, 탄젠트 공식에 $x=45°$, $y=30°$ 를 대입하여 구할 수도 있다.

$$\sin(x-y) = \sin x \cos y - \cos x \sin y$$
$$\cos(x-y) = \cos x \cos y + \sin x \sin y$$
$$\tan(x-y) = \frac{\tan x - \tan y}{1+\tan x \tan y}$$

위와 같은 대수적인 방법도 좋지만 가끔은 기하적인 방법이 더욱 편할 때도 있다.

에일스 직사각형 문제 풀이

삼각형의 세 각의 합은 180° 이므로, $\triangle ACF$ 와 $\triangle BCE$ 는 $45^\circ - 45^\circ - 90^\circ$ 삼각형이라는 것을 쉽게 알 수 있다. 따라서 $\overline{AF}=\overline{FC}=\dfrac{\sqrt{3}}{\sqrt{2}}$ 이고 $\overline{BE}=\overline{CE}=\dfrac{1}{\sqrt{2}}$ 이다. 이제 앞의 결과와 $\overline{AF}=\overline{DE}$, $\overline{AD}=\overline{FE}$ 를 이용하면 아래의 그림과 같이 각각의 길이를 구할 수 있다.

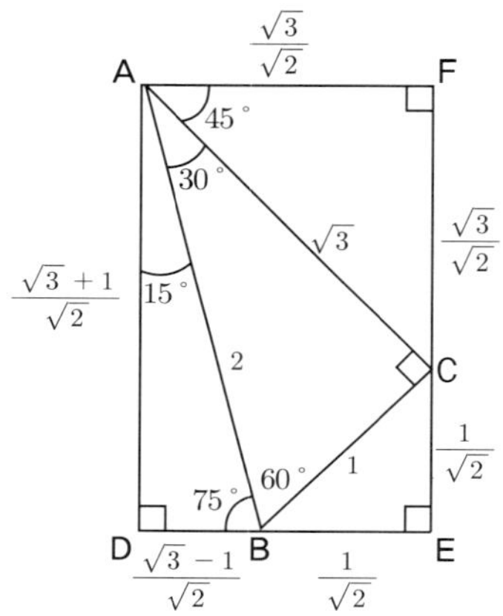

이제 위 그림의 $\triangle ABD$ 에서 15° 와 75° 삼각비의 값을 다음과 같이 구할 수 있다.

$$\sin 15^\circ = \frac{\sqrt{3}-1}{2\sqrt{2}} \qquad \sin 75^\circ = \frac{\sqrt{3}+1}{2\sqrt{2}}$$

$$\cos 15^\circ = \frac{\sqrt{3}+1}{2\sqrt{2}} \qquad \cos 75^\circ = \frac{\sqrt{3}-1}{2\sqrt{2}}$$

$$\tan 15^\circ = 2-\sqrt{3} \qquad \tan 75^\circ = 2+\sqrt{3}$$

예가평(Ka-Ping Yee, 캐나다) 1976년 2월 26일생

인물탐구

수학 – 정신수양을 위한 가장 순수한 양식

예가평은 캐나다의 토론토에서 태어났으나 매니토바 주의 위니펙으로 이사하여 세인트 존스-라벤스코트 학교에 입학했다. 이 학교는 캐나다 최고의 사립학교 중 하나이다. 입학한 지 얼마 되지 않아 그는 유명해졌다. 4학년부터 6학년까지 6학년을 대상으로 하는 캐나다전국수학경시대회에 참가하여 3년 연속 만점을 받았다. 이 학교의 상급학년을 지도하고 있던 헌신적인 수학 교사 존 바스비는 그의 수학적 재능을 알아보고 졸업 때까지 개인지도를 하였다.

4학년 때, 그는 과학 박람회에 출품을 했고 후에 매니토바주 과학심포지엄에 참가했다. 8학년 때, 카오스, 프랙털, 비선형 시스템에 대한 프로젝트로 캐나다전국박람회에서 우승하게 되었고 동시에 TV 프로그램('The nature of things')에 출연하게 되었다. 재학 당시 뉴펀들랜드에서 열렸던 캐나다전국박람회 참석은 그가 혼자서 하는 첫 여행이었다. 그는 이 여행을 새로운 사람과 새로운 경험에 눈을 뜨게 해준 전환점이라고 생각하였다.

9학년 때, 그는 생활 형태의 진화에 관한 컴퓨터 시뮬레이션 프로젝트로 다시 캐나다전국박람회에 참가하였다. 여기서 상을 받음으로써 그해 여름 런던국제유소년과학주간에 참가하게 되었다. 그곳에서 그는 50개국 이상에서 온 사람들과 만나 멋진 시간을 보냈다.

10학년 때, 런던의 과학주간에 또 참가하였고 고등학교 상위학년이 참가하는 전국경시대회인 유클리드 경시대회에서 상을 받았다. 다른 이력들과 더불어 이 상을 받음으로써 스웨덴에서 열린 국제수학올림피아드(IMO)의 캐나다 대표로 참가할 수 있었고 대회 특별상을 받았다.

다음해 그는 IMO에 참가하지 않고 캐나다 과학영재들을 위한 4주간의 집중 프로그램인 쉐드밸리(Shad Valley)에 참가하였다. 고등학교 마지막 해에는 두 개의 국제수학올림피아드에서 최고점을 받았다. 이러한 이력으로 그는 그 해 터키의 이스탄불에서 열린 IMO에서 금메달을 땄다.

한편 그는 컴퓨터에 대한 공부를 계속하였다. 1991년과 1992년에 그는 위스콘신 대학교에서 개최된 국제컴퓨터문제해결 대회에서 우승하였다. 이 대회는 경쟁자들이 가능한 최단시간에 최고의 캘리브 프로그램을 만드는 경기였다. 1993년 가을 워털루 대학의 컴퓨터공학과에 입학한 그는, 계산기학회(Association for Computing Machinery)에서 개최한 프로그래밍 대회에 워털루대학 대표로 참가하였다. 그가 참여한 팀은 아리조나의 피닉스에서 열린 최종국제대회에서 북미와 그 밖의 지역에서 참가한 학부팀들과 경쟁하여 우승하였다. 워털루 대학 1학년 때에 그는 또한 북미퍼트남수학경시대회에 참가하여 특별상을 받았다.

그는 뇌파에 패턴인식을 적용하는 아이디어를 오랫동안 가지고 있었는데, 이것은 사람과 사람, 컴퓨터와 컴퓨터, 컴퓨터와 사람이 서로 의사소통할 수 있게 해주는 과정이다. 나노테크놀로지도 그의 연구 대상이었으며 화학과 생물에 대한 지식을 가지고 분자공학의 영역도 연구하고자 하였다.

현재 그의 관심은 일본 애니메이션과 그래픽을 이용한 만화, 80년대 전자음악 등이다. 그는 또한 최근에 인터넷에서 발견한 엑스트로피아니즘이라고 불리는 철학에 매료되었으며, 우주여행, 인공지능, 냉동보존공학, 나노테크놀로지 등과 같은 기술공학을 통한 인류의 무한한 발전을 추구하였다.

그는 다양한 분야에서의 성공은 삶에 대한 태도로부터 기인한다고 생각했다. 그의 수학에 대한 사랑은 배움과 경험을 향한 열린 자세의 한 면이다. "수학은 정신수양의 가장 순수한 형태인데 수학의 결과와 방법은 어디에나 적용 가능하다." 수학은 같은 시간에 다량의 지식을 얻을 수 있기 때문에 문제해결을 배우기 위한 가장 좋은 방법이다. 수학은 탐구를 위한 열정적인 마음 이외에 아무것도 필요하지 않은 무한한 우주이므로 연구할 분야가 아직도 많다.

조합론의 재조명

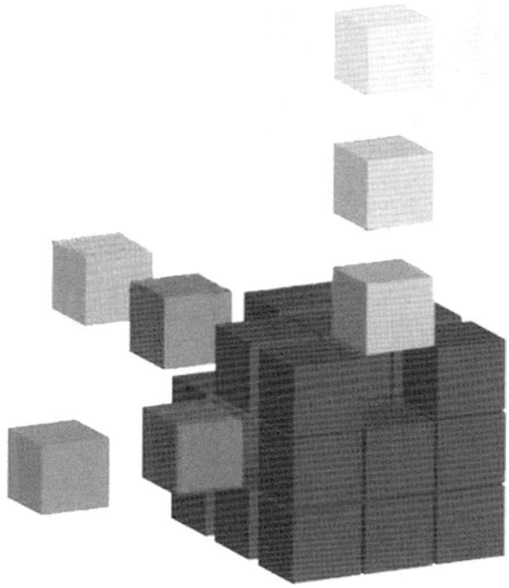

이상하게 들릴지 모르겠지만, 수학의 힘은 모든 불필요한 생각을 버리고 두뇌 활동을 최대한 절약함으로써 생긴다.

에른스트 마흐 *Ernst Mach*

홀짝 문제: 월드시리즈

누구나 알고 있는 홀수와 짝수에는 대단한 흥미거리가 있을 것 같지는 않다. 그러나 사실 홀짝(불균형과 균형을 의미하는) 또는 일반적으로 대칭성은 문제풀이에 있어 강력한 도구이다. 예를 들어 대칭성은 앞장의 '조합론'에서 나온 '숫자 카드의 속임수'(46쪽)와 '물과 포도주 퍼즐'(55쪽)의 문제를 해결하는 중요한 원리이다.

다음 내용은 홀짝이나 대칭성을 이용한 문제이다. 이 홀짝 문제의 예는 이 장에 나오는 나머지 문제를 해결하는데 도움을 줄 것이다. 이 장의 뒤에 나오는 문제를 해결하기 전에 여기 문제를 반드시 풀어보자!

홀짝 문제의 예

토론토 블루 제이스와 LA 다저스가 월드시리즈에서 맞붙었다. 먼저 4승을 하는 팀이 우승을 하게 된다.(월드시리즈는 7차전 안에 끝나야 한다.) 한 팀이 시합에서 이길 확률은 50%이다.

a) 토론토 블루 제이스가 월드시리즈에서 이길 확률은 얼마인가?

b) 월드시리즈가 6차전이나 7차전까지 가야 끝나지 않을까?

이 문제는 일반적인 고등학교 수학문제는 아니지만 조합론에서 중요하게 다루는 문제 중 하나이다.

a) 토론토가 월드시리즈에서 우승할 확률은 50%라는 것을 직감적으로 알 수 있는데, 이는 결국 두 팀간에 어떠한 차이도 없기 때문이다.(이러한 가정은 두 팀의 색깔이나 홈구장의 이점과 같은 여러 종류의 요인들을 모두 무시한 것이다.) 좀더 분명히 말한다면 두 팀간에는 대칭성이 있다. 만약 토론토가 월드시리즈에서 우승할 확률을 p라고 한다면 LA 다저스도 똑같이 p의 확률을 가져야 한다. 두 사건 중에서 한 사건이 반드시 일어나므로 각 확률은 50%이다. 문자를 사용한 방정식으로 나타내보면 $2p = 1$, 그러므로 $p = 0.5$이다.

b) 이 문제를 해결하는 데에는 몇 가지 방법이 있다. 쉬운 풀이법을 먼저 소개하고 뒤에 좀 더 세련된 풀이법을 소개하고자.

'복잡한' 풀이

(이 방법이 복잡하다고 생각되면 '세련된' 풀이를 보기 바란다.) 두 팀을 비교하면서 정확하게 확률을 계산할 수 있다. 처음 세 시합의 가능한 결과들을 추적하기 위하여 아래와 같은 수형도를 그려보자.

처음 3차전의 결과에 대한 수형도

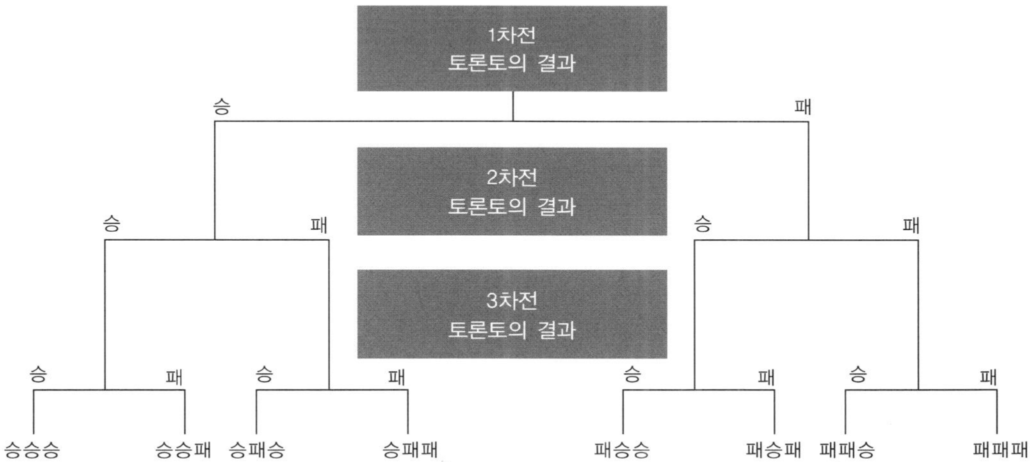

3차전에 대한 가능한 결과	확률
토론토가 3번 이길 경우	1/8
토론토가 2번 이길 경우	3/8
토론토가 1번 이길 경우	3/8
토론토가 0번 이길 경우	1/8

분자는 파스칼의 삼각형의 세 번째 행에 나오는 1, 3, 3, 1과 같다. 왜 그럴까?

주의 : 위의 수형도에서 승승패는 2번 먼저 이기고 1번 지는 것을 뜻한다.

매게임에서 이길 확률은 각 팀마다 1/2이므로 '승승패' 같은 특별한 결과를 얻을 확률은 1/8이다. 앞에서 나온 수형도를 사용하여 아래와 같이 네 게임 혹은 그 이상의 게임 후에 가능한 상황의 확률도 계산할 수 있다.

네 게임 후의 결과

가능한 결과	대응하는 사건	확률
승승승승	토론토 팀이 4번 승리하는 경우	1/16
승승승패 승승패승 승패승승 패승승승	토론토 팀이 3번 승리하는 경우	4/16
승승패패 승패승패 승패패승 패승승패 패승패승 패패승승	토론토 팀이 2번 승리하는 경우	6/16
패패패승 패패승패 패승패패 승패패패	토론토 팀이 1번 승리하는 경우	4/16
패패패패	토론토 팀이 0번 승리하는 경우	1/16

어느 팀이든 네 게임을 이겨야, 즉 '승승승승'이나 '패패패패'가 되어야 시리즈가 끝난다. 따라서 다섯 게임을 할 경우 가능한 결과는 다음과 같다.

다섯 게임 후의 결과

사건	확률
네 게임 후 시리즈가 이미 끝남	1/8
토론토 팀이 4번 승리하는 경우	4/32
토론토 팀이 3번 승리하는 경우	10/32
토론토 팀이 2번 승리하는 경우	10/32
토론토 팀이 1번 승리하는 경우	4/32

시리즈가 다섯 게임 후에 끝난다.

(세 게임 후에 볼 수 있었던 파스칼의 삼각형 패턴에서 벗어난 것을 알 수 있다. 무슨 일이 일어났을까?)

앞에서와 같은 방법으로 계속하면, 여섯 게임과 일곱 게임 후 가능한 사건마다 다음의 확률을 얻을 수 있다.

여섯 게임 후의 결과

사건	확률
정확히 네 게임 후 시리즈가 끝남	1/8
정확히 다섯 게임 후 시리즈가 끝남	1/4
토론토 팀이 4번 승리하는 경우	10/64
토론토 팀이 3번 승리하는 경우	20/64
토론토 팀이 2번 승리하는 경우	10/64

시리즈가 여섯 게임 후에 끝난다.

일곱 게임 후의 결과

사건	확률
정확히 네 게임 후 시리즈가 끝남	1/8
정확히 다섯 게임 후 시리즈가 끝남	1/4
정확히 여섯 게임 후 시리즈가 끝남	5/16
정확히 일곱 게임 후 시리즈가 끝남	5/16

따라서 여섯 게임 후에 경기가 끝날 확률은 5/16이고, 일곱 게임 후에 경기가 끝날 확률도 5/16임을 알 수 있다. 따라서 확률은 정확히 일치한다.

'세련된' 풀이

다섯 게임 후에 한 팀이 3번 이겼다면 다른 팀은 2번 이긴다. 따라서 시리즈는 여섯 게임이나 일곱 게임 후에 끝난다. 역으로 시리즈가 여섯 게임이나 일곱 게임을 한다면, 다섯 게임 후에 한 팀은 3-2로 이기고 있다. (만약 게임승수가 4대 1이면 한 팀은 이미 이기게 된다. 한 팀이 4번 이기자마자 시리즈가 끝나기 때문에 5-0이란 승수는 나올 수 없다. 5번 중에 3번 이긴 팀이 여섯 번째 게임에서 이기면 시리즈는 여섯 번째 게임에서 끝난다. 이럴 경우 확률은 50%이다. 그러나 다른 팀이 여섯 번째 게임에서 이긴다면, 승부는 3대 3이 되어 시리즈는 일곱 번째 게임까지 해야 한다. 이 경우도 확률이 50%이다. (일곱 번째 게임에서 누가 이길지는 신경 쓸 필요가 없다.)

'복잡한' 풀이보다 '세련된' 풀이가 좀더 간결함을 알 수 있다.

다양한 홀짝 문제

다음 문제들은 '복잡한' 방법이나 '세련된' 방법으로 풀 수 있다. 일반적으로 '세련된' 풀이법이 이해하기는 어렵지만, 문제를 푸는 데 훨씬 간단하고 힘이 덜 드는 방법이다.

1. 월드시리즈의 규칙이 바뀌어, 한 팀이 11번을 이길 때까지 시리즈가 계속된다고 가정하자. (그러므로 21차전 안에서는 반드시 시리즈가 끝난다.) 토론토와 다저스가 월드시리즈에서 다시 만났고, 다시 한 번 완벽한 경기를 펼친다. 그러면 월드 시리즈는 20차전이나 21차전까지 가야 끝나지 않을까?

2. n이 양의 홀수라 하자. n개의 동전을 동시에 던져 나오는 앞면과 뒷면의 개수를 세어보자. 뒷면보다 앞면의 개수가 더 많이 나올 확률은 얼마인가?

3. n은 양의 정수이고 갑과 을이 게임을 한다고 하자. 을은 n개의 동전을 던지고, 갑은 $n+1$개의 동전을 동시에 던진다. 갑이 을보다 앞면의 개수가 많이 나오면 값이 이기고, 그렇지 않으면 을이 이긴다. (만약 같은 수의 앞면이 나온다면 을이 이긴다.) 갑이 이길 확률은 얼마인가?

4. n은 홀수인 양의 정수이고, n행과 n열을 가지는 숫자표가 있다고 가정하자. 모든 성분들은 1부터 n까지의 정수이고, 그 수들은 각 행과 열에서 정확히 한 번만 나타난다. 게다가 이 표는 주대각선에 대하여 대칭이다. 이것은 (i, j)의 숫자와 (j, i)의 숫자가 같음을 의미한다. 1부터 n까지의 숫자가 주대각선에 꼭 한 번씩만 나타남을 증명해보아라. (주대각선은 행 번호와 열 번호가 같은 숫자들로 구성된다.)

$n=5$일 때의 숫자표 예

주대각선 →

$$\begin{matrix} 1 & 5 & 3 & 4 & 2 \\ 5 & 4 & 1 & 2 & 3 \\ 3 & 1 & 2 & 5 & 4 \\ 4 & 2 & 5 & 3 & 1 \\ 2 & 3 & 4 & 1 & 5 \end{matrix}$$

2행 5열의 성분과 5행 2열의 성분은 서로 같다.

5. 또 다른 게임을 해보자. 당신이 30개의 동전을 던진다. 만약, 나오는 앞면의 개수가 3으로 나누어지면 당신이 지고, 그렇지 않으면 내가 이긴다. 당신이 이길 수 있는 확률은 얼마인가?

TIP '다양한 홀짝 문제'의 풀이는 111쪽에 있다. 하지만 문제를 다 풀어보기 전까지는 읽지 마시오! (만약 홀짝 문제에 대해 자신감이 생긴다면, 80쪽의 '존경하는 왓슨 씨에게'를 다시 읽어보시오.

파스칼 삼각형, 주세걸, 시어핀스키

'파스칼 삼각형'은 수학의 다양한 분야에서 나타나는 정수로 된 표이다. 각 행(두 번째부터)은 간단한 규칙에 의해 앞의 행에 있는 수로부터 얻을 수 있다. 각 자리는 위에 있는 두 수의 합을 적어가면 된다. 예를 들면 그림에서처럼 10은 4와 6의 합이다. n행을 나타내면 다음과 같다.

$$\binom{n}{0} \quad \binom{n}{1} \quad \binom{n}{2} \quad \cdots \quad \binom{n}{n}$$

예를 들면, 4번째 행의 3번째 수는 $\binom{4}{2}=6$. $\binom{n}{k}$는 'n개에서 k개를 선택한다'라고 읽는다.

$\binom{n}{k}$는 공식 $\binom{n}{k}=\frac{n!}{k!(n-k)!}$을 이용하여 계산할 수 있다. 여기에서 n!은 1부터 n까지의 곱을 의미하고, 0!=1이다.

파스칼 삼각형	행
1	0 행
1 1	1 행
1 2 1	2 행
1 3 3 1	3 행
1 4 6 4 1	4 행
1 5 10 10 5 1	5 행
1 6 15 20 15 6 1	6 행
1 7 21 35 35 21 7 1	7 행
1 8 28 56 70 56 28 8 1	8 행

이 삼각형은 13세에 아이디어를 생각해낸 파스칼(Blaise Pascal, 1623-1662)의 이름을 땄지만 이미 그가 태어나기 이전부터 알려져 왔다. 다음 쪽의 그림 제목은 '고법칠약방도'인데 1303년에 출판된 주세걸(朱世傑)의 《사원옥감(四元玉鑑)》이라는 책의 표지에 있는 그림이다.*

* 보이어(Boyer)와 메르츠바흐(Merzbach)의 《수학의 역사(A History of Mathematics)》(206쪽)를 참조하기 바란다.

이 그림과 앞 쪽에 있는 파스칼의 삼각형을 비교해 보면 주세걸의 그림에 이용된 수 체계의 원리를 이해할 수 있을 것이다.

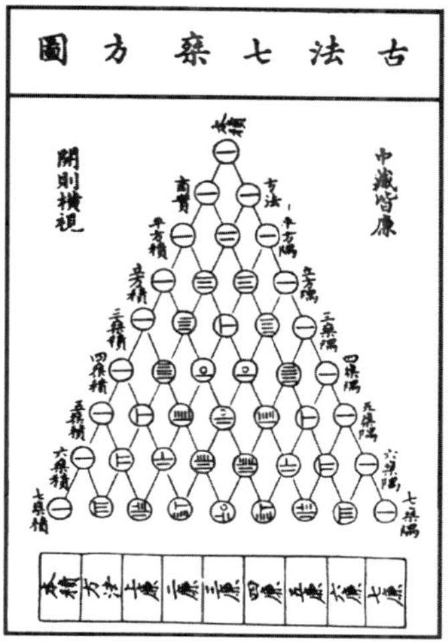

파스칼 삼각형의 몇 가지 특징은 비슷한 규칙에 따라 A, B로 구성된 다른 삼각형을 통해서도 살펴볼 수 있다. 1 대신에 양쪽 날개를 따라 A를 쓴다. 그 다음에는 아래와 같이 A, B를 사용하여 삼각형을 채워나간다. 바로 위의 행에 A, B의 다른 두 글자가 있으면 A로, 같은 두 글자가 있으면 B를 적는다.

AB 삼각형

		각 행의 A의 개수
0 행	A	1
1 행	A A	2
2 행	A B A	2
3 행	A A A A	4
4 행	A B B B A	2
5 행	A A B B A A	4
6 행	A B A B A B A	4

A와 B는 파스칼 삼각형에 있는 어떤 수와 대응하는가?

AB삼각형에 관한 몇 가지 성질을 바로 알 수 있다. 먼저 AB삼각형은 대칭이다. 둘째로, 맨 위의 A를 제외하면 2열부터는 가운데 열을 따라 계속 B로 채워진다. 각 행의 A의 개수를 세어보자. 가장 먼저 눈에 띄는 것은 A의 개수들이 항상 2의 거듭제곱 형태라는 것이다. 왜 이럴까? 2의 거듭제곱의 배열이 제멋대로인 것처럼 보이지만 사실 일정한 패턴이 있다. 정수 n을 2진법의 수로 나타내고 1의 개수를 세어 보자. 만약 k개의 1이 나타난다면 n번째 열에는 A가 2^k개 있을 것이다. 예를 들어, 5는 $101_{(2)}$로 고쳐지며, 따라서 5열에는 2^2개의 A가 있다. (이를 이용하면 361열에는 $2^5=32$개의 A가 있다고 말할 수 있다. 361은 $101101001_{(2)}$이므로 1이 5개가 있기 때문이다.)

이제 B를 지우고 AB삼각형을 나타내어 보자. 우선 0행을 쓰고 다시 0행과 1행을, 다음엔 0행에서 3행까지, 다음엔 0행에서 7행까지 나타내어 보자.

0행

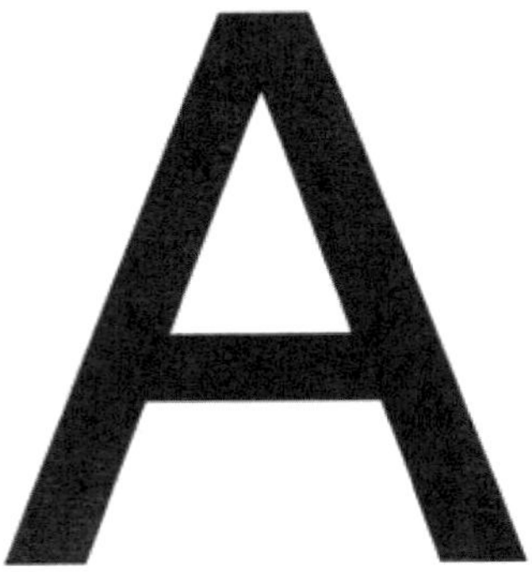

0행과 1행

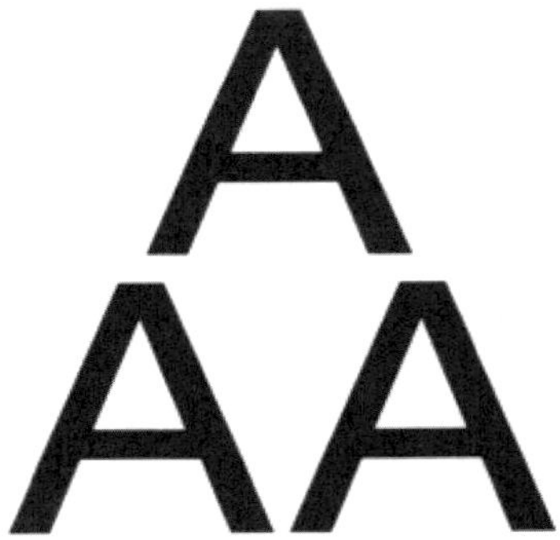

0행에서 3행까지

0행에서 7행까지

이 형태들은 시어핀스키 삼각형(Sierpinski's triangle)이라 불리는 프랙털의 구조에서 나타나는 모습과 매우 비슷하다. (이 두 구조가 비슷한 모습을 만들어 내는 이유를 생각해 보시오.) 시어핀스키 삼각형은 다음과 같은 구조이다. 우선 속이 꽉 찬 정삼각형에서 시작한다. 그리고 아래와 같이 이 삼각형의 내부를 4개의 합동인 정삼각형 조각으로 나누고 가운데 조각을 지워버린다. 다시 남은 세 개의 삼각형의 내부를 4개의 합동인 정삼각형으로 나누고 각각의 가운데 조각을 지워버린다.

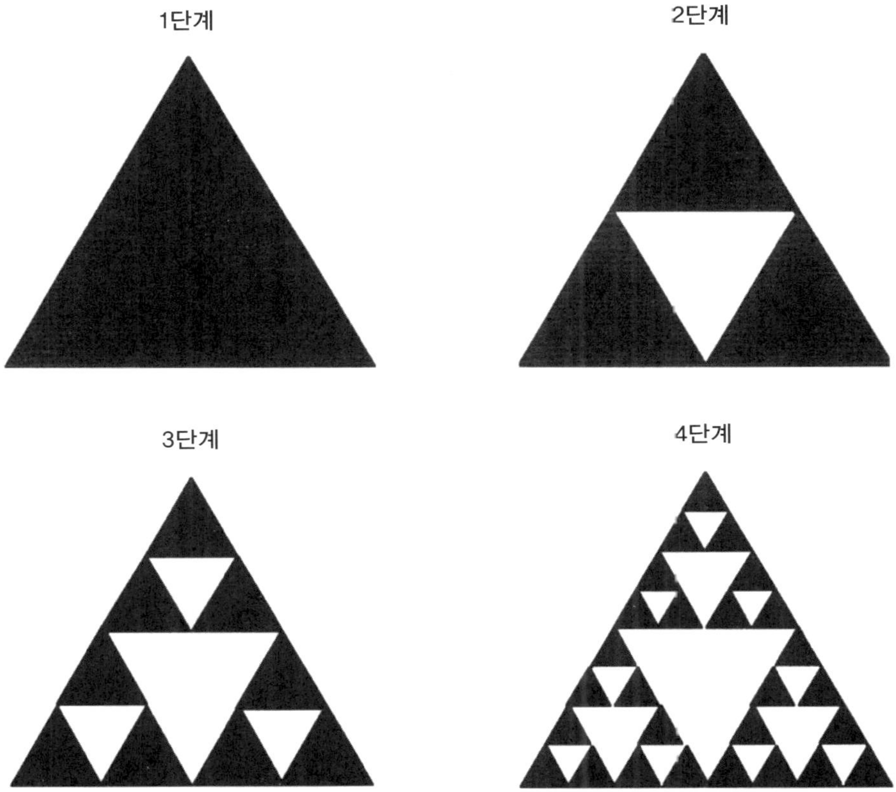

이런 시행을 끝없이 계속하여 나온 결과는 시어핀스키 삼각형이 된다. 만약 세 개의 똑같은 시어핀스키 삼각형을 만들고 이들을 $\frac{1}{2}$로 축소시키면 이것들로 원래의 시어핀스키 삼각형을 덮을 수 있다. 이것은 자기 유사성(self-similarity)을 가지고 있기 때문인데 이를 프랙털이라 한다. (시어핀스키 삼각형과의 유사성 때문에 파스칼의 삼각형에서 유사 프랙털의 성질이 어느 정도 나타난다)

생각해보기

파스칼의 삼각형에는 여러 가지 놀라운 규칙들이 많이 있는데 스스로 이러한 패턴을 찾아보기 바란다.

❶ 각 행의 숫자들을 모두 더하라. 어떤 패턴이 보이는가? 이제 각 행의 숫자들을 반복하여 더하고 빼라.(예를 들면, 넷째 행의 경우는 $1-4+6-4+1=0$이다.) 무엇을 발견할 수 있는가? (파스칼의 삼각형을 사용한 적이 있다 해도 아마 이 놀라운 사실을 발견하지 못했을 수도 있다.) 여러분이 던진 추측 중 어떤 것이라도 증명할 수 있는가?

❷ $\binom{2n}{n}$의 홀짝의 성질에 대해서는 무엇을 발견할 수 있는가? n이 얼마일 때 홀수가 되고, n이 얼마일 때 짝수가 되는가? 여러분의 추측을 증명할 수 있는가?

❸ $\binom{a}{b}$의 홀짝의 성질과 $\binom{2a}{2b}$의 홀짝의 성질을 비교해 보시오.

❹ AB삼각형에 있는 어떤 다른 패턴을 발견할 수 있는가? 몇 가지 추측을 제기하고, 검사해 보고, 증명해 보시오.

❺ 법 2(mod 2)에 관한 흥미로운 사실을 알았다. 다른 법에 대해서는 어떠한가? 법 3에서부터 시작해보자. $a(n)$을 법 3일 때 1과 합동인 n행의 원소의 개수라 하고, $b(n)$은 법 3일 때 2와 합동인 원소의 개수라 하자. 그러면 $a(n)-b(n)$에 대해 무엇을 발견할 수 있는가? 이 패턴을 이해할 수 있겠는가? (◐ 도움말: 3진법을 생각하면 도움이 될 것이다.)

❻ 분수로 나타낸다면 시어핀스키 삼각형의 넓이는 원래 삼각형 넓이의 얼마인가? 원래 삼각형의 둘레를 1이라 하면, 시어핀스키 삼각형의 둘레의 길이는 얼마인가?

법을 이용한 산술과 여러 가지 진법에 대해 더 알고 싶으면 '나누어떨어지는 규칙'(23쪽)을 보기 바란다. 피보나치 수열과 파스칼 삼각형 사이의 놀라운 관계는 '피보나치 수에 관한 재미난 사실'(156쪽)을 참고하기 바란다.

다양한 홀짝 문제 풀이

1. 월드시리즈의 규칙이 바뀌어, 한 팀이 11번을 이길 때까지 시리즈가 계속된다고 가정하자. (그러므로 21차전 안에서는 반드시 시리즈가 끝난다.) 토론토와 다저스가 월드시리즈에서 다시 만났고, 다시 한번 완벽한 경기를 펼친다면 20차전이나 21차전까지 가야 끝나지 않을까?

이 문제는 홀짝 문제의 예 b)와 정확히 일치한다. 왜 그럴까?
(물론 문제의 본질을 그대로 두고 숫자만 바꾼 것이다.)

2. n이 양의 홀수라 하자. n개의 동전을 동시에 던져 나오는 앞면과 뒷면의 개수를 세어보자. 뒷면보다 앞면의 개수가 더 많이 나올 확률은 얼마인가?

만약 어디서부터 시작해야 할지 모르겠다면, n개의 동전을 가지고 실험해보시오. $n=1$일 때부터 시작해서 $n=3$일 때도 해보자. 실험에 기초하여 답을 추측해보자. 만약, 여전히 잘 안 풀리면 다음 문제의 풀이를 읽고 다시 시도해보시오. (추가 도움말: 당신이 풀이를 찾았다면, 실험을 위해 왜 홀수개의 동전이 필요했는지 스스로 물어보시오.)

3. n은 양의 정수이고 갑과 을이 게임을 한다고 하자. 을은 n개의 동전을 던지고, 갑은 $n+1$개의 동전을 동시에 던진다. 갑이 을보다 앞면의 개수가 많이 나오면 이기고, 그렇지 않으면 을이 이긴다. (만약 같은 수의 앞면이 나온다면 을이 이긴다.) 갑이 이길 수 있는 확률은 얼마인가?

이 3번 문제의 풀이에서. 핵심적으로 관찰해야 할 것은 무슨 일이 일어나든 간에 갑이 을보다 더 많은 앞면이 나오거나, 또는 갑이 을보다 더 많은 뒷면이 나오는 것 둘 중 하나다. 그렇지만 갑이 을보다 동전을 한 개 더 던지기 때문에 둘 다 일어날 수는 없다. 또한, 둘 다 일어나지 않을 수도 없다. (왜 그런지 생각해보시오.) 더 많은 앞면이 나오는 확률이나(대칭에 의하여) 더 많은 뒷면이 나오는 확률은 같다. 따라서 두 확률은 50%가 되므로, 절반은 이기게 될 것이다.(게임을 직접 실험해보기 바란다.)

또 다른 세련된 풀이는 갑이 $n+1$개의 동전을 동시에 던지는 것과 n개를 먼저 던지고 나머지 1개를 던지는 것이 같다는 것을 이용한다. n개의 동전을 동시에 던진다고 가정하자. 만약, 갑과 을 중 한 명이 더 많은 앞면이 나오면 그 사람이 이기는 것이다. 나머지 동전은 던져봐야 승패에 영향을 주지 않는다. 게다가 같은 수의 동전을 던지기 때문에 이 첫 번째 시행에서는 이길 확률이 같다. 만약 n개의 동전을 던져 같은 수의 앞면이 나왔다면(동점을 깨기 위해서) 나머지 하나의 동전을 던져야 한다. 나머지 동전을 던져 앞면이 나왔다면 갑이 이기는 것이다. 그렇지 않으면 을이 이긴다. 각각의 상황에서 이길 확률은 같다.

4. n이 홀수인 양의 정수이고, n행과 n열을 가지는 숫자표가 있다고 가정하자. 모든 성분들은 1부터 n까지의 정수이고, 그 수들은 각 행과 열에서 정확히 한 번만 나타난다. 게다가 이 표는 주대각선에 대하여 대칭이다. 이것은 $(i,\ j)$의 숫자와 $(j,\ i)$의 숫자가 같음을 의미한다. 1부터 n까지의 숫자가 주대각선에 꼭 한 번씩만 나타남을 증명해보아라. (주대각선은 행 번호와 열 번호가 같은 숫자들로 구성된다.)

각 숫자는 각 행에 한 번씩 나타나고, n개의 행이 있고 n이 홀수이기 때문에 각 수는 표에서 홀수번 나타난다. 대칭의 성질을 이용하여 주대각선에 있지 않은 숫자들의 쌍을 묶을 수 있다. — $(i,\ j)$의 숫자와 $(j,\ i)$의 (같은) 숫자의 쌍이다. 각 숫자는 홀수번 나타나기 때문에 대각선상에 적어도 한 번은 나타나야만 한다. (그렇지 않으면 쌍으로 나타날 것이고, 짝수번 나타나게 된다.) 그러므로 1에서 n까지의 각 수들은 n개의 성분으로 구성된 주대각선상에 적어도 한 번 나타남을 알 수 있다. 따라서 1부터 n까지의 수들은 정확히 한 번씩만 나타난다.

5. 또 다른 게임을 해보자. 갑이 30개의 동전을 던진다. 만약, 나오는 앞면의 개수가 3으로 나누어지면 갑이 지고, 그렇지 않으면 을이 이긴다. 갑이 이길 수 있는 확률은 얼마인가?

이 문제는 일종의 속임수 문제이기 때문에 문제를 주의 깊게 읽는다면, 여러분은 절대 이 게임에서 이길 수 없음을 알게 될 것이다.

체스판 색칠하기

체스판은 하나의 세계이며, 조각은 우주의 현상이며, 게임의 규칙은 자연의 법칙이라 할 수 있다. 상대방 경기자가 무슨 생각을 하는지 이쪽에서는 알 수 없지만 그가 항상 공정하고, 정확하며, 인내심이 있다는 것을 알고 있다. 그러나 또한 그가 우리의 실수를 결코 그냥 넘기지 않을 것이며, 조금의 빈틈도 보이지 않는다는 것을 경험으로 알고 있다.

토머스 헉슬리 *Thomas Huxley*

체스의 발견

전해오는 이야기에 따르면 체스는 수천 년 전 힌두의 왕 쉬르함(Shirham)의 시대에 그의 장관 시사 벤 다히르(Sissa Ben Dahir)에 의해 발명되었다고 한다. 왕이 그에게 상으로 무엇을 받고자 하는지 물었을 때, 그는 다음과 같은 방법으로 체스판의 모든 칸을 채울 수 있는 만큼의 밀을 받고자 했다. 그 방법이라는 것은, 우선 체스판의 첫째 칸에는 1개의 밀알을, 둘째 칸에는 2개의 밀알을, 셋째 칸에는 4개의 밀알 등 앞 칸의 두 배의 개수만큼 밀알을 놓아 64개의 칸이 모두 채워지는 것을 말한다.

왕은 그의 겸손한 요구에 깜짝 놀랐다. 물론 그것이 전 세계에 존재하는 밀알을 가져와도 불가능할 만큼 엄청난 양의 밀알이 필요하다는 것을 깨닫기 전까지는 그랬다. 또한 이 전설에 관한 소문에 의하면, 그의 요구가 왕에 대한 큰 무례인 것을 깨달았을 때 왕은 크게 화를 냈고, 결국에는 다히르를 사형에 처했다고 한다.

그 밀알의 개수의 총합은 공비가 2인 기하급수로 표현할 수 있다.

$$1+2+2^2+2^3+2^4+\cdots+2^{63}$$

이 급수의 합은 모든 항에 2를 곱한 식과 원래의 식과의 차로부터 구할 수 있는데, 그 값은 $2^{64}-1$이다. $2^{64}-1$은 계산기를 사용하면 쉽게 구할 수 있다.

$$2^{64}-1=18\,446\,744\,073\,709\,551\,615$$

이 예는 기하급수가 재미있는 성질을 가지고 있음을 보여준다. 예를 들어, 급수의 첫째 항부터 n번째 항까지의 합은 $n+1$째 항의 값보다 1만큼 작다.

위에서 말한 전설은 밀알로 체스판을 채우는 것과 관련 있다. 이 장에서는 여러 가지 예를 통해, 체스판에 타일을 붙이는 문제에 대해 공부할 것이다. 다시 말하, 체스판의 모든 칸을 도미노와 같은 물건들로 채우는 것을 알아보고자 한다. 물론 빈 칸이 있거나 또는 겹치거나 하는 것 없이 모든 칸을 채우는 방법에 대하여 살펴볼 것이다.

체스판 색칠하기

수학에서 말하는 '색칠하기'는 크레파스를 사용하는 것을 일컫는 것은 아니지만, 초등수학에서는 색칠하기와 관련하여 논쟁이 꽤 분분한 것이 사실이다.

색칠하기 문제는 막연하게는 조합론의 범주에 넣을 수 있을 것이다. 하지만 엄격히 구별하자면 색칠하기 문제가 유용한 테크닉인 건 사실이지만 수학의 연구 분야로 분류시키기는 힘들다.

많은 사람들에게 사랑받고 잘 알려져 있는 초보 수준의 색칠하기 문제는 체스판의 타일 채우기 문제이다. 체스판이 있다. 또한 체스판의 한 칸과 크기가 같은 두 개의 정사각형으로 이루어져 있는 32개의 도미노가 있다. (체스판은 오른쪽 그림처럼 8×8 크기이다.) 첫 번째 문제는 체스판에 타일을 채우는 것이다. 즉 주어진 도미노를 가지고 체스판을 채우는데 하나의 도미노는 정확히 체스판의 2개의 칸을 채우게 되고 도미노가 겹치는 경우는 없어야 한다. 이 문제는 아주 쉽다. 아래의 그림은 32개의 도미노를 사용하여 만들 수 있는 많은 해법 중 두 가지 경우를 보여준다.

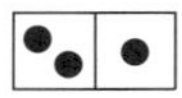

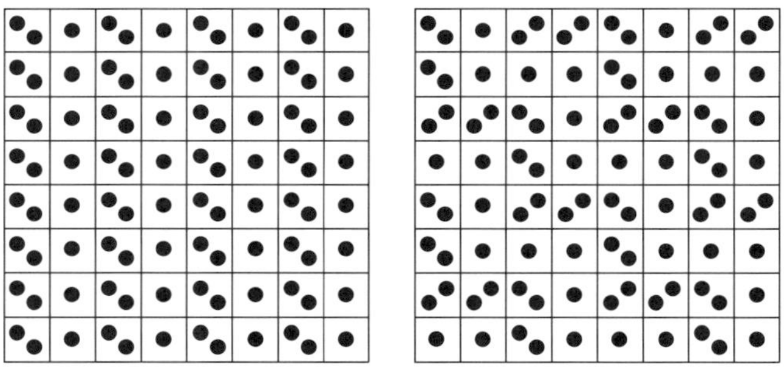

다음 문제는 좀더 어렵다. 이제 체스판의 반대편에 있는 두 모퉁이의 흰색 칸을 잘라내자. 이제 31개의 도미노를 가지고 절단된 체스판을 채우도록 하자.

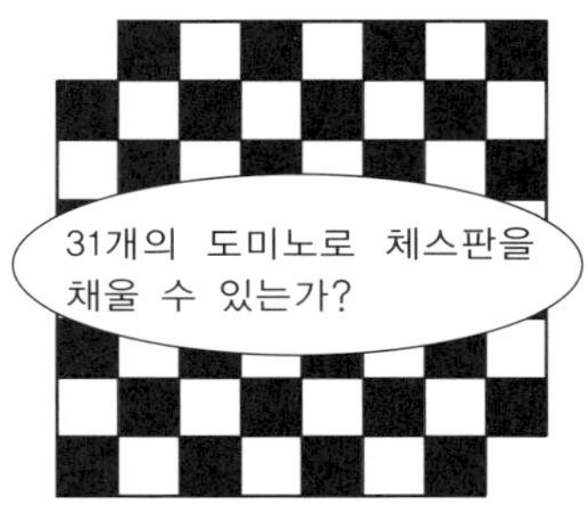

도움말: 다했을 때(또는 포기했을 때) 다음 쪽에 '체스판 색칠하기 문제 풀이'가 있다.

체스판 색칠하기 문제 풀이

이 문제를 읽기 전에 먼저 체스판의 색칠하기 문제를 읽으시오.(116쪽)

이 풀이는 편법같이 보이지만 겉으로 보기에 불가능한 문제를 푸는데 자주 사용된다. 문제를 해결하기 위한 첫 단계는 도미노를 가지고 실제로 체스 판에 타일 채우기를 해보는 것이다. 하지만 수년간 시도한 후에도 성공하지 못한다면 아마 타일 채우기 문제는 해결이 불가능하다고 확신할 것이다. 그러나 타일 채우기가 가능하다는 것은 쉽게 입증할 수 있다. 하지만 타일 채우기가 불가능하다는 것은 어떻게 증명하겠는가? 모든 경우의 수를 다 시도해 볼 수는 없다.(가능성이 너무나 많기 때문이다.) 그렇다면 어떻게 해야 하는가?

체스판은 몇 가지 구조를 지니고 있다. 각 칸은 검은색 또는 흰색이다. 잠시 생각해보면, 체스판 위의 도미노는 위치에 관계없이 이웃한 칸 두 개를 정확히 덮으며, 그것은 검은색 한 칸, 흰색 한 칸이라는 것을 금방 알 수 있다. 이제, 만약 31개의 도미노로 두 모퉁이가 제거된 체스판을 채울 수 있다면, 그것은 정확히 31개의 흰색 칸과 31개의 검은색 칸을 채우게 된다. 마주 보는 두 모퉁이의 흰색 칸이 잘려나간 체스판 위에는 30개의 흰색 칸과 32개의 검은색 칸이 있다.(2개의 흰색 칸을 체스판에서 제거한 것을 기억하라!) 따라서 제거된 체스판을 31개의 도미노로 채울 수 없다.

이 증명법을 '간접증명법'이라 한다. 이 방법은 어떤 것이 불가능함을 증명하는데 사용할 수 있는 훌륭한 방법이다. 먼저 결론이 사실이라 가정하고, 모순을 유도한다. 추론 과정이 모순이 없기 때문에 모순을 설명할 수 있는 유일한 방법은 처음 가정이 틀렸다는 것이다. 이 방법이 어떻게 적용되는지 이해할 수 있는 가장 좋은 방법은 여러 번 직접 증명해 보는 것이다. 간접증명법은 여기서 한 번 다루었고, '수론에서의 소수'(134쪽)와 '조화급수'(190쪽)에서 다시 다루게 된다.

아직도 이 증명이 의심스럽다면 다른 방법으로 한 번 생각해보자. 체스판 위에 놓은 도미노는 분명 한 개의 흰 칸을 덮게 된다. 겹치지 않는다면 각 흰 칸은 기껏해야 한 개의 도미노로 채워지게 된다. 따라서 30개의 하얀 칸이 있으므로 두 모퉁이가 제거된 체스판은 30개가 넘는 도미노로는 겹치지 않고 완전히 채울 수 없다. 즉, 전체 체스판을 완전히 채우기에는 충분하지 않다.

만약 아직도 무언가 의심스럽다면, 2×2의 작은 체스판과, 4×4의 또 다른 체스판의 마주보는 두 흰색 모퉁이를 자르고 도미노로 채워 보시오. 직관으로도 금방 체스판을 채우기에는 흰 칸이 너무 적다는 것을 알 수 있을 것이다.

다음은 다른 문제를 한번 풀어보도록 하자. 새 체스판을 가져와서 검은 칸 모두를 하얀색으로 칠하자. 이제 8×8의 체스판은 모든 칸이 흰색이다. 마주보는 양끝 모퉁이를 잘라내자. 만약 각 도미노가 두 칸을 가득 덮는다면 모퉁이가 잘려나간 체스판을 31개의 도미노로 완전히 채울 수 있겠는가?

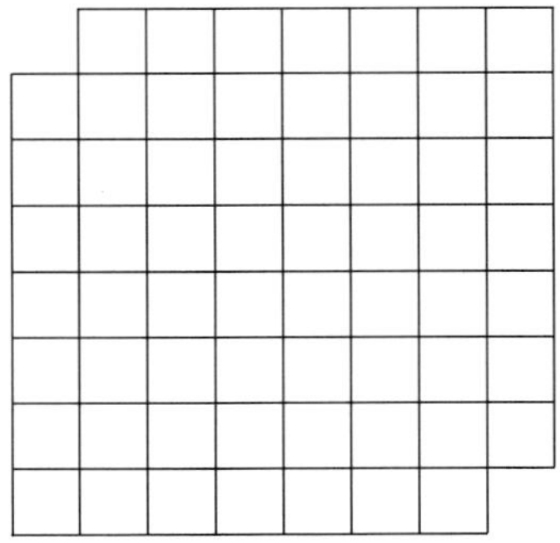

'물론 채울 수 없다!' 왜냐하면 검은색 칸을 흰색으로 바꾸는 것은 조금도 이 논의에 영향을 주지 않기 때문이다.

이것이 색칠하기 문제의 모든 것이다. 주위 사물에 대한 색칠하기 문제를 찾아서 이 문제로부터 수학적 논의를 해보시오. 또 '다른 모양의 체스판 타일 채우기'(121쪽)에서 이 기법의 힘을 경험해 보자.

생각해보기

도미노로 타일 채우기를 해본 적이 없다면 다음 문제를 풀어보시오.

❶ 마주 보는 두 모퉁이를 잘라낸 100×100 크기의 체스판이 있다. 4999개의 도미노로 남은 부분을 다 채울 수 있는가?

❷ 새 체스판을 가지고 와서 칼을 이용하여 각 색깔 별로 한 칸씩 총 두 칸을 체스판에서 제거하였다. 과연 31개의 도미노로 62개의 남은 칸을 채울 수 있을까? 증명해 보시오.

제거한 한 칸은 검은색, 다른 한 칸은 흰색이라는 것 외에 어떤 두 개의 칸을 제거했는지 알지 못함을 유의하라. (도움말: 답은 항상 '예'이다.)

테트로미노 타일 채우기

테트로미노(tetromino)는 변끼리 붙어 있는 네 개의 정사각형으로 이루어져 있다. 이는 회전이나 뒤집는 것을 포함한다면 정확히 5개만 존재한다.

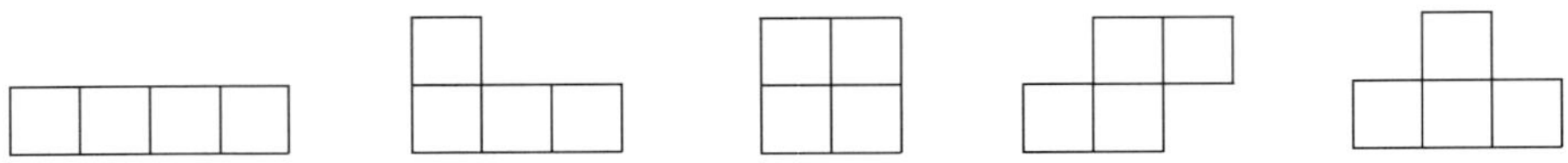

위의 테트로미노의 면적을 모두 합치면 20이다. 때문에 자연스레 다음과 같은 의문을 가질 수 있다. 위의 테트로미노들을 정확히 한 번씩만 사용해서 4×5 크기의 직사각형 판을 채울 수 있을까?(더 쉬운 질문은 2×10 크기의 직사각형 판을 채울 수 있을까? 제일 쉬운 질문은 1×20 크기의 직사각형 보드를 채울 수 있을까?)

4×5 크기의 직사각형 판의 채우기를 통해 이 문제를 풀어보고 수학적으로 설명해보자. 일단 문제를 풀었다면(혹은 포기했다면) 123쪽의 '테트로미노 타일 채우기 문제 풀이'를 읽어보시오.

다른 모양의 체스판 타일 채우기

앞의 타일 채우기 문제보다 더 어려운 문제가 있다. 도미노나 테트로미노 대신 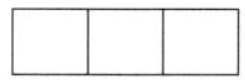 과 같은 타일 21개와 과 같은 타일 1개가 있다.
이를 1×3타일과 1×1타일이라고 부르자.

이제 모든 정사각형이 1×1타일로 이루어진 체스판을 생각하자. 우리가 가진 타일을 합하면 $21\times 3+1=64$개의 정사각형을 채울 수 있다. 이것은 정확히 8×8체스판 위의 정사각형의 수와 같다. 이 22개의 타일들로 체스판을 채우는 것이 가능할까? 단, 타일들은 겹쳐질 수 없고 각각의 타일들은 체스판 위의 정사각형을 정확하게 채워야 한다.

이 문제를 해결하기 위해서는 좀더 많은 색이 필요하므로 그림과 같이 흰색, 회색, 검은색으로 사각형을 칠하자. 이를 보면 22개의 회색 사각형과 21개의 흰 사각형, 그리고 21개의 검은 사각형이 있음을 알 수 있다. 또한 1×3타일을 체스판 위에 어떻게 놓아도 정확히 하나의 회색 사각형, 하나의 검은 사각형, 하나의 흰 사각형을 채운다는 것을 알 수 있다. 21개의 1×3타일을 체스판 위에 놓으면 각 색깔별로 하나씩 21개의 정사각형을 채우게 된다. 따라서 1×1타일은 회색 사각형을 채워야만 한다.

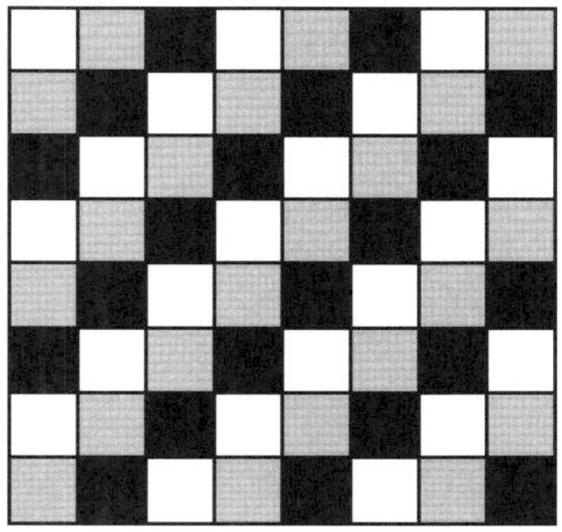

다시 붓을 가지고 와서 오른쪽과 같은 방법으로 체스판을 칠하자. 같은 논리로 역시 1×1타일은 회색 사각형을 채워야만 함을 알 수 있다.

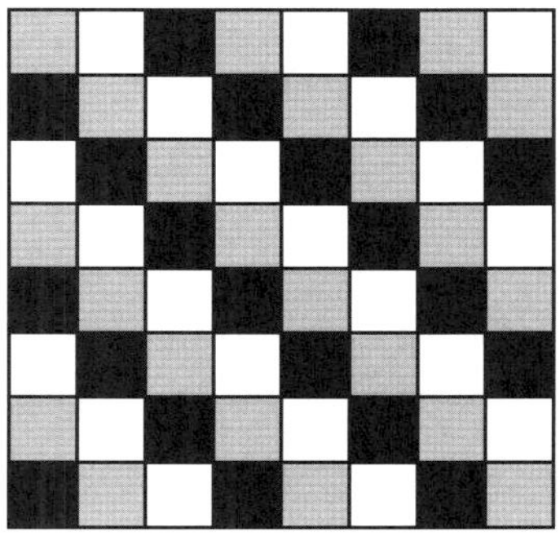

따라서 22개의 타일로 체스판을 체울 수 있다면 1×1타일은 반드시 위의 두 그림처럼 회색 사각형 위에 와야 한다.

두 가지 그림에서 회색 정사각형이 나타날 수 있는 유일한 위치는 오른쪽 그림과 같다. 그러므로 21개의 1×3 타일과 1개의 1×1 타일을 사용하여 체스판 채우기를 할 수 있다면, 1×1 타일은 반드시 그림에서 회색 정사각형들 중의 하나를 채워야만 한다.

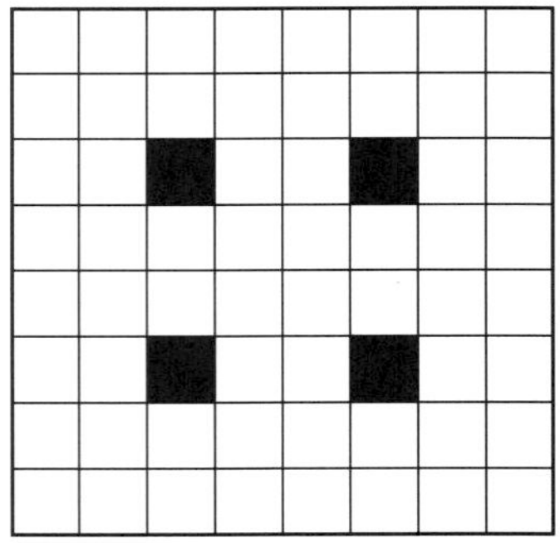

이 위치들은 대칭적이라는 것을 알 수 있다. 4개의 회색 정사각형들은 서로가 각각 체스판의 중심에 대하여 90° 회전한 것이다. 이렇게 하면 결과를 추론하기 위한 좀더 세련된 방법이 된다.

만약, 체스판의 타일 채우기가 가능하다면, 체스판을 90°, 180° 또는 270°로 회전하여도 타일은 그대로 유지된다. 그러므로 1×1 타일은 회색 정사각형에 놓여야 한다. 그 이유는 이렇게 회전을 하더라도 1×1 타일은 단지 다른 회색 정사각형을 채우기 때문이다. 따라서 가능한 회색 정사각형은 위의 그림에 나타난 4가지뿐이다.

그럼 이제 증명 다 된 것인가? 아쉽게도 아직은 아니다. 단지 그러한 타일 채우기 방법이 있다면, 1×1타일은 위에 나타난 4가지 위치 중의 한 곳에 놓여야 함을 보여준 것뿐이다. 이제 그러한 타일 채우기가 가능하다는 것을 보여야 한다.

❶ 만약, 1×1 타일이 이 위치들 중 하나라면 실제로 21개의 1×3 타일을 가지고 체스판의 남은 곳에 타일 채우기를 할 수 있는지 증명해보시오.

우리는 앞의 사실을 이용하여 매우 빨리 타일 채우기를 할 수 있다. 1×1 타일의 위치가 어디냐의 '힌트'가 없었다면, 정확한 타일 채우기를 하기까지 몇 시간이나 걸릴지도 모른다.

❷ 4×4 체스판(5개의 1×3 타일과 1개의 1×1 타일)과 5×5 체스판(8개의 1×3 타일과 1개의 1×1 타일)을 가지고 문제를 해결해보시오.

테트로미노 타일 채우기 문제 풀이

오른쪽의 체스판과 같이 검은색과 흰색을 번갈아가며 칠해라.

10개의 흰 정사각형과 10개의 검은 정사각형이 생긴다. 아래 그림에서 앞에 있는 4개의 테트로미노는 다른 색깔의 정사각형을 각각 두 개씩 채울 수 있고, 마지막 테트로미노는 한 가지 색깔의 정사각형 3개와 다른 색깔 정사각형 1개를 채울 수 있다.

다섯 가지 테트로미노

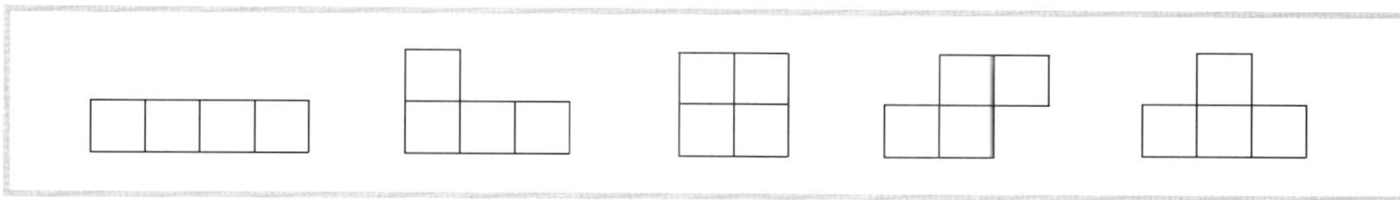

이 다섯 가지의 테트로미노를 가지고 4×5 체스판에 타일을 채울 수 있다고 가정하자. 그러면 처음 4개는 8개의 검은 정사각형과 8개의 흰 정사각형을 채워야 한다. 이제 남은 2개의 검은 정사각형과 2개의 흰 정사각형은 다섯 번째 테트로미노로 채워야간 하는데 이것은 불가능하다. 따라서 가정에 의해 4×5 체스판에 타일을 채우는 것은 불가능한 것이다. (또 다른 방법으로, 다섯 번째 테트로미노를 다른 테트로미노로 바꾸어 4×5 체스판에 타일 채우기가 가능한지 알아보기 바란다.)

인물탐구

유지나 말린니코바(Eugenia Malinnikova, 러시아) 1974년 4월 23일생

번뜩이는 통찰

지금은 상트페테르부르크(St. Petersburg)인 레닌그라드에서 태어나서 자란 유지나 말린니코바는 어릴 때부터 수학에 관심이 많았다. 수학에 대한 기억은 그녀가 12세 때로 거슬러 올라간다. 그녀의 아버지는 자연수 집합과 0과 1 사이의 실수 집합이 왜 같은 농도(cardinality)를 가지지 않는지를 설명했다. (이것은 '서로 다른 두 가지 무한(247쪽)'에서 논의할 것이다). 아버지가 했던 모든 말을 이해하는 데에는 전혀 어려움이 없었지만 "그것을 믿을 수도 없을뿐더러 감도 오지 않았다"라고 기억하고 있다.

소련이 수학에서 뛰어난 실력을 갖출 수 있는 한 가지 이유는 어린 학생들을 일찍부터 수학의 세계로 인도해주는 천재적인 멘토들이 있기 때문이다. 어린 학생들의 재능을 계발하는데 오랜 동안 일해 온 레닌그라드의 수학자인 세르게이 룩신은 5학년에서 6학년(대략 12세에서 17세 정도)의 학생들을 위한 특별 '공부모임'을 운영하고 있었다. 이 모임의 학생들은 룩신에게 수학을 배웠을 뿐만 아니라 함께 극장도 가고, 클래식 음악도 듣고, 주말에는 도시 밖으로 소풍도 가곤 했다.

유지나는 레닌그라드의 다른 어린 학생들과 함께 룩신의 공부 모임에 참여하도록 초청받았다. 이 공부 모임의 6명의 학생들은 마침내 국제수학올림피아드에 참가했는데, 3명은 소련, 2명은 미국, 1명은 이스라엘 대회에 참석했다. 오늘날 이들 모두는 수학을 계속 연구하고 있다.

유지나의 수학적 통찰의 최초 경험은 공부모임에서 다음 문제를 접했을 때였다.

> 25명의 아주 질투심 많은 사람들이 5×5 크기의 정사각형 격자 모양에 살고 있다. 이들 각자는 바로 옆의 (수평과 수직으로) 정사각형에 있는 이웃들이 자신보다 더 잘 산다고 생각하고 있었다. 그렇다면 이들 모두를 자신의 이웃 중 한 명이 살았던 정사각형으로 이사시키는 것이 가능한가?

유지나는 이 문제를 풀려고 집에서 며칠 동안 고민했지만 결국 실패했다. 다음날 수업시간에 5×5 크기의 정사각형판이 아래의 체스판처럼 색칠된 채 칠판에 그려져 있었다. 갑자기 번뜩이는 통찰이 유지나의 머릿속을 스쳐갔고 그녀는 할 말을 잃어버렸다.

룩신의 공부모임에 있던 학생들은 모두 4년의 고등학교를 마치기 위하여 레닌그라드 239 학교로 진학하게 되어 있었다. 이 학교의 엄격한 입학시험을 통과하기 위해 이들은 수학과 물리학의 특별과정을 수강했다. 유지나는 이와 동시에 문학과정도 수강했는데 적성에 맞음을 발견하였다.

6학년 때부터 유지나는 레닌그라드수학올림피아드에 참가했다. 1988년 3월, 7학년이면서 8학년 대회에 참석하여 1등을 했고 전국올림피아드에 참가할 자격을 얻게 되었다. 이 대회에서 1등을 함으로써 소련 대표팀으로 국제수학올림피아드에 참가할 수 있게 되었다. 그 다음 해인 1989년 독일의 브라운슈바이크에서 열린 국제수학올림피아드(IMO)에서 유지나는 소련의 다른 팀원보다 두 살이나 어린 나이에 금메달을 땄는데 전체 시험에서 단지 1점만 감점되었다. 그 다음 2년 동안 유지나는 두 개의 금메달을 더 땄으며 매번 만점을 받았다. 이 점수는 국제수학올림피아드에서 정말 아주 놀라운 성적이었다.

1991년부터 유지나는 상트페테르부르크 대학교에서 해석학 분야를 공부하고 있다. 5년간의 과정을 마친 후에는 '뭐 별다른 일이 없다면' 박사학위를 받기 위해 3년을 더 공부하려고 한다. 한 가지 분명한 사실은, 그녀가 '이 세상에서 가장 아름다운 것 중의 하나가 바로 수학'이란 사실을 항상 느낀다는 것이다.

수론의 재조명

수학자는 시인이나 화가처럼 패턴을 만드는 사람이다. 수학자의 패턴이 다른 이들의 패턴보다 더 영구적인 이유는 아이디어를 가지고 만들었기 때문이다. 수학자는 물질을 가지고 작업하는 것이 아니라 아이디어를 가지고 작업한다. 그래서 수학자가 만든 패턴이 더 오래 지속되는 듯하다.

하디 *G. H. Hardy*

수, 수, 그리고 더 많은 수들!

잠시 쉬며 용어 익히기

이 책의 뒷부분에서, 여러분은 수학자들이 일반적으로 사용하는 수를 점점 더 많이 보게 된다. 정수, 유리수, 무리수, 복소수, 대수적인 수, 초월수, 그리고 작도가능한 수를 접하게 되는데, 다음은 이 수에 대한 간단한 설명이다.

실수(real numbers)는 선분의 길이를 나타내는 수이다.

유리수(rational numbers)는 두 정수의 비로 나타낼 수 있는 수이다. (예: 42, 2/3)

무리수(irrational numbers)는 유리수가 아닌 실수이다. 다음 장에서 $\sqrt{2}$가 무리수임을 확인할 것이다. 또 '서로 다른 두 개의 무한'(245쪽)에서는 유리수보다 무리수가 훨씬 많다는 사실을 알게 될 것이다.

복소수(complex numbers)는 수학과 물리학에서 매우 중요한 수이다. 복소수는 a, b가 실수이고, 방정식 $i^2=-1$을 만족하는 '허수'로 불리는 i로 이루어진 $a+bi$의 형식을 갖는 수이다. 복소수에 익숙하지 않다면 복소수가 어떻게 쓰이는지, 복소수가 얼마나 매력적인지 스스로 찾아보기 바란다. 복소수는 이 책의 여러 곳에서 볼 수 있을 것이며 심지어 기하 영역에서도 자주 보게 될 것이다.

대수적인 수(algebraic numbers)는 모든 계수가 정수인 방정식의 해가 되는 복소수를 말한다. 예를 들어, $z=\sqrt[3]{2}$는 $z^3-2=0$의 해이므로 z는 대수적인 수이다.

초월수(transcendental numbers)는 대수적이지 않은 복소수이다. 수학적 상수 π와 e는 초월수인데, 이 사실의 증명에는 상당한 내용의 고급수학이 필요하다. 다음 절에서는 $\sqrt{2}^{\sqrt{2}}$ 또한 초월수임을 알아볼 것이다. 또 이 책의 마지막 장에서는 많은 수들이 초월수임을 알게 될 것이다.

작도가능한 수(constructible numbers)는 대수적인 수에 포함되는 특수한 수로서 눈금 없는 자와 컴퍼스만을 이용하여 임의의 각을 3등분하는 것이 불가능하다는 사실뿐만 아니라 기하학적인 여러 사실들을 증명하는데 이용되는 수이다. 이 수는 '고대의 3대 작도불능 문제'(230쪽)에서 자세히 다룰 것이다.

아래의 그림은 지금까지 살펴볼 수들 사이의 관계를 파악하는데 도움이 된다. 예를 들어 모든 유리수는 대수적인 수이지만, 모든 대수적인 수가 실수인 것은 아니다. (예: $3\sqrt{2}i$)

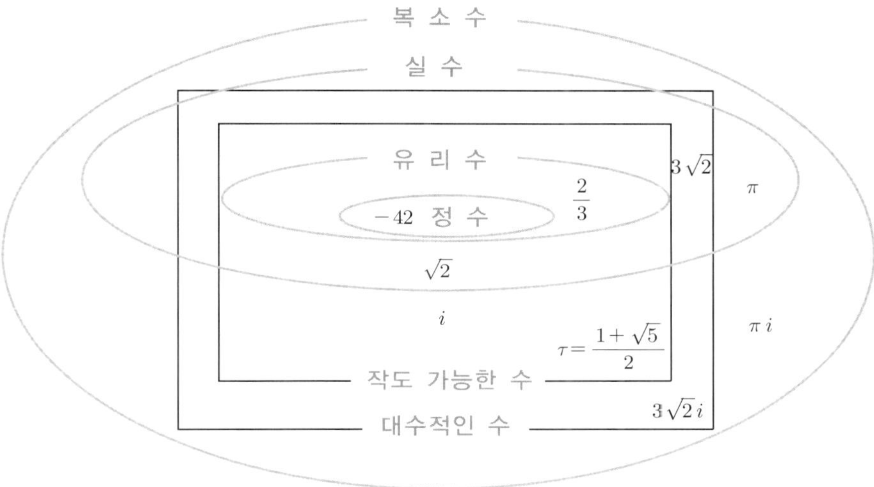

정보사전

- **정수** 집합 $\{\cdots, -3, -2, -1, 0, 1, 2, 3, \cdots\}$에 속하는 수들
  두 자연수의 합과 차로 표현되는 수
- **유리수** 두 정수의 비로 나타낼 수 있는 수
- **실수** 선분의 길이로 표현되는 수
- **복소수** a, b가 실수이고 $i^2=-1$일 때, $a+bi$의 형태로 표현되는 수
- **작도가능한 수** 눈금 없는 자와 컴퍼스로 단위 벡터로부터 유한 번의 작도에 의해 생성된 벡터에 대응하는 복소수(230쪽 참고)
- **대수적인 수** 정수 계수를 가진 대수 방정식의 근이 되는 복소수

수론의 첫 단계

유리수와 무리수

수론은 정수에 관한 여러 사실들을 다루는 수학의 한 분야이다.* 예를 들어, 페르마의 마지막 정리(Fermat's Last Theorem)도 수론에서 다룬다. (이 유명한 정리의 결과에 대해 좀더 알고 싶다면, 이 장 끝에 있는 '수학사 이야기'를 보시오.) 수론에 관한 연구 중 유리수와 무리수에 관한 것이 있는데, 유리수란 $\frac{3}{5}$ 또는 4와 같이 두 정수의 비로 표현될 수 있는 실수이다. 유리수가 아닌 실수가 무리수이다. 물론 나중에 나올 '서로 다른 두 개의 무한'(245쪽)에서도 많은 내용을 다루겠지만, 무리수를 이해하기란 쉽지 않다. 또 수학에서 자수 사용하는 상수인 π와 e는 무리수인데 이 두 상수가 무리수임을 증명하는 것은 상당히 어렵다.

다음의 몇 장에서는 수학에서 가장 아름다운 정리 중 2개를 증명함으로써 간접증명의 힘을 느낄 수 있을 것이다. (이미 117쪽의 '체스판 색칠하기 문제 풀이'에서 간접증명법을 경험했다.) 영국의 유명한 수학자 하디(G. H. Hardy, 1877-1947)는 1940년에 《수학자의 변명(A Mathematician's Apology)》에서, 수학에서 손꼽히는 두 가지 '최고'의 정리의 예를 제시하면서 간접증명법을 다음과 같이 설명했다.

> "… 나는 모든 수학자들이 최고라고 인정하는 정리를 제시하고자 한다 … 그러기 위해서는 그리스 수학으로 거슬러 올라가야 한다. 나는 그리스 수학의 유명한 두 정리를 진술하고 증명하고자 한다 … 두 정리 모두 처음 발견되었을 때만큼 신선하고 의미 있다. — 2000년이 지난 지금도 두 정리는 그 신선함과 중요성을 잃지 않고 있다(91쪽).
>
> … 이 증명은 간접증명법(reductio ad absurdum)에 의한 것으로, 유클리드가 가장 사랑한 증명법이며 수학자들의 가장 정교한 무기 중 하나이다. 이 증명법은 어떤 체스게임보다 더 대담한 경기이다. 체스를 두는 사람은 졸이나 마 따위를 희생시키면서 경기를 풀어나가지만, 간접증명법의 논리를 펴는 수학자는 게임 자체를 담보로 잡힌 채 경기를 하기 때문이다(94쪽)."

* 수론은 실제로 훨씬 더 넓은 범위를 가지지만, 수론이 시작되는 곳은 바로 정수이다.

다음 정리는 하디가 말한 두 가지 정리 중 첫 번째 것이다. 이 정리는 피타고라스학파까지 약 2500년을 거슬러 올라가는데, 어떤 수가 무리수라는 것을 증명하는 가장 간단한 방법 중 하나이다. 이 증명은 또한 아주 아름답고 간결하며 우아하다.

정리

$\sqrt{2}$는 무리수이다.

증명

이 증명은 간접증명법을 사용하여 결론을 부정해서 결국에는 모순에 도달하도록 하는 것이다. 이런 모순이 생긴 이유는 결론을 부정했기 때문이다. 그러므로 결론은 참이 된다.

$\sqrt{2}$가 유리수라면 어떤 일이 생길까? 그렇다면 $\sqrt{2}$를 기약분수의 형태로 쓸 수 있다. 그러므로 $\sqrt{2}=\frac{m}{n}$(단 m, n은 서로소인 양의 정수)으로 나타낼 수 있다. 특히 m과 n은 서로소이므로 동시에 2로 나누어질 수는 없다. 그래서 $\sqrt{2}n=m$이므로 $2n^2=m^2$이다.

좌변이 짝수이므로 우변도 짝수이어야 한다. 그러므로 m이 짝수이다. 따라서 어떤 정수 d에 대하여 $m=2d$로 나타낼 수 있다. 이것을 위의 등식에 대입하면 다음과 같은 결과를 얻게 된다.

$$2n^2 = (2d)^2 \Rightarrow n^2 = 2d^2$$

이제 우변이 짝수이므로 좌변도 짝수이고, 따라서 n은 짝수이다.

그러나 처음에 m과 n이 동시에 짝수일 수는 없다고 가정했다. 모순이 생겼으므로 $\sqrt{2}$가 유리수라는 최초의 가정에는 모순이 있다. 그러므로 $\sqrt{2}$는 무리수이다. Q.E.D.

(비슷한 방법으로 $\sqrt{3}$이 무리수라는 것을 증명할 수 있는가? $\sqrt{12}$는? $^3\sqrt{7}$은?)
우리는 이제 유리수를 지수로 가지는 수가 무리수임인 예를 보았다. 무리수를 지수로 가지는 무리수가 유리수가 되는 경우가 있을까? 다음 정리는 이 의문에 대한 확답을 주지만 예를 제시하지는 않을 것이다.

정리

어떤 무리수의 무리수 제곱이 유리수가 되는 두 무리수가 존재한다.

증명

$\sqrt{2}$가 무리수인 것은 이미 증명하였다. 만약 $\sqrt{2}^{\sqrt{2}}$이 유리수라면 위 정리의 예로 적합하다. 반대로 $x = \sqrt{2}^{\sqrt{2}}$ 가 무리수라면,

$$\begin{aligned} x^{\sqrt{2}} &= \left(\sqrt{2}^{\sqrt{2}} \right)^{\sqrt{2}} \\ &= \sqrt{2}^{2} \\ &= 2 \end{aligned}$$

이므로 유리수이다. 따라서 무리수의 무리수 제곱이 유리수가 되는 예를 찾을 수 있다. Q.E.D.

($\sqrt[3]{3}$ 에 대해서도 유사하게 증명할 수 있을까?)
사실, 위의 증명은 $\sqrt{2}^{\sqrt{2}}$가 유리수인지 아닌지를 실제로 밝힌 것은 아니다.
(증명하기는 아주 어렵지만 $\sqrt{2}^{\sqrt{2}}$이 무리수이고 초월수라는 것은 실제로 판명되어 있다.*)
이것은 겔폰드-슈나이더(Gelfond-Schneider) 정리로부터 나온 것이다.

겔폰드-슈나이더 정리(Gelfond-Schneider Theorem, 1934)

만약 a와 b가 대수적인 수라고 할 때(즉, 정수 계수를 가지는 방정식의 근이 되는 수) $a \neq 0$, $a \neq 1$이고 b가 무리수이면, a^b은 초월수이다.

1900년에 파리에서 열린 국제 수학자 모임에서 새로운 세기를 맞이하여 독일의 유명한 수학자 데이비드 힐베르트(David Hilbert)는 페르마의 마지막 정리(Fermat's Last Theorem), 겔폰드-슈나이더 정리, 리만 가설(Riemann Hypothesis)(258쪽의 인물소개 노엄 엘키스의 소개에서 언급된)을 포함한 23문제를 제안하였다. 이 문제들은 수학자들의 엄청난 연구를 통해, 현재 대부분의 문제가 해결되었다. 1900년 힐베르트가 그랬듯이 2000년 국제 수학자 모임에서도 다른 위대한 수학자가 나타나서 새로운 세기에 주목받을 문제들을 내놓을지도 모른다.

* 초월수에 대한 정의는 앞 장의 '수, 수, 그리고 더 많은 수들!'을 참조하시오.

수학사 이야기

피에르 드 페르마(Pierre de Fermat) 1601~1665

수학에서 가장 유명한 추측

해석학과 확률 이론에 큰 업적을 남긴 것으로도 유명하지만, 피에르 드 페르마는 현대 수론의 창시자로도 불린다. 프랑스에서 변호사 생활을 하는 동안 그는 취미로 수학공부를 하였다. 아래에 적힌 페르마의 마지막 정리(Fermat's Last Theorem)는 실제로 약 1637년의 날짜가 적힌 페르마의 책들 중 한 귀퉁이에 낙서처럼 쓰인 추측이었다. 페르마의 마지막 정리를 증명하기 위한 도전은 막대한 보상금에 의해 오랜 세월 꾸준히 계속 되었다. 1815년과 1860년에 프랑스 과학 아카데미에서는 증명에 대한 대가로 300프랑과 황금 메달을 제시하였다. 1908년 독일 과학 아카데미에서는 10만 마르크(물가가 폭등하기 전의 독일에서는 큰돈임)의 상금을 제시하였다. 이러한 상금에도 불구하고 1993년까지 이 추측은 증명되지 못했다.

페르마의 마지막 정리 (Fermat's Last Theorem)

$n>2$일 때, 방정식 $x^n+y^n=z^n$을 만족하는 양의 정수 x, y, z는 존재하지 않는다.

1993년 6월 23일에 프린스턴 대학의 앤드류 와일스(Andrew Wiles)가 케임브리지 대학에서 열린 세미나에서 "I better stop there."라는 말과 함께 그의 마지막 강의를 마무리 지었다. 청중들 중 몇몇의 뛰어난 수론 연구자들은 몇 분 동안 몸이 마비되었고 의심의 눈초리로 바라보았다. 하지만 칠판에 적힌 방정식의 중요성 때문에 침묵은 곧 우레와 같은 박수로 바뀌었다. 그것은 앤드류 와일스가 350년 동안 가장 뛰어난 수학자들을 곤란하게 했던 수학에서 가장 유명한 추측인 페르마의 마지막 정리를 증명했음을 축하하는 소리였다.

수론에서의 소수

'수론의 첫 단계'(130쪽)에서 논한 바와 같이 수론은 정수에 관한 의문을 다루는 수학의 한 분야이다. 정수에 관한 어떤 성질을 증명하고자 할 때, 필연적으로 소수(prime number)의 개념과 접하게 된다.

소수가 무엇인지는 잘 알 것이다. 소수는 1과 자신만을 약수로 가지는 양의 정수를 말한다. 소수의 예에는 2, 3, 5, 7, 11 등이 있다. 초기 수학자들은 스스로 "소수의 개수는 유한한가?" 다시 말해, "가장 큰 소수는 존재하는가?"라는 의문을 제기했다. 알렉산드리아(현재의 이집트)의 수학자 유클리드는 "소수는 무한하다"에 대해 매우 간단한 증명을 제시하였다(기원전 300년경). 오늘날까지 최고의 증명으로 손꼽히는 이런 아름다운 증명을 할 수 있었다는 것은 그의 수학적 능력이 뛰어남을 말해주는 것이다. 이것은 하디가 언급한 두 번째 정리로서 이 정리의 증명은 첫 번째 정리와 마찬가지로 간접증명법을 사용하고 있다.

정리

소수의 개수는 무한하다.

증명

만약 유한개의 소수가 존재한다고 가정하면 무슨 일이 일어날까? 일단 유한개의 소수를 $p_1,\ p_2,\ \cdots,\ p_n$이라 두면 모든 소수는 이 안에 포함된다. 이제 이 소수를 다 곱한 다음 1을 더한 숫자 $q = p_1 p_2 \cdots\ p_n + 1$을 생각해보자. q가 어느 소수 p_i로 나누어도 나머지가 1이므로 q는 소수 $p_1,\ p_2,\ \cdots,\ p_n$ 중 어떤 소수로도 나누어지지 않는다. 다시 말해서 q는 어떤 소수로도 나누어지지 않는다. 그러나 이것은 q가 어떤 소수로는 나누어져야 한다는 사실에 모순된다. 수학적으로는 모순이 있을 수 없으므로 우리의 추론 어딘가에 결함이 있음이 분명하다. 이런 논리적 결함이 생긴 원인은 소수가 유한하다는 가정에 있다. 따라서 소수는 무한하다. Q.E.D.

위의 증명은 소수의 구성방법을 제시해준다. 주어진 소수의 집합에서 다른 하나의 소수를 구성할 수 있다. 주어진 집합에서 집합의 원소인 소수들을 곱하여 1을 더하면 새로운 소수를 얻을 수 있다. $p_1 = 2$에서 시작하면 $p_2 = 3$, $p_3 = 7$, $p_4 = 43$을 얻을 수 있다.

하지만 이 방법은 소수를 생성하는 매우 효과적인 방법은 아니다. 만약 모든 소수를 순서대로 생성하는 어떤 공식이 있다면 편리할 것이다. 조건이 까다롭더라도 오직 소수만을 얻을 수 있는 공식이 있다면 역시 편리할 것이다. 다항식 $P(n) = n^2 - 81n + 1681$은 $n = 1, 2, 3, \cdots, 80$일 때 소수값을 가진다. 그러나 불행히도 $P(81) = 1681 = 41^2$(그리고 $P(0) = 1681$이다.) 이러한 다항식을 계속 찾아야 할까? 다음 정리로 미루어 볼 때 대답은 '아니오'다.

정리

소수값만을 가지는 정수 계수를 갖는 상수가 아닌 다항식은 존재하지 않는다.

증명

다시 간접증명법을 사용하여 증명을 시도해보자. 먼저 이러한 다항식 $P(n)$이 존재한다고 가정하자. 그러면 $P(0)$는 어떤 소수 p이다. 이것은 다항식의 상수항이 p라는 것을 의미한다. 따라서 정수계수를 갖는 다항식 $Q(m)$에 대하여 $P(m) = nQ(m) + P$의 형태로 나타낼 수 있다. 그러면 어떤 정수 k에 대해서도 $P(kp) = kpQ(kp) + p$는 p에 의해 나누어진다. 그러나 가정에서 $P(kp)$는 소수라 했고, 그러나 소수 p에 의해 나누어지는 유일한 소수는 p 자신뿐이다. 그래서 모든 정수 k에 대하여 $P(kp) = p$이다. 여기서부터는 개인적 취향에 따라 아래의 두 가지 방법으로 이 증명을 끝낼 수 있다.

방법 1	방법 2
임의의 상수가 아닌 다항식 $P(n)$은 n이 커짐에 따라 그 값이 무한히 커져야 한다. 이것은 모든 정수 k에 대하여 $P(kp) = p$라는 사실에 모순이다.	$p = P(kp) = kpQ(kp) + p$이므로 k가 0이 아닌 정수이면, $Q(kp) = 0$이다. 그러나 $Q(n)$은 0이 아닌 다항식이고 그러한 경우는 오직 유한개의 해만 가지기 때문에, $n = \cdots, -3p, -2p, -p, p, 2p, 3p, \cdots$에 대하여 $Q(n) = 0$라는 사실에 모순이다.

둘 중 어느 방법을 사용하더라도 모순에 도달하게 되므로 가정이 틀렸다. 따라서 그러한 다항식은 존재하지 않는다.

소수에 관한 간단한 문제를 살펴보고 이 절을 마치려고 한다. 만약 101과 같은 수 n이 주어졌을 때, 이 수가 소수인지 아닌지를 확인하고자 한다. 이를 위한 한 가지 방법은 1보다 크고 n보다 작은 인수를 가지는지 아닌지를 확인하는 것이다. 다음 정리를 사용하면 이 계산을 훨씬 더 빠르게 할 수 있다.

정리

n이 합성수(소수가 아님)이면, n은 $\sqrt{n}$보다 작은 소수로 나누어진다.

증명

n이 합성수이면 1보다 큰 수 p, q에 의해 $n=pq$로 나타낼 수 있다. p, q는 둘 다 $\sqrt{n}$보다 클 수는 없다. (그렇지 않다면 $n=pq>\sqrt{n}\times\sqrt{n}=n$이기 때문에)
$p\leq\sqrt{n}$이라 가정하자. 그리고 p를 소수가 아니라고 하면, 합성수가 되어 적당한 소인수를 택할 수 있고, 이 역시 $\sqrt{n}$보다 크지 않을 것이다.

이 정리를 이용하면 101이 소수인지 아닌지를 쉽게 확인할 수 있다. $\sqrt{101}$보다 작은 소수는 2, 3, 5, 7이고, 101은 이들 중 어느 것으로도 나누어지지 않으므로 101은 소수이다.
(23쪽에 언급한 '나누어떨어지는 규칙'과 함께 이 정리는 암산으로 아주 큰 숫자의 소수성을 확인하는 방법이다.)

이 방법은 자리 수가 많은 정수의 소수성을 확인하는 데는 매우 조잡하고 느리다. 이보다 훨씬 빠른 방법들은 정교한 수론의 방법에 의해서 가능하다. 이러한 방법들은 암호학이나 '해독 불가능한' 암호의 개발에 필수적이다.

색이 칠해진 사물함

크레틴 고등학교의 사물함에는 1에서 1000 사이의 수가 적혀 있다. 이 고등학교의 색깔은 최신 유행의 자줏빛과 주홍빛이다. 모든 사물함은 처음에 자줏빛으로 색칠되어 있었다. 그런데 아주 열광적인 걷기 대회가 끝난 후, 1000명의 학생들이 열광적으로 사물함에 색칠을 했다. 첫 번째 학생이 복도를 뛰어 내려가 모든 사물함을 주홍빛으로 색을 칠했다. 두 번째 학생은 모든 짝수 번째 사물함을 자줏빛으로 색을 칠했다. 세 번째 학생은 3, 6, 9, …, 999번 사물함을 원래 색의 다른 색으로 칠을 했다. 네 번째 학생은 4의 배수의 번호를 가진 사물함을 같은 방법으로 칠을 했다. 이런 식으로 끝으로 1000번째 학생이 1000번 사물함을 다시 칠할 때까지 계속 되었다. 그 날 이후 어떤 사물함이 자줏빛으로 칠해졌고, 어떤 사물함이 주홍빛으로 칠해졌을까? (도움말: 학교에 딱 10개의 사물함이 있다고 생각하고 이 경우 무슨 일이 일어났을지 생각해보라. 그러고 나서 20개의 경우도 시도해 보고 좀더 일반적인 경우를 추측해 보시오. 마지막으로 이를 증명해보기 바란다.)

TIP 정답은 144쪽, '색이 칠해진 사물함 문제 풀이'에 있다.

피타고라스 세 수 만들기

피타고라스 정리에 의해 $\triangle ABC$에서 $\angle C$가 직각이면 다음이 성립한다.

$$AC^2 + BC^2 = AB^2$$

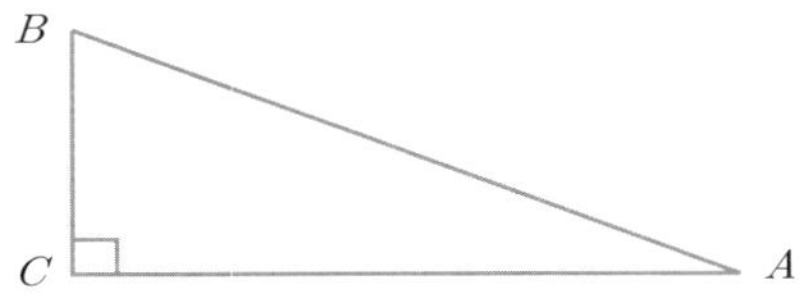

가장 잘 알려진 직각삼각형의 예는(고대 이집트 때부터 알려진) 각 변의 길이가 3, 4, 5인 삼각형이다.

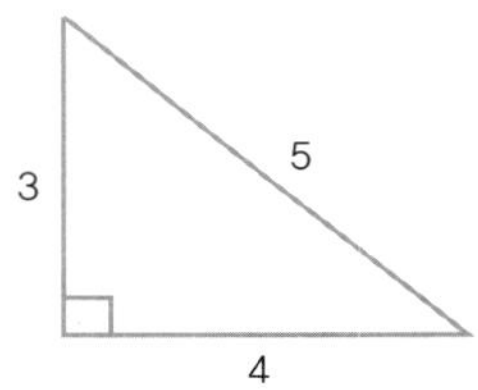

$$\begin{aligned} 3^2 + 4^2 &= 9 + 16 \\ &= 25 \\ &= 5^2 \end{aligned}$$

처음 피타고라스 정리를 배울 때, 아마도 방정식 $a^2 + b^2 = c^2$을 만족하는 순서쌍$(a,\ b,\ c)$을 찾아내는 연습을 많이 했을 것이다. 이런 형태의 순서쌍을 피타고라스 세 수(Pythagorean triple)라 부른다.

피타고라스 세 수의 예로는, (5, 12, 13)과 (6, 8, 10)이 있다.

$$\begin{aligned} 5^2 + 12^2 &= 25 + 144 \\ &= 169 \\ &= 13^2 \end{aligned} \qquad \begin{aligned} 6^2 + 8^2 &= 36 + 64 \\ &= 100 \\ &= 10^2 \end{aligned}$$

(6, 8, 10)은 익숙한 (3, 4, 5)의 새로운 쌍임을 알 수 있다. 단지 3-4-5 삼각형을 가져와 삼각형의 각 변의 길이를 2배 확대하였을 뿐이다. (각 변의 길이를 두 배 하면, 삼각형의 넓이는 두 배가 아니라 4배가 된다.)

이런 방법으로 (3, 4, 5)에 정수배를 하여 새로운 피타고라스 세 수를 많이 찾아낼 수 있다.

예를 들면,

100배를 하면:	$300^2 + 400^2 = 500^2$
13배를 하면:	$39^2 + 52^2 = 65^2$
k배를 하면:	$(3k)^2 + (4k)^2 = (5k)^2$

$(3k,\ 4k,\ 5k)$를 사용하여, 피타고라스 세 수를 손쉽게 만들 수 있다.

실제로 모든 피타고라스 세 수를 찾는 방법이 아래에 있다.

> 우선, $u > v$를 만족하는 세 양의 정수 $u,\ v,\ k$를 택하자.
> 그리고 $a = k(u^2 - v^2),\ b = 2uvk,\ c = k(u^2 + v^2)$라 하자.
> 위 방정식에 $u,\ v,\ k$ 를 대입하면, 피타고라스 세 수 $(a,\ b,\ c)$를 구할 수 있다.

예를 들면, $u = 2,\ v = k = 1$이라 하면, 친근한 피타고라스 세 수인 $(3,\ 4,\ 5)$이 된다. $u = 3,\ v = 2,\ k = 1$이라 하면, 다른 익숙한 피타고라스 세 수가 생긴다. 이 순서쌍에 2배를 하면, 또 다른 순서쌍을 얻는다. 이제, $u = 72,\ v = 65,\ k = 3$라 하면 어떻게 될까? 이런 큰 수들도 $a^2 + b^2 = c^2$을 만족하는지 확인해보자!

생각해보기

❶ 원시 피타고라스 세 수(primitive Pythagorean triple)는 $a^2+b^2=c^2$을 만족하고, 공통인수를 가지지 않는 세 정수 a, b, c의 순서쌍 (a, b, c)로 표현된다. 예를 들면, (3, 4, 5), (5, 12, 13), (65, 72, 97)은 원시 피타고라스 세 수이지만, (6, 8, 10), (15, 36, 39), (39, 52, 65)은 원시 피타고라스 세 수가 아니다.

다음은 원시 피타고라스 세 수의 예이다.

(a, b, c) = (3, 4, 5), (5, 12, 13), (15, 8, 17), (7, 24, 25), (9, 40, 41), (21, 20, 29)

위에 순서쌍들은 b가 짝수가 되도록 배열해 놓았다. 그리고 각각의 경우 $\frac{c-a}{2}$, $\frac{c+a}{2}$, $c+b$, $c-b$ 모두 완전제곱수이고, b는 4로 나누어떨어진다. 다른 원시 피타고라스 세 수도 이 식을 사용해 찾아보자. 이 사실은 여러분이 찾은 다른 원시 피타고라스 세 수에도 적용이 되는가? 모든 피타고라스 세 수에서도 이것은 성립하는가? (아니면 단지 원시 피타고라스 세 수에만 적용되는가?)

❷ 빗변 $c=60$인 모든 원시 피타고라스 세 수를 찾을 수 있는가?

❸ $(u^2-v^2, 2uv, u^2+v^2)$은 원시 피타고라스 세 수인지 조사해보자.
즉 $(u^2+v^2)^2=(u^2-v^2)^2+(2uv)^2$을 만족하는가?

❹ $312^2+459^2=555^2$을 만족하는 u, v, k를 찾아보자.

❺ 삼각함수를 알고 있다면, 앞의 식에 $u=\cos\theta$, $v=\sin\theta$, $k=1$을 넣어 보자. 어떤 식이 구해지는가?(2배각공식은 $\cos 2\theta=\cos^2\theta-\sin^2\theta$, $\sin 2\theta=2\sin\theta\cos\theta$임을 기억하자.)

2진법과 5진법에서의 신기한 결과

아래의 두 표를 살펴보자. A는 10의 양의 거듭제곱(10, 100, 1000, ⋯)을 2진법으로 나타낸 것이고, B는 10의 양의 거듭제곱을 5진법으로 나타낸 것이다. $n>1$인 임의의 정수 n에 대하여, A, B열에서 유일하게 n자리수가 하나 존재한다.

10의 거듭제곱	A (2진법으로 나타낸 수)	3 (5진법으로 나타낸 수)
10	1010 (네 자리)	20 (두 자리)
100	1100100 (일곱 자리)	400 (세 자리)
1000	1111101000 (열 자리)	13000 (다섯 자리)
10000	10011100010000 (열네 자리)	310000 (여섯 자리)
⋮	⋮	⋮

예를 들면, $n=3$일 때, B에 있는 두 번째 수(400)는 A열과 B열에서 유일한 세 자리수이다. $n=100$일 때, A에 있는 30번째 수는 A열과 B열에서 유일한 100자리 수임을 알 수 있다.

놀라운 일치인가? 아니면 더욱 놀라운 불일치인가?

만약, 계산기로 $e^{\pi\sqrt{163}}$ 의 값을 계산한다면, 다음과 같이 엄청나게 많은 유효숫자를 가진 수를 얻게 된다.

262,537,412,640,768,744.00000000000

$e^{\pi\sqrt{163}}$ 는 사실 정수가 아니다. 만약 계산기가 좀더 많은 유효숫자를 표시할 수 있다면, 그 값은 다음과 같다.

262,537,412,640,768,743.99999999999250072597...

물론 $e^{\pi\sqrt{163}}$ 가 실제로 정수에 매우 가까워서 정수와 일치하는 것처럼 보인다. 하지만 더욱 놀라운 것은 이 수가 정수가 아니라는 것이다.

기본적으로, 163은 특별한(그리고 중요한) 수론의 성질(안타깝게도 여기서 깊이 파고 들 수는 없다)을 가지는 가장 큰 수(1, 2, 3, 7, 11, 19, 43, 67 중에서)이다. 놀랍게도 $e^{\pi\sqrt{k}}$ 가 비교적 정수에 가까우며(각 k에 대하여), k가 클수록 $e^{\pi\sqrt{k}}$ 는 정수에 더욱 가까워진다는 것이다. 43과 67만이 특별히 인상적이다. (컴퓨터로 다른 수와 $e^{\pi\sqrt{58}}$ 을 계산해 보시오.)

'수론에서의 소수'(134쪽)에서 다항식 $n^2-81n+1681$에 대해 알아보았다. (이 다항식은 n이 $0<n<81$인 경우 소수값을 가진다.) 이제 판별식을 구해보자. 무엇을 알 수 있는가?(판별식을 구해보면 −163이 나온다.) 이것을 우연이라고 생각하는가? 1975년 《사이언스 아메리칸(Scientific American)》의 4월호에서 마틴 가드너(Martin Gardner)는 $e^{\pi\sqrt{163}}$ 가 정수라고 주장했다. 이 주장은 수학계를 매우 놀라게 만들었다. (그는 또한 P-KR4라는 체스 전략은 백(white)이 무조건 이길 수 있는 전략이고, 아인슈타인의 특수상대성이론은 논리적으로 모순된다고 했으며, 레오나르도 다 빈치가 밸브 수세식 화장실을 발명했다고 주장하였다.)

TIP 유명한 상수 e와 π 사이의 좀더 놀라운 관계는 'i^i과 관련된 믿기 어려운 결과'(222쪽)에 있다.

수학사 이야기

스리니바사 라마누잔(Srinivasa Ramanujan) 1887–1920

가난한 은행원에서 세계적인 수학자가 된 라마누잔

1913년의 어느 날 아침, 케임브리지 대학의 뛰어난 연구원이자 수학자로 잘 알려진 하디(G. H. Hardy)는 크고 지저분하게 싸여져 있는 인도우편을 받았다. 봉투 안에는 거친 종이에 매우 직관적이지만 학교교육 없이 터득한 것으로 보이는 익숙하지 않은 수학공식들이 적혀 있었다. 편지를 보낸 사람은 마드라스 은행원이었던 26세의 인도인 스리니바사 라마누잔이었다. 원고가 매우 인상적이었던 하디는 라마누잔을 케임브리지대학으로 불러 수학 연구를 공동으로 진행하게 되었다. 7년 후, 라마누잔과 하디는 수학 역사상 가장 성공적인 성과 중의 하나를 만들어냈다. 그러나 안타깝게도 라마누잔은 그의 창의력이 최고조에 이른 때에 폐결핵에 걸리고 말았다. 그가 죽음을 앞두고 병상에 누워 있을 때, 하디가 찾아와 그에게 일상적인 이야기로 주의를 끌어내려고 하였다. "내가 오늘 여기 올 때 택시를 탔는데, 번호가 지루한 숫자 1729였네." 라마누잔의 얼굴은 오랜 친구의 모습에 밝아지며, "아니야, 그 숫자는 지루하지 않아. 그건 두 가지 방법으로 두 세제곱 수들의 합으로 나타낼 수 있는 가장 작은 수라네."

앞에 언급된 몇 가지 성질을 사용하여 라마누잔은 주목할 만한 π의 근사값을 얻어 냈다.*

$$\pi \approx \frac{12}{\sqrt{130}} \ln\left[\frac{(2+\sqrt{5})(3+\sqrt{13})}{\sqrt{2}}\right]$$ 소수점 아래 15자리까지의 값

$\ln = \log_e$

$$\pi \approx \frac{12}{\sqrt{130}} \ln\left[\frac{1}{4}(3+\sqrt{5})(2+\sqrt{2})\left[5+2\sqrt{10}+\sqrt{61+20\sqrt{10}}\right]\right]$$ 소수점 아래 22자리까지의 값

$$\pi \approx \frac{12}{\sqrt{522}} \ln\left\{\left(\frac{5+\sqrt{29}}{\sqrt{2}}\right)^3 (5\sqrt{29+11\sqrt{6}})\left[\sqrt{\frac{9+3\sqrt{6}}{4}}+\sqrt{\frac{5+3\sqrt{6}}{4}}\right]^6\right\}$$ 소수점 아래 31자리까지의 값

* *Mathematics Magazine* (Vol. 61, No. 2, April 1988), 79쪽에 실려 있는 다리오 카스텔라노스(Dario Castellanos)의 〈어디에나 있는 π(The Ubiquitous π)〉라는 글의 내용이다.

색이 칠해진 사물함 문제 풀이

완전제곱수를 제외한 모든 사물함은 자줏빛이다! 이유는 다음과 같다. 나머지 사물함을 무시하고, n번호를 갖는 사물함을 관찰해보자. d번째 학생이 사물함을 칠하는 것은 곧 d가 n의 인수라는 것과 동치이다. (왜 그런지 알 수 있는가?) 따라서 짝수 개의 인수를 가진 수들은 결국 자줏빛으로 남고, 홀수 개의 인수를 가진 수들은 주홍빛으로 남는다. 이제 완전제곱수들이 유일하게 홀수 개의 인수를 가짐을 보이면 된다. 이것을 보이기 위한 두 가지 증명이 있다. 첫 번째 증명은 비형식적이고, 두 번째 증명은 좀더 형식적이다.

증명 1

만약 n이 완전제곱수가 아니라면, 인수들은 2개가 한 쌍이 되어 나오는데 이는 곱해서 n이 되는 두 수이다. 즉, 인수 d는 인수 $\frac{n}{d}$과 한 쌍이므로, 짝수 개의 인수를 가진다. 예를 들어, 24의 인수는 다음과 같이 짝지울 수 있다. (1, 24), (2, 12), (3, 8), (4, 6). 그러나 만약 n이 완전제곱수라면, $\sqrt{n}$은 자기 자신인 $\sqrt{n}$과 짝지워져야 한다. 그러므로 n은 홀수 개의 인수를 가진다. 예를 들어, 만약 n이 36이라면, (1, 36), (2, 18), (3, 12), (4, 9)를 쌍으로 하는 인수를 가지지만 인수 6은 짝지울 수 없다. 그러므로 36은 홀수 개의 인수를 가진다.

증명 2

임의의 수 n은 다음과 같이 소인수들의 곱으로 나타낼 수 있다.

$$n = p_1^{m_1} p_2^{m_2} p_3^{m_3} \cdots p_r^{m_r}$$

n의 각각의 인수들은 $p_1^{k_1} p_2^{k_2} p_3^{k_3} \cdots p_r^{k_r}$ (단, $0 \le k_i \le m_i$)의 형태로 표현할 수 있다.
각 k_i는 m_i+1개의 값을 취할 수 있으므로 n은 $(m_1+1)(m_2+1)(m_3+1)\cdots(m_r+1)$개의 인수를 가진다. 이 곱이 홀수라는 것은 이 곱의 모든 인수들이 홀수라는 것과 동치이다. 즉, 이 곱이 홀수라는 것은 모든 m_i의 값이 짝수라는 것과 동치이므로 n은 완전제곱수가 된다.

결론적으로, 마지막에 주홍빛이 칠해져 있는 유일한 사물함은 홀수 개의 인수를 가지는 수들, 즉 완전제곱수이다.

TIP 이 문제는 1967년 제28회 윌리엄로웰퍼트남수학경시대회에 나온 문제이다.

k번째 멱급수의 합

1부터 n까지의 자연수의 합은 다음과 같은 식으로 나타낼 수 있다.

$$1+2+3+...+n=\frac{n(n+1)}{2}$$

(이 공식은 이미 '마방진과 관련된 두 가지 정리'(37쪽)에서 사용하였다.)
아래의 그림은 위 식에 대한 간단한 증명 중 한 방법이다.

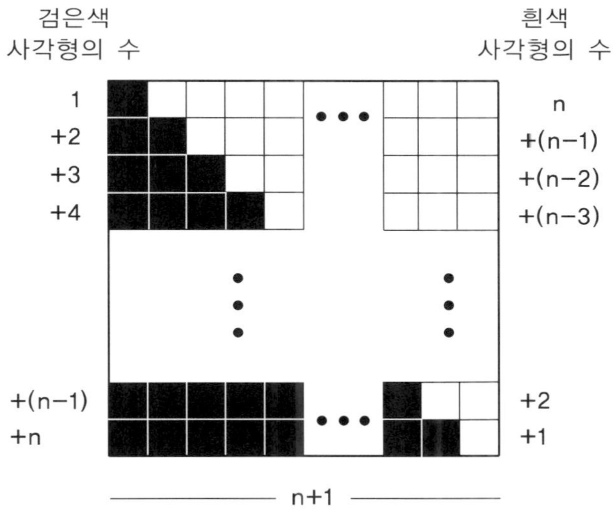

$S_1(n)$을 $1+2+3+...+n$이라 하면, $n\times(n+1)$의 배열은 검은 정사각형들로 이루어진 $S_1(n)$과 흰 정사각형들로 이루어진 $S_1(n)$의 합으로 나타난다. 따라서 $2S_1(n)=n(n+1)$ 이므로 $S_1(m)$은 다음과 같다.

$$S_1(n)=\frac{n(n+1)}{2}$$

$S_1(n)=\dfrac{n(n+1)}{2}$은 아래 식과 같은 일반적인 결과에 대한 특수한 경우이다.

양의 정수 k에 대하여 다음 식의 값은 얼마일까?

$$1^k + 2^k + 3^k + \dots + n^k$$

이 합을 $S_k(n)$이라 하자. 이 문제에 접근하는 방법은 다음과 같다.

$k=2$인 특수한 경우

1의 제곱부터 n의 제곱까지의 합 $S_2(n)$은 얼마일까?

$$S_2(n) = 1^2 + 2^2 + 3^2 + \cdots + n^2$$

이와 같은 급수의 합을 계산하는 가장 강력한 계산 방법 중의 하나 텔레스코핑(telescoping)이라고 불리는 방법이 있다. 이 방법은 수열의 연속하는 두 항의 차를 식으로 표현한 후 각각의 차를 모두 더하는 것이다. 이렇게 하면 첫째항과 끝항을 제외한 모든 항이 소거되고 구하고자 하는 급수의 합이 마술처럼 나타난다.

1의 제곱부터 n의 제곱까지의 합이 n에 관한 3차식으로 표현될 수 있을 것이라고 추측하여, 수열 $1^3, 2^3, 3^3, \cdots, n^3$의 마지막 항부터 거꾸로 연속하는 항의 차를 식으로 표현해보자.

$$\begin{aligned}
n^3 - (n-1)^3 &= 3n^2 - 3n + 1 \\
(n-1)^3 - (n-2)^3 &= 3(n-1)^2 - 3(n-1) + 1 \\
(n-2)^3 - (n-3)^3 &= 3(n-2)^2 - 3(n-2) + 1 \\
&\vdots \\
3^3 - 2^3 &= 3(3^2) - 3(3) + 1 \\
2^3 - 1^3 &= 3(2^2) - 3(2) + 1 \\
1^3 &
\end{aligned}$$

양변을 각각 더하면

$$n^3 - 0^3 = 3S_2(n) - 3S_1(n) + n$$

$$\begin{aligned}
S_2(n) &= \frac{1}{3}(n^3 - n + 3S_1(n)) \\
&= \frac{n(n+1)(2n+1)}{6}
\end{aligned}$$

위의 방법을 사용하여 $S_3(n) = 1^3 + 2^3 + 3^3 + \cdots + n^3$의 공식을 유도할 수 있다.

$$S_3(n) = \left(\frac{n(n+1)}{2}\right)^2$$

수학사 이야기

칼 프리드리히 가우스(Karl Friedrich Gauss) 1777–1855

최고의 수학 천재

우리는 앞서 뛰어난 수학적 능력이 없으면서 우수한 계산 능력만을 보여주는 사람을 '멍청이 학자'라고 하였다. 그러나 가장 위대한 수학자 중의 한 명으로 존경받는 가우스는 '계산의 천재'라는 칭호가 더 잘 어울린다.

가우스는 어린 시절 계산을 즐겼다. 다음 일화는 그의 계산 능력과 수학적 통찰력을 잘 보여준다. 가우스가 10세이던 1787년의 어느 날 선생님이 학생들에게 1부터 100까지의 모든 자연수를 더하라고 하면서 계산이 끝난 학생은 책상 위에 석판을 올리라고 하였다. 가우스는 선생님의 말이 끝나자마자 바로 "답을 적었어요."라고 말하며 그의 책상 위에 석판을 올렸다. 다른 학생들은 아직도 열심히 계산을 하고 있었기에 선생님은 그를 무시하는 시선으로 쳐다보았다. 마침내 그의 답을 보았을 때 가우스의 석판 위에는 다른 계산 과정 없이 단지 정답 5050만이 적혀 있었다. 열 살의 소년은 분명히 1+2+3+⋯+99+100의 계산 과정을 암산으로 했는데 아마도 아래와 같이 합이 101이 되도록 두 수씩 묶어서 했던 것 같다.

$$\begin{array}{rrrrrcrrr} 1 & 2 & 3 & 4 & 5 & & 48 & 49 & 50 \\ \underline{+100} & \underline{+99} & \underline{+98} & \underline{+97} & \underline{+96} & \cdots & \underline{+53} & \underline{+52} & \underline{+51} \\ 101 & 101 & 101 & 101 & 101 & & 101 & 101 & 101 \end{array}$$

50쌍이 각각 합이 101이므로 총 합계는 $50 \times 101 = 5050$이다.

그의 선생님은 브룬스위크 공작에게 가우스의 능력을 전했고 공작은 가우스가 지역대학에서 공부할 수 있도록, 그리고 1795년 10월에는 괴팅겐에 있는 대학에서 공부할 수 있도록 지원해 주었다.

일반적인 경우: $S_k(n)$

1부터 n까지의 양의 정수를 각각 k제곱한 값의 합을 $S_k(n)$라 하면, $S_k(n)$은 n에 관한 $k+1$차의 식이 된다. (특히 $S_3(n)$은 $S_1(n)$의 제곱이다. 왜 그렇게 되는지 스스로 확인해 보시오.)

$S_{k-1}(n)$으로부터 $S_k(n)$을 계산하는 한 가지 방법은 '텔레스코핑 기술'을 사용하는 것이다. 두 번째 방법은 덜 보편적인 것으로 미적분을 이용하는 것이다.*

- 우선 $S_{k-1}(n)$을 다항식으로 쓴다.
- 위의 식에 k를 곱한다.
- 그 다음 n에 대하여 부정적분한다. (상수항이 없으므로 적분상수를 0으로 한다.)
- 마지막으로 적당한 일차식의 항을 더한다.(다시 말해서 n의 상수배를 해서 계수의 합을 1이 되게 한다.)

예를 들어 $S_1(n)$으로부터 $S_2(n)$을 구해보자.

$$\begin{aligned} S_1(n) &= \frac{n(n+1)}{2} \\ &= \frac{1}{2}n^2+\frac{1}{2}n \end{aligned}$$

k를 곱하면(이때 $k=2$이다), n^2+n

부정적분을 하면, $\int(n^2+n)dn = \frac{n^3}{3}+\frac{n^2}{2}$

$\left(1-\frac{1}{3}-\frac{1}{2}\right)n$ 을 더하면, $\frac{n^3}{3}+\frac{n^2}{2}+\frac{n}{6}$.

그러므로 $S_2(n) = \frac{n^3}{3}+\frac{n^2}{2}+\frac{n}{6}$ 이다. 이 식은 이미 앞에서 유도한 것이다.

유감스럽게도 이 방법은 편리한 인수분해된 형태로 $S_k(n)$를 구해주지는 않는다. 예를 들면 k가 홀수일 때는 $n+1$이 $S_k(n)$의 인수라는 것을 증명할 수 있다. 그러나 이 방법을 사용하면 $S_k(n)$가 항상 최고차항의 계수가 $\frac{1}{k+1}$인 $k+1$차 식이 된다.

---

* 이 방법은 1986년 당시 벤쿠버의 고등학생이었던 웨인 브로턴(Wayne Broughton)이 저자에게 가르쳐준 것이다.

$S_k(n)$를 계산하는 방법에는 여러 가지가 있지만 가장 효과적인 방법 중 하나는 베르누이 수(Bernoulli Numbers)를 이용하는 것이다.

(베르누이 수는 $B_0 = 1,\ B_1 = -\frac{1}{2},\ B_2 = \frac{1}{6},\ B_3 = 0,\ B_4 = -\frac{1}{30},\ B_5 = 0,\ B_6 = \frac{1}{42},\ B_7 = 0,\ \cdots$로 나타나는 수열이다. 이에 대한 자세한 내용은 다음에 나오는 '베르누이 수'를 읽어보기 바란다.)

$S_k(n)$은 다음과 같이 나타난다.

$$S_k(n) = \frac{1}{k+1}\sum_{j=0}^{k}\binom{k+1}{j}B_j(n+1)^{k+1-j},\ \text{단, } \binom{k+1}{j} = \frac{(k+1)!}{j!(k+1-j)!}$$

그리고 B_j는 j번째 베르누이 수이다.

이것은 $S_k(n)$이 앞에서 언급한 n에 대한 $k+1$차 다항식임을 입증해주고 있으며, 최고차항의 계수가 $\frac{1}{k+1}$임을 확인할 수 있다.

베르누이 수

베르누이 수는 다양한 상황에 적용될 수 있다. 앞에서는 1부터 n까지의 양의 정수를 각각 k 제곱한 값의 합을 베르누이 수를 이용하여 구하는 방법을 살펴보았다.

정의

$m>0$에 대하여 $B_0=1$이 주어지면 다음과 같은 수열 B_0, B_1, B_2, $\cdots$을 '베르누이 수'라고 한다.

$$B_m=-\frac{1}{m+1}\sum_{j=0}^{m-1}\binom{m+1}{j}B_j,\ \text{단},\ \binom{m+1}{j}=\frac{(m+1)!}{j!(m+1-j)!}$$

이 정의에 의하여 다음의 수를 얻을 수 있다.

$$B_1=-\frac{1}{2},\ B_2=\frac{1}{6},\ B_3=0,\ B_4=-\frac{1}{30},\ B_5=0,\ B_6=\frac{1}{42}$$

베르누이 수는 다음과 같은 중요한 성질에 나타난다.

1) 모든 양의 정수 m에 대하여 $B_{2m+1}=0$
   B_{2m}은 m의 연속적인 값에 따라 부호가 교대로 나타난다.

2) 제타함수(zeta function)는 다음과 같이 정의된다.

$$\zeta(m)=\frac{1}{1^m}+\frac{1}{2^m}+\frac{1}{3^m}+\cdots+\frac{1}{i^m}+\cdots$$

   만약 m이 양의 정수라면

$$B_{2m}=\frac{(-1)^{m+1}(2m)!\zeta(2m)}{2^{2m-1}\pi^{2m}}$$

   (오일러에 의해서 증명됨)

이것을 해보시오!

2)번 성질을 사용해서 다음 항등식을 증명할 수 있다.

$$1+\frac{1}{2^2}+\frac{1}{3^2}+\cdots+\frac{1}{i^2}+\cdots=\frac{\pi^2}{6}$$

아래 식의 합을 구할 수 있을까?

$$1+\frac{1}{2^4}+\frac{1}{3^4}+\cdots+\frac{1}{i^4}+\cdots\ ?$$

3) x에 대한 멱급수로써 $\frac{x}{e^x-1}$을 전개하면 다음과 같다.

$$\frac{x}{e^x-1}=\sum_{n=0}^{\infty}B_n\frac{x^n}{n!}$$

수학사 이야기

수학의 명문 베르누이 집안 이야기

스위스 바젤 시의 베르누이 집안은 수학사에서 분명 축복받은 가문이다. 니콜라우스 베르누이(Nicolaus Bernouilli,1623–1708)로부터 장 구스타프 베르누이(Jean Gustave Bernouilli, 1811–1863)에 이르기까지 이 가문은 12명의 저명한 수학자와 물리학자를 배출했다.

베르누이 수들은 정수의 k제곱 형태인 급수의 합을 구하는 문제를 해결하기 위해 자크 베르누이(Jacques Bernouilli,1654–1705)에 의해 만들어졌다('k번째 멱급수의 합', 145쪽). 베르누이 수들은 신기하게도 페르마의 마지막 정리와 연결된다. ('수학에서 가장 유명한 추측', 133쪽). 독일의 수학자인 에른스트 쿰머(Ernst Kummer, 1810–1893)는 p가 베르누이의 수 B_2, B_4, $\cdots$, B_{p-3}의 분모를 나누지 못하는 홀수인 소수이면 그런 p에 대해서 페르마의 마지막 정리가 성립한다는 것을 증명하였다. (또한 그런 p에 의해 나눠지는 모든 n에 대해서도 성립한다는 것도) 그런 p들을 정소수(regular prime)라고 한다. n이 4로 나누어지는 모든 경우를 포함하면, (이 경우는 페르마가 스스로 증명한 유일한 경우이다.) 이 정리는 37, 59, 67, 74를 제외한 100 이하의 모든 n에 대하여 페르마의 마지막 정리가 성립한다는 것을 증명한다.

자크는 또한 다음의 무한급수가 발산함을 증명한 최초의 사람으로 잘못 알려져 있기도 하다. [이 무한급수는 조화급수(harmonic series)로 불리며 192–196쪽에서 설명하고 있다.]

$$1+\frac{1}{2}+\frac{1}{3}+\frac{1}{4}+\cdots$$

이 대단한 집안의 재미있는 일화 중의 하나는 거의 모든 기초 미적분학 교재에 등장하는 로피탈 정리와 관련 있다.

로피탈 정리(L'Hôpital's rule)

만약 $f(x)$와 $g(x)$가 $x=a$에서 미분가능이고 $f(a)=g(a)=0$이며 $\lim_{x\to a}\frac{f'(x)}{g'(x)}$가 존재하면 $\lim_{x\to a}\frac{f(x)}{g(x)}=\lim_{x\to a}\frac{f'(x)}{g'(x)}$이다.

자크 베르누이의 동생인 장 베르누이(Jean Bernouilli, 1667−1748)는 프랑스의 로피탈 후작(G.F.A. de L'Hôpital, 1667−1704)의 미적분학 교사였다. 월급에 대한 답례로 장은 로피탈에게 모든 수학적 업적을 넘겨주기로 승낙했다. 1694년에 장 베르누이는 로피탈 정리를 발견했지만 약속대로 자신의 업적을 로피탈에게 넘겨주었고, 역사에도 '로피탈 정리'로 남아 있다.

조단 엘른버그(Jordan Ellenberg, 미국) 1971년 10월 30일생

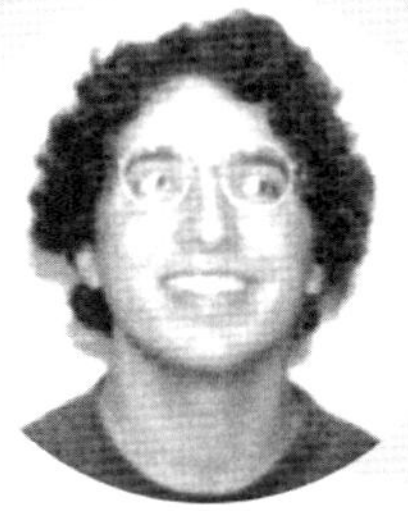

인물탐구

시간의 흐름조차도 인식하지 못하도록 하는 것은 수학밖에 없다

조단 엘른버그가 처음 수학적 경험을 한 것은 5세 무렵으로 기억한다. 구멍의 사각 격자점을 본 후, 그는 갑자기 곱셈이 교환적임을 깨달았다(즉, 두 수를 곱할 때 곱하는 순서에 상관없이 $m\times n=n\times m$이 성립하는 이유를 깨달았다).
조단이 7세 때, 부근의 몽고메리 블래어 고등학교 교사인 에릭 왈스테인은 조단의 재능을 발견하였다. 조단은 이미 세 자리 수의 곱셈을 암산으로 할 수 있었으며, 다른 수학적 재능도 보이고 있었다. 왈스테인은 조단을 제자로 삼고 그의 수학적 발전을 지켜보았다. 4학년 때 조단은 이미 경쟁자들이 대부분 고등학교 졸업예정 학생들인 미주 지역 수학 경시대회에 참가했다.

이 무렵 조단은 다음 정리를 발견했다.

> a가 정수이고 p가 소수이면, a^p-a는 p로 나누어진다.

그는 파스칼 삼각형을 p로 나눈 나머지를 찾아 이를 증명했다. 그러나 그는 곧 이 정리가 예전에 증명되었고 '페르마의 소정리(Fermat's Little Theorem)'라 불린다는 것을 알았다.

메릴랜드의 포토맥 시의 윈스턴 처칠 고등학교에서 조단은 두각을 나타내기 시작해, 전국과학경시대회에서 2등을 했다. 고등학교 3년 동안 미국수학올림피아드에서 뛰어난 성적을 거두어 9등을 했고, 결국 두 번째 해에는 1등을 했다. 그는 3년 동안 국제수학올림피아드에서 미국 대표로 2개의 금메달과 1개의 은메달을 획득했다.

하버드에서 수학을 공부하는 동안 조단은 북미 퍼트남수학경시대회에 참가하여, 두 번이나 최고의 영예인 퍼트남 장학생이 되었다. 학교생활 중 3년간 그는 8년 연속 퍼트남수학경시대회에 입상한 하버드 팀에 속하였다.

수학적 성과도 불구하고, 그는 재학 중에 관심사인 문학에 많은 시간을 소비하였다. 그는 정기적으로 《하버드 크림슨(Harvard Crimson)》에 글을 썼고, 《하버드 어드보케이터(Harvard advocator)》의 소설 편집자가 되었다. 졸업 후에, 그가 쓴 소설 《메뚜기 왕(the Grasshopper King)》으로 볼티모어의 존스홉킨스 대학의 창작부분 석사과정에 입학하게 되었다. 그의 특별한 행적에 대해 질문 받았을 때, 조단은 다음과 같이 대답하였다. "쉽고 명확한 일에 어느 정도 어려움이 있다는 것은 항상 즐거운 일이다." 그는 언제든 수학에 복귀하려 하였기에 창작 석사과정은 글씨기에 대한 마지막 기회였다. 석사과정 후에 그는 하버드로 되돌아가서 정수론 박사과정을 시작하였다.

조단은 사회에서의 수학 역할에 대하여 다음과 같은 관점을 가지고 있었다. "수학은 이상한 문화적 공간을 차지하고 있다. 만약 당신이 수학적 재능을 가지고 있다면, 당신은 역사나 글쓰기 같은 다른 분야에서도 최우수 학생이 될 것이다." 그는 수학이 너무 특별한 사람들의 영역으로 간주되고 있다고 생각하고 있다. 심지어 수학을 싫어하거나 재능이 없다는 것을 사람들이 무슨 자랑하듯이 즐겁게 말하는 것이 안타깝다고 한다. 그런데 수학과는 달리 문학이나 글쓰기에서는 "긴 문장 때문에 머리가 아프다"라고 말하는 사람은 들어본 적이 없다고 조단은 안타까워 하였다.

모든 사람들은 사회의 구성원으로서 살아가는데 기본적인 수학적 기능을 필요로 한다. 그 결과 조단은 수학교육과정이 미적분학의 난해한 정리들을 기초로 결정되어서는 안 된다고 생각하고 있다. 사람들이 세상을 좀더 비판적 시각에서 보기 위하여 수학적으로 생각하는 것을 배워야 한다고 말한다. 신문의 투표를 예로 들면서 "자신이 조종되고 있다고 말하기 위해서는, 확률과 통계에 대해 어느 정도 알아야 한다. '버드와이저를 마시는 사람의 50%가 밀러 맥주를 더 좋아한다' 또는 '마이너스 성장이 줄어들고 있다'는 정보를 이해하려면 수학적 사고가 필요하다.

조단에게 있어 수학의 가장 두드러진 특징은 마음과 정신을 완벽하게 몰두하게 하는 것이다. "시간은 흘러간다. 시간의 흐름조차도 인식하지 못하도록 하는 것은 수학밖에 없다." 수학에 관심 있는 젊은이들을 위해 조단은 이렇게 충고하고 있다. "부모님에게 자랑스럽게 보이기 위해서도 아니고 사람들한테 똑똑하다는 소리를 듣기 위해서도 아니라 수학 자체를 위하여 수학을 하라."

피보나치와 황금비

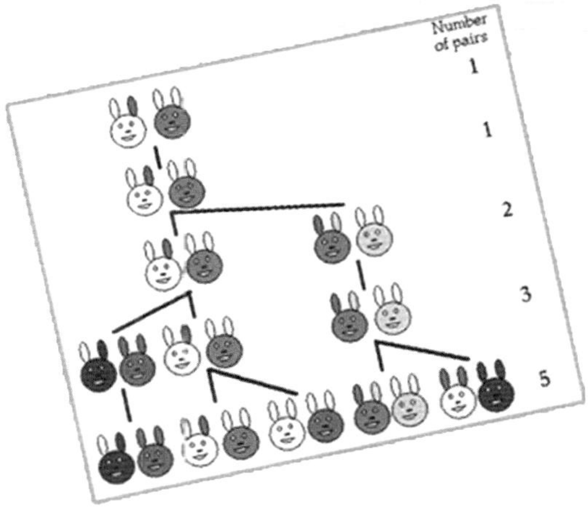

미술이 가지는 매력은 정확한 복원에 있다. 미술은 과학이며 모든 과학은 수학에 기초를 두고 있다. 인간의 어떠한 탐구일지라도 수학적 설명과 실증을 거치지 않은 탐구는 과학이라고 할 수 없다.

레오나르도 다 빈치 *Leonardo da Vinci*

피보나치 수에 관한 재미난 사실

피보나치 수에 관한 몇 가지 특별한 사실이 있다. '피보나치 수열의 n번째 항에 대한 공식'(64쪽)이나 '황금비'(160쪽)를 읽으면 이미 증명된 사실로부터 다른 사실을 증명하는데 좋은 아이디어를 얻을 수 있을 것이다.

1. n이 커짐에 따라 수 $\frac{F_{n+1}}{F_n}$은 황금비 $\tau=\frac{1+\sqrt{5}}{2}$에 가까워진다.

2. a) ${F_n}^2+{F_{n+1}}^2=F_{2n+1}\ (n\geq 1)$

   b) $F_{n+1}F_{n-1}-{F_n}^2=(-1)^n\ (n\geq 2)$

   c) ${F_{n+1}}^3+{F_n}^3-{F_{n-1}}^3=F_{3n}\ (n\geq 2)$

   d) m이 n의 약수이면 F_m은 F_n의 약수이다.

   e) $G_n=\frac{F_{2n}}{F_n}$이라 두면 $G_n=G_{n-1}+G_{n-2}$이 성립한다. (d)에 따르면 G_n은 정수이다.)

   f) $\sum_{n=2}^{\infty}\arctan\left(\frac{(-1)^n}{F_{2n}}\right)=\frac{1}{2}\arctan\frac{1}{2}$

3. 벌은 독특한 번식 습성을 가지고 있다. 수벌은 오직 한쪽 부모(어머니인 여왕벌)만 가지지만 암벌은 아버지와 어머니 둘 다 가진다. 그래서 수벌은 한 부모만 가지고 두 조부모(어머니의 두 부모)를 가짐을 알 수 있다. 수벌의 증조부모는 얼마나 될까? 패턴을 추측하고 증명할 수 있을까? (가계도를 그려보면 도움이 된다.)

4. a) 항등식 ${F_1}^2+{F_2}^2+\cdots+{F_n}^2=F_nF_{n+1}$을 증명할 수 있는가?

   다음 그림을 이용하여 증명해보자.

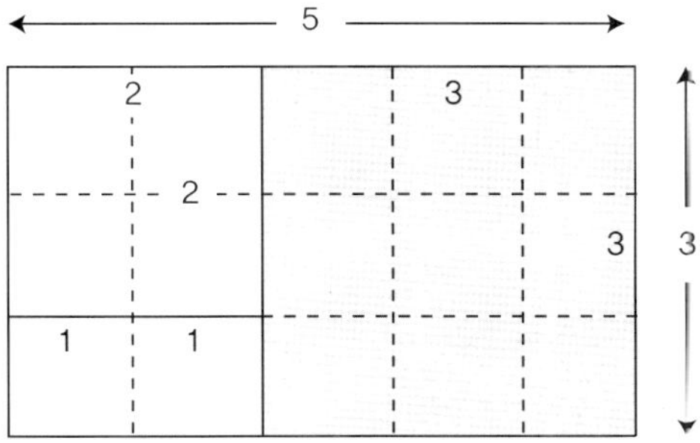

b) $F_1+F_2+\cdots+F_n$ 을 항 F_{n+2} 에 대한 식으로 나타낼 수 있는가?
이것은 $2^0+2^1+\cdots+2^n$ 을 2^{n+1} 에 대한 식으로 표현하는 것과 비슷하다.

스스로 해보기

5. 계산기를 사용하여 $\dfrac{10000}{9899}$ 을 소수점 아래 여덟 번째 자리 또는 열 번째 자리까지 계산하여라. 어떤 패턴을 발견할 수 있는가? 다음에 올 숫자 몇 개를 추측할 수 있는가? (아직 패턴을 발견하지 못했다면 다음의 질문은 의미가 없을 것이다.) $\dfrac{10000}{9899}$ 은 유리수이므로 숫자들은 결국 반복될 것이다. 이러한 놀라운 사실을 발견하였는가? 이와 비슷한 성질을 가지는 수를 더 찾아낼 수 있는가? 2의 제곱수들로 나타내면 어떻게 될까?

도움말: $\dfrac{100}{89}$ 를 계산해보자.

6. 원둘레가 황금비 $\tau=\dfrac{1+\sqrt{5}}{2}\approx 1.61803$ 인 원을 생각해보자.

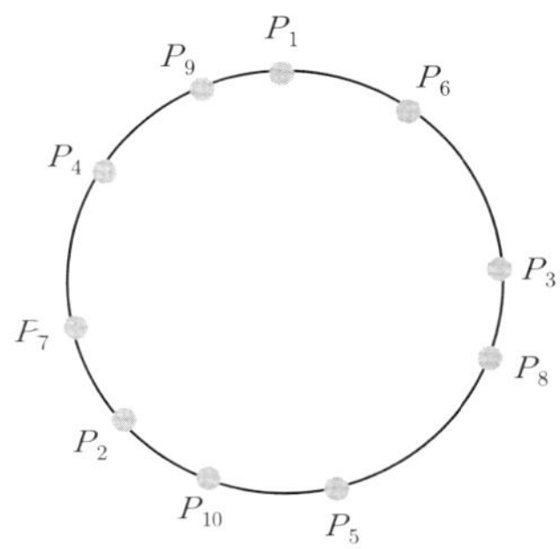

원 위의 어느 점을 출발해 시계방향으로 일정한 호의 길이만큼 떨어진 점들을 연속적으로 정하자. 만나는 순서에 따라 처음의 점을 P_1, 두 번째 점을 P_2 등과 같이 번호를 붙이자. 인접한 두 점의 첨자의 차이가 피보나치 수인지를 증명하여라.

7. 피보나치 수와 파스칼의 삼각형 사이의 관계는 (다음 쪽에 있는) 그림으로 가장 잘 설명된다. 이것이 참인지를 증명하는 몇 가지 방법이 있다.

가장 쉬운 방법은 피보나치 수 P_n 을 파스칼 삼각형에서 n 번째 대각선의 합으로 나타내는 것이다.

그런 다음 $P_1 = P_2 = 1$임을 관찰하고 $n > 2$일 때, $P_n = P_{n-1} + P_{n-2}$임을 보이면 된다.

다른 방법은 피보나치 수를 찾는 '엘비스' 방법을 이용하는 것이다.('엘비스 수'를 다룬 부분을 살펴보시오.) 엘비스가 n번째 계단에 올라가는 방법은 몇 가지가 있을까? 우리가 알기로는 ('요정 엘비스의 별난 계단 오르기 운동에 대한 풀이'(63쪽)로부터) F_n가지 방법으로 오를 수 있다. 그러나 이제 이 문제를 다루는 다른 방법에 대해 살펴보자. 먼저 한 계단씩 n번을 오르고, 두 계단씩 0번 오를 수 있다. ($\binom{n}{0} = 1$가지 방법으로 오를 수 있다.) 혹은 한 계단씩 $n-2$번 오르고 두 계단씩 1번 오를 수 있다. ($\binom{n-1}{1} = n-1$가지 방법으로 오를 수 있다. 왜냐하면 $n-1$걸음 중에서 반드시 한 걸음은 두 계단을 올라야 하기 때문이다.) 혹은 한 계단씩 $n-4$번 오르고 두 계단씩 2번을 오를 수 있다. ($\binom{n-2}{2}$가지 방법으로 오를 수 있다. 왜냐하면 $n-2$걸음 중에서 반드시 두 걸음은 두 계단을 올라야 하기 때문이다.) 위와 같은 방법 수를 구하면 n번째 계단에 올라가는 방법의 총수는

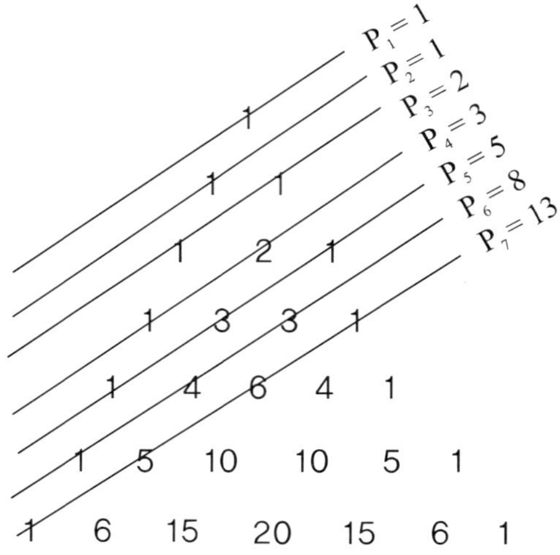

$$\binom{n}{0} + \binom{n-1}{1} + \binom{n-2}{2} + \cdots$$

이며 이것은 P_n과 같다. (믿을 수 없다면 그림을 다시 확인해 보시오.)

그러므로 n번째 엘비스 수 P_n은 F_n과 같다!

8. 요정 엘비스는 중앙 현관바닥의 대리석 타일을 다시 만들기로 결심했다. 측정을 해보니 가로 13센티미터, 세로 5센티미터의 직사각형이어서 한 변의 길이가 1센티미터 정사각형 대리석 타일이 65개 필요하다고 생각했다. 65개의 타일을 구입했지만, 집에 와서 보니 1개의 타일이 망가져서 64개의 타일만을 사용해야 했다. 그는 64개의 타일을 8×8의 정사각형으로 배열한 뒤 다음 왼쪽 그림과 같이 A, B, C, D의 네 개의 영역으로 잘라냈다. 그 후 그는 이 네 영역을 다음 오른쪽 그림과 같이 13×5의 직사각형으로 다시 배열하였다. 어떻게 배열했기에 엘비스는 넓이가 64인 정사각형으로 넓이가 65인 직사각형을 만들 수 있었을까?

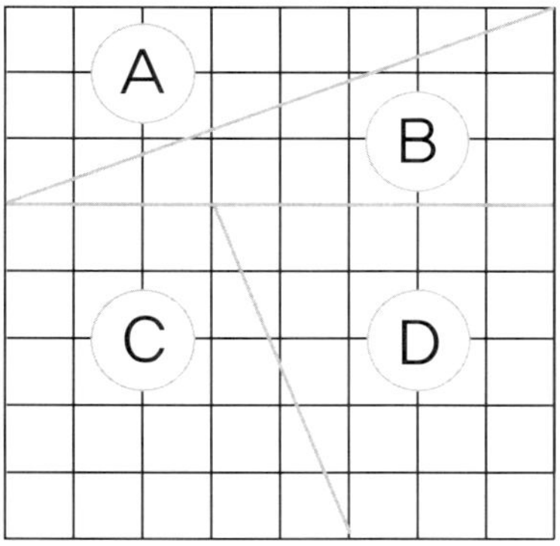

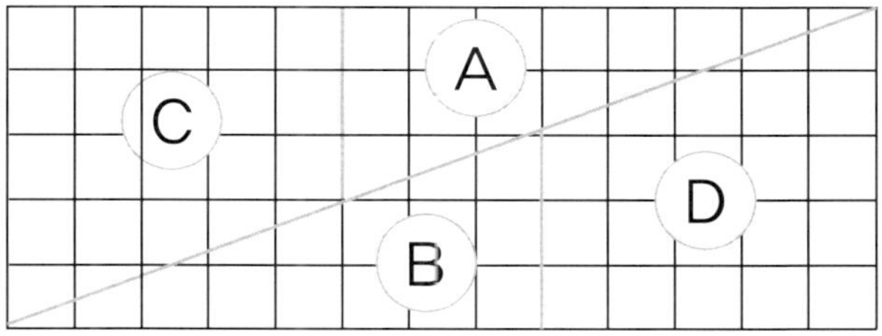

모눈종이를 8×8 크기의 정사각형으로 잘라낸 다음 위의 그림과 같이 네 조각으로 자른다. 5×13의 직사각형 모양으로 네 조각을 재배열해보자. 무엇을 발견했는가?

{5, 8, 13}의 수는 연속적인 피보나치 수임을 알 수 있다. {8, 13, 21}과 같이 더 큰 연속적인 피보나치 세 수로 위와 같은 패러독스를 만들어 보자. 156쪽의 2번 a와 유사한 점을 알 수 있을 것이다.*

* 나는 뉴펀들랜드의 조지군더 메모리얼 대학교에서 2번보다 더 특별한 결과를 배웠다. 벌 문제는 제이콥(H. R. Jacobs)의 《수학, 인간의 노력(Mathematics, A Human Endeavor)》 98~99쪽에 있는 내용이다. 6번은 시카고 대학교의 그레그 쿠퍼버그(Greg Kuperberg)로부터 알게 된 것이다. 8번은 *Scripta Mathmatica* 저널(Vol. 19, No. 2-3, June-Sept. 1953.)의 135-143에 발표된 콕서터(H. S. M. Coxeter)의 《황금분할, 잎차례 그리고 비더프 게임(The Golden Section, Phyllotaxis, and Wythoffs' Game)》에 나오는 내용이다.

황금비

황금비(golden mean)는 $\tau = \frac{1+\sqrt{5}}{2}$ (≈ 1.618033989)인 수를 말한다. 그리스 문자 τ(철자로는 'tau'이고, 발음은 'Yow!'와 같은 운으로 불리는)로 표현되기도 한다. 고대 그리스인들은 $1 \times \tau$ 크기의 직사각형을 미적으로 가장 아름답게 생각했다. 그리고 많은 고대 건축물이 이 황금비에 기초하고 있다. (이것과 유사한 비를 가진 직사각형을 '황금 직사각형(golden rectangle)'이라 부른다.)

기원전 438년에 완성된, 고대 그리스의 파르테논 신전은 정면의 모양이 황금 직사각형으로 설계되어 있다. 이외에도 자연에서도 역시 황금분할로 이루어진 구조를 많이 볼 수 있다.*

⇐ **미적으로 아름다운 $1 \times \tau$ 크기의 직사각형**

황금분할(golden section) 또는 황금비(golden ratio)라고 불리는 τ는, 고대 그리스어 중 '분할'을 의미하는 $\tau o\mu\acute{\eta}$의 첫 글자이다. τ는 이미 피보나치 수열 부분에서 아래와 같은 식에서 사용되었다.

$$F_n = \frac{\tau^n - (1-\tau)^n}{\sqrt{5}}$$

* 콕서터(H. S. M. Coxeter)의 《황금분할, 잎차례 그리고 비더프 게임》에는 파인애플에 들어 있는 피보나치 수열과 같은 황금비의 특별한 경우들을 다루고 있다. (이에 대한 정보가 필요하면, 참고문헌을 보기 바란다.)

황금비의 몇 가지 흥미로운 성질

'피보나치 수열의 n번째 항에 대한 공식'(64쪽)에 τ가 들어 있는 것은 놀라운 상황 중 하나에 불과하다. 아래에는 이러한 상황 몇 가지가 제시되어 있는데, 여러분 스스로 증명해보기 바란다.

1. a) τ는 무리수이다. 바꾸어 말하면, $\tau = m/n$을 만족하는 양의 정수 m과 n이 존재하지 않는다. 그러나 τ를 유리수로 근사시킬 수 있다. 예를 들어, τ를 3/2으로 나타내면 $3/2 = 1.5$이므로 τ에 조금 가깝고, $55/34(\approx 1.61764\cdots)$로 나타내면 아주 가깝다. 사실, 황금분할에 '가장 가까운' 유리수 근사값은 연속하는 피보나치 수의 비로 얻을 수 있다.
   b) 이 사실은 분수 $\dfrac{F_{n+1}}{F_n}$이 n의 값이 커짐에 따라 τ에 수렴한다는 것과 관련이 있다.
   c) 사실 임의의 두 양의 실수 a와 b가 있고, $G_1 = a$, $G_2 = b$, $G_n = G_{n-1} + G_{n-2}$을 만족하는 수열 G_n을 정의하면, n의 값이 커짐에 따라 분수 $\dfrac{G_{n+1}}{G_n}$은 τ에 훨씬 더 가까워진다.

2. a) $\tau^2 - \tau - 1 = 0$.
   b) 위의 방정식을 사용하면, 황금 직사각형 ABCD(선분 AB가 짧은 변)에서 정사각형 ABEF를 빼면 남은 직사각형 FECD 또한 황금 직사각형임을 알 수 있다.

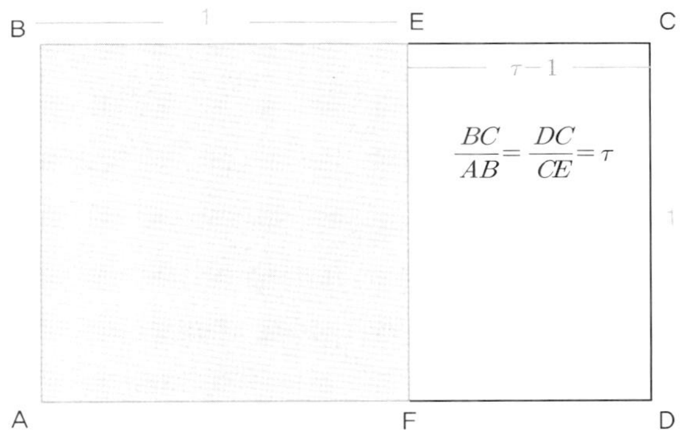

이 사실은 '피보나치 수에 관한 재미난 사실(156쪽)'의 4번 a와 관련 있다.

3. 계산기로 몇 가지 계산을 해보자.

a) 임의의 양수를 선택하자. 이 수를 종이에 쓰고 계산기에 입력해라. 그리고 계산기의 다음 키를 눌러보자.

[$1/x$] [$+$] [1] [$=$]

계산된 새로운 수를 기억하자. 그리고 다시 한 번 위의 작업을 반복하고 그 수를 다시 적어라. 이 작업을 계속 반복하자. 무엇을 발견했는가?

b) 위에서 한 작업을 똑같이 반복하되 이번엔 계산기의 다음 키들을 눌러보자.*

[$+$] [1] [$=$] [$\sqrt{\ }$]

4. a) $\left(\frac{1}{1}-\frac{1}{2}-\frac{1}{3}+\frac{1}{4}\right)+\left(\frac{1}{6}-\frac{1}{7}-\frac{1}{8}+\frac{1}{9}\right)+\left(\frac{1}{11}-\frac{1}{12}-\frac{1}{13}+\frac{1}{14}\right)+\cdots=\frac{2}{\sqrt{\tau}}\log\tau$

b) $\sin 18° = \frac{\tau-1}{2}$

c) $\cos 36° = \frac{\tau}{2}$

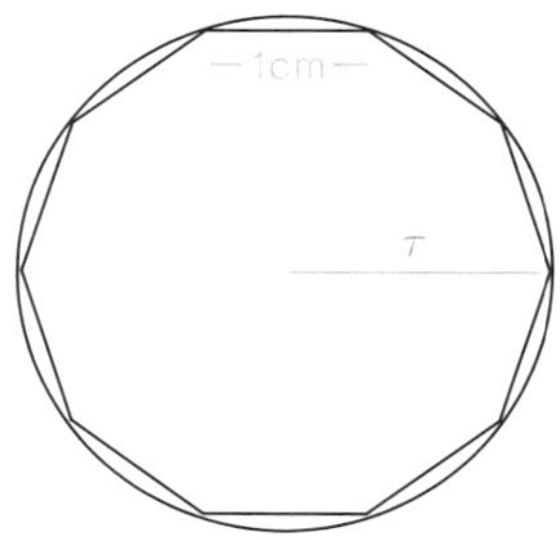

5. a) 한 변이 1인 정십각형은 반지름이 τ인 원에 내접한다.

b) 정이십면체는 20개의 면으로 이루어진 플라톤 다면체이다. '20면체 주사위'를 읽어본 사람은 정이십면체가 익숙할 것이다. 만약 A와 B가 이웃한 꼭짓점이고, A와 C가 그림과 같이 떨어진 꼭짓점이라면 $\frac{\overline{AC}}{\overline{AB}}=\tau$이다.

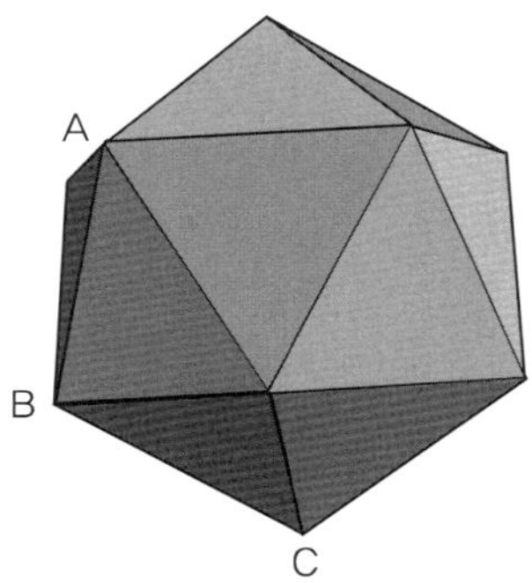

6. 단순히 우연일지 (아니면 누군가 의도한 것인지) 모르지만, 1마일은 τ km이다. 이는 마일과 km의 단위를 바꿀 때 피보나치 수를 사용할 수 있다는 것을 의미한다. 예를 들어 13km는 약 8마일, 89km/h는 약 55mph이다.

* 이 기능은 모든 계산기에서 가능한 것은 아니다.

스스로 해보기

7. (또 다른 실험)

a) 최대정수 함수(greatest-integer function, 일명 가우스 기호) [ ]는 다음과 같이 정의된다.

$[x]$는 x의 정수 부분이다. 예를 들어 $[9.7]=9$, $[\pi]=3$이다.

이제 아래와 같이 정수열 두 개를 만들어보자.

$$[\tau],\ [2\tau],\ [3\tau]\ \cdots$$

$$[\tau^2],\ [2\tau^2],\ [3\tau^2],\ \cdots$$

무엇을 발견했는가?

b) (다음을 해결하기 위해서 소수 넷째 자리까지 계산해야 한다.)

이번에는 또 다른 실수열을 만들어보자.

$$\tau,\ \tau^2,\ \tau^3,\ \tau^4,\ \cdots$$

무엇을 발견했는가?

c) b)에서와 같이 다음 수열을 만들어보자.

$$\tau/\sqrt{5},\ \tau^2/\sqrt{5},\ \tau^3/\sqrt{5},\ \tau^4/\sqrt{5},\cdots$$

신기한 사실: 이 놀라운 숫자들은 어떤 시행을 통해서 숫자 5와 연관된다. 숫자 5는 τ의 정의에 등장한다. 또한 4번 성질($18^\circ = 90^\circ/5$이다.)과 5번, 7번 성질에도 나타난다.

이러한 성질은 여러 부분에서 나온다. (156쪽의 '피보나치 수에 관한 재미난 사실들'과 164쪽의, '피타고라스의 오각별, 황금비와 독특한 삼각법' 참조) 만약 황금비에 대해 더 알아보고 싶다면, 이 부분들을 살펴보기 바란다. 하지만 아직 보지 않았다면, '엘비스 수'(60쪽)부터 먼저 보기 바란다.

피타고라스의 오각별, 황금비와 독특한 삼각법

황금비 τ ($\tau = \frac{1+\sqrt{5}}{2} \approx 1.618$)는 앞에서 살펴본 것처럼 여러 수학적 상황에서 발견되는 수학 상수(π나 e와 같은) 중 하나이다. 예를 들면, 계산기를 사용하여 $2\cos 36°$ 이나 $2\sin 18° + 1$ 의 값을 구해보면 τ를 얻는다. 또한 $2\sin 18°$ 의 역수를 계산해보아도 역시 τ를 얻을 수 있다. 왜 이렇게 되는지 한번 살펴보도록 하자.

대각선이 모두 그어진 다음과 같은 정오각형을 살펴보자.

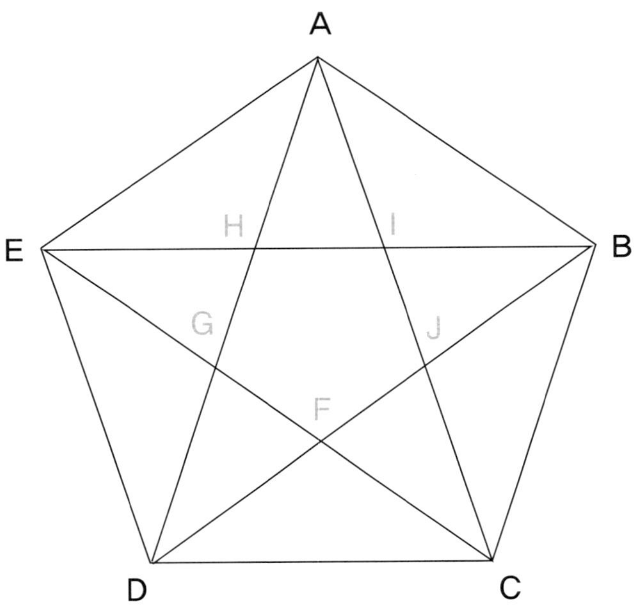

오각별(pentagram)이라 불린 이 도형은 피타고라스학파의 상징이었다. 피타고라스학파는 수학과 철학을 추종하는 비밀 집단이었고, 사모스 섬 출신의 피타고라스(기원전 대략 580~500)에 의해 지금의 이탈리아 남동쪽 연안에서 설립되었다.

조금만 생각해 보면 이 그림의 모든 각을 구할 수 있다. (도움말: 정오각형의 이웃하는 변 사이의 각이 $108°$ 임을 보이는 것부터 시작해보자.)

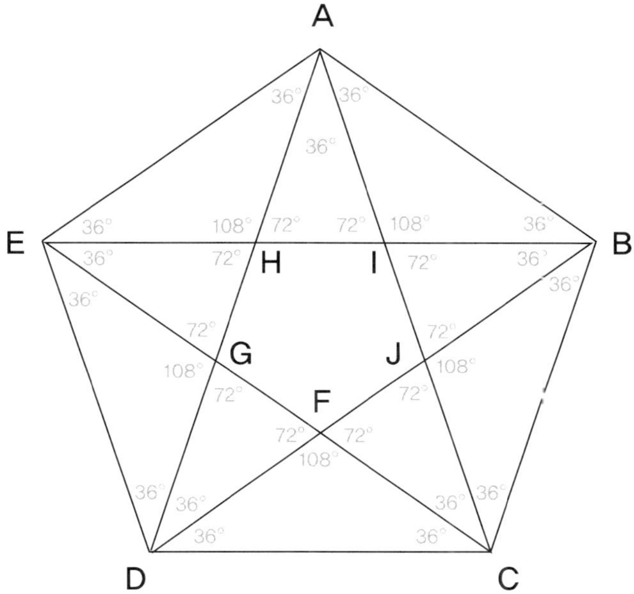

각 선분의 길이를 구하기 위해 정오각형의 한 변의 길이를 1이라 하자. $\overline{AB}=1$ 일 때, $\overline{AC}=t$ 라 두고 t를 구해보자.

$\triangle AIB$와 $\triangle ABC$는 닮음(AA닮음)이므로

$\frac{\overline{AI}}{\overline{AB}}=\frac{\overline{AB}}{\overline{AC}}$ 이다.

$\overline{AB}=1$ 이고 $\overline{AC}=t$ 이므로 $\overline{AI}=\frac{1}{t}$ 이다.

$\triangle IBC$는 이등변삼각형이므로 $\overline{IC}=\overline{BC}$ 이다. $\overline{BC}=1$이므로 $\overline{IC}=1$이다.

$t=\overline{AC}=\overline{AI}+\overline{IC}=\frac{1}{t}+1$ 이므로 $t^2-t-1=0$ 이다.

t에 관한 이 이차방정식의 해는 $\frac{1+\sqrt{5}}{2}$ 와 $\frac{1-\sqrt{5}}{2}$ 이다.

t는 길이이므로 양수여야 한다.

따라서 $t=\frac{1+\sqrt{5}}{2}$, 즉 황금비이다.

이 사실을 바탕으로 아래 두 삼각형 $\triangle$ACD와 $\triangle$ABC를 살펴보자.

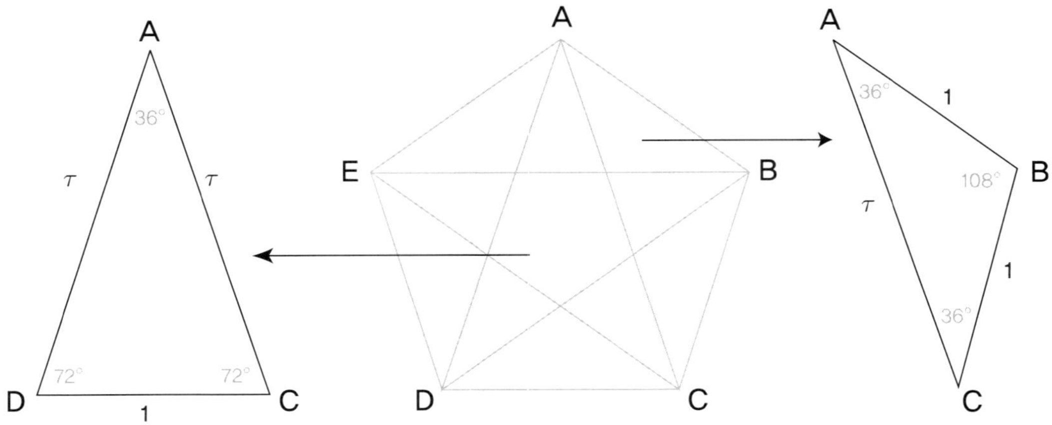

이 오각별 안에 있는 많은 삼각형들이 위의 두 삼각형 중 하나와 닮음이다. 예를 들면, $\triangle$EAB와 $\triangle$ABC는 세 각의 크기가 같으므로 닮음이다. 이로부터 많은 삼각비의 값을 구할 수 있다. 예를 들어 아래와 같이 $\triangle$EAB의 점 A에서 $\overline{\mathrm{EB}}$ 위로 수선을 내리면, $\cos 36^\circ=\frac{\overline{\mathrm{EK}}}{\overline{\mathrm{EA}}}=\frac{\tau}{2}$임을 알 수 있다.

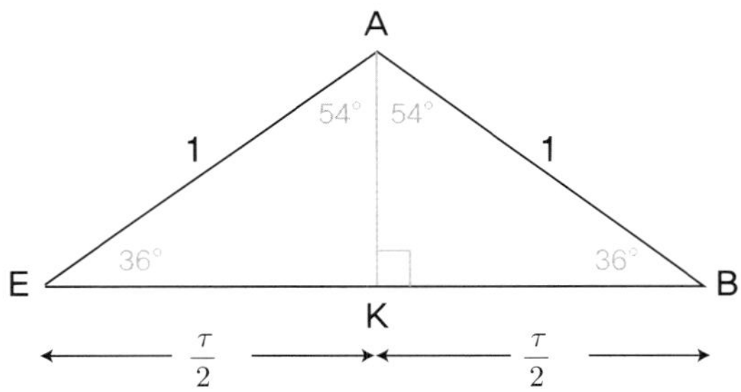

여러분 스스로 더 많은 결과를 도출해보기 바란다. 다음 쪽에는 그 시작을 위한 몇 가지 아이디어가 있다.

❶ $\cos 108°$를 계산하기 위해 삼각형 중 하나에 코사인 법칙을 적용해보시오. $\dfrac{\sin 72°}{\cos 36°}$을 계산하기 위하여 사인 법칙을 적용해보시오. 그리고 $\sin 72° = 2\sin 36° \cos 36°$임을 이용하여 $\cos 36°$를 계산하시오.

❷ $\sin 18° = \dfrac{\tau - 1}{2}$을 증명하고, $\cos 72°$와 $\sin 54°$를 계산하시오.

❸ 164쪽의 오각별에 대하여, $\dfrac{\overline{AC}}{\overline{AB}} = \dfrac{\overline{AB}}{\overline{AI}} = \dfrac{\overline{AI}}{\overline{IJ}} = \tau$ 임을 보이고 $\dfrac{\text{ABCDE의 넓이}}{\text{FGHIJ의 넓이}}$를 계산하여라.

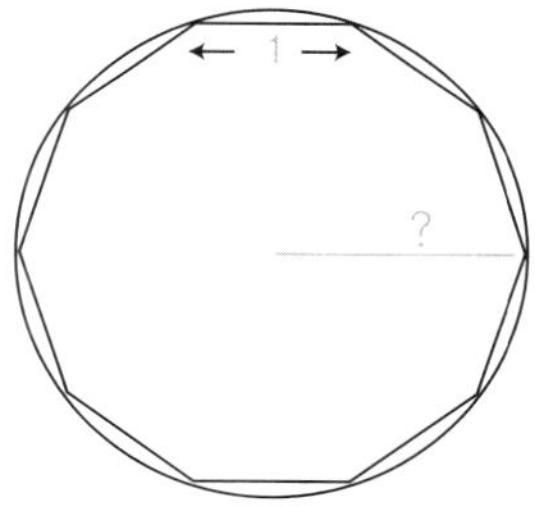

❹ 한 변의 길이가 1인 정십각형이 원에 내접하고 있다. 이 원의 반지름은 얼마인가?

도움말: '황금비의 몇 가지 흥미로운 성질'(161쪽) 참조.

❺ 위의 ❸번에 있는 식과 연속하는 피보나치 수들(아주 큰 수인 경우) 사이의 비는 τ에 근사한다는 사실을 이용하면, 오른쪽 그림과 같이 오각별의 길이를 거의 정수값으로 구할 수 있으며 게다가 피보나치 수들도 구할 수 있다. 오른쪽 그림에서 물음표의 길이를 구할 수 있는가?

도움말: 이 수들은 모두 근사값이다.

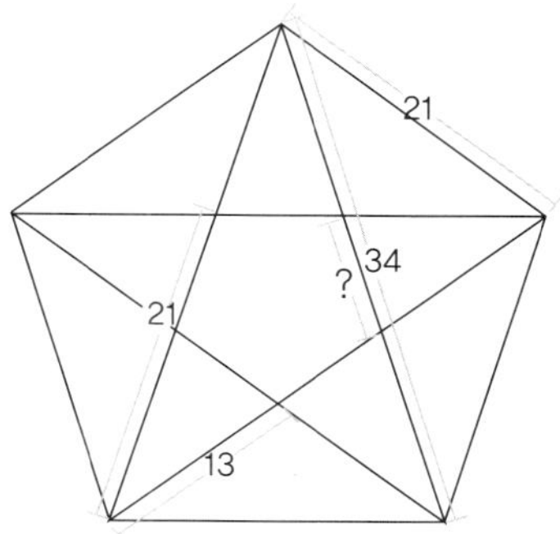

$\sin 15° = \dfrac{\sqrt{3} - 1}{2\sqrt{2}}$ 같이 홀수 값의 삼각비를 구하는 쉬운 방법은 '에일스 직사각형'(94쪽)을 보면 된다.

기하의 재조명

방대한 양의 책과 같은 우주가 우리의 눈앞에 끝없이 펼쳐져 있지만 그 책에 쓰여진 언어를 이해하지 않고서는 읽을 수 없다. 그 책은 수학이라는 언어로 쓰여 있으며, 수학이란 언어는 삼각형, 원, 또는 다른 기하 도형들을 의미하기 때문에 이를 모르고서는 우주라는 책을 한 자도 이해할 수 없다. 이 언어가 없다면 어두운 미로를 헤매는 것과 다름없다.

갈릴레오 갈릴레이 *Galileo Galile*

'스스로 해보는' 헤론의 공식 증명

헤론(Heron)의 공식은 세 변의 길이가 주어진 삼각형의 넓이를 계산할 수 있는 방법이다. 삼각형의 세 변의 길이를 a, b, c라 하고, s를 삼각형 둘레 길이의 반이라 하면, s는 다음과 같이 정의된다.

$$s=\frac{a+b+c}{2}$$

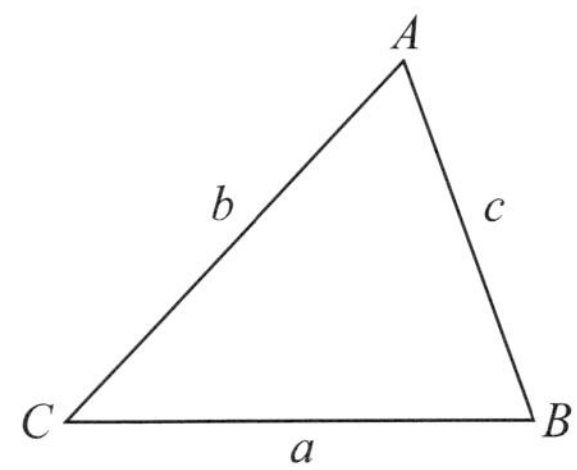

헤론의 공식

> 오른쪽 삼각형의 넓이를 K라고 하면,
>
> $$K=\sqrt{s(s-a)(s-b)(s-c)}$$

헤론(기원후 75년경)은 알렉산드리아의 수학자이다. 비록 헤론의 이름을 딴 이 공식은 아르키메데스에 의해 이미 몇 세기 앞서 알려진 것이지만, 이 공식에 대한 최초의 증명은 헤론이 하였다.

고등학교 수학책에 여전히 이 공식이 나와 있지만, 공식의 원리를 이해하는 학생은 극히 소수이다. 여기에 스스로 해보는 증명이 있다. 아래에 증명의 힌트가 되는 단계들이 나와 있지만, 비어 있는 부분은 여러분이 스스로 채워 넣어야 할 것이다.

단계 1 우선, 몇 가지 기호를 사용하자. a, b, c를 세 변의 길이로 갖는 삼각형 ABC를 생각하자. 또, 헤론의 공식에 $s-a$, $s-b$, $s-c$의 값이 나오므로 이들을 새로운 변수로 정의하여 $x=s-a$, $y=s-b$, $z=s-c$라 하자.

$a=y+z$, $b=x+z$, $c=x+y$, $s=x+y+z$ 임을 보여라.

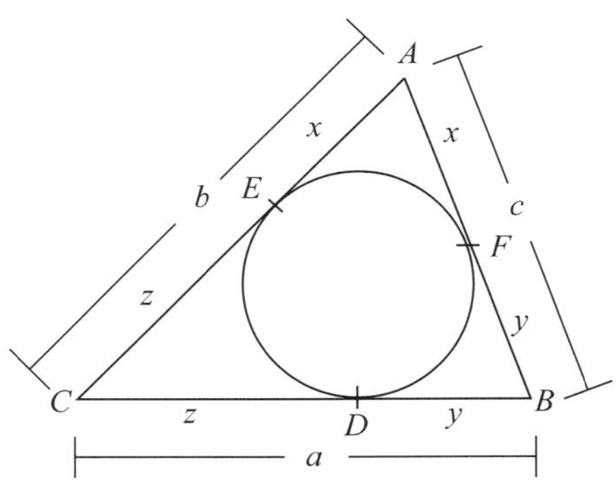

변 BC, CA, AB에 각각 내접하는 원의 접점을 D, E, F라 하자. $AE=AF=x$, $BD=BF=y$, $CD=CE=z$임을 보이자.

단계 2 다음으로 넓이 K에 대한 두 가지 식을 구해보자. r이 내접원의 반지름일 때, $K=rs$ 임을 보이자. I를 내심이라 하자. 삼각형 IAB, IBC, ICA의 넓이를 r, a, b, c를 이용하여 구한 다음, 그 결과를 종합하여 K의 식을 구한다.

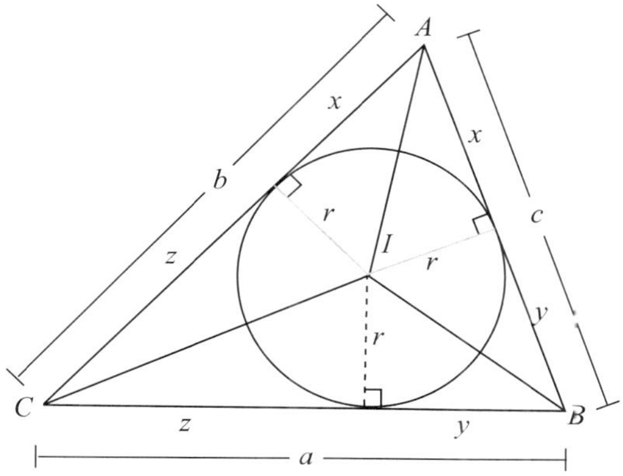

점 A의 맞은편에 있는 방접원의 반지름을 r_a 라 하자.(방접원이란 아래 그림과 같이 삼각형의 바깥에 위치하면서 삼각형 ABC의 세 변 모두에 접하는 원으로 정의한다.) I_a를 이 원의 중심이라 하자.

삼각형 I_aAB, I_aBC, I_aCA의 넓이를 구해 보고 K가 삼각형 ABC의 넓이라면,

$$K=\triangle(I_aBA)+\triangle(I_aCA)-\triangle(I_aBC)$$

임을 보임으로써 $K=r_ax$ 임을 보이시오.

위와 유사하게 $K=r_by=r_cz$ 임을 보이시오. 이때, r_b와 r_c는 각각 B, C의 맞은편에 있는 방접원의 반지름이다.

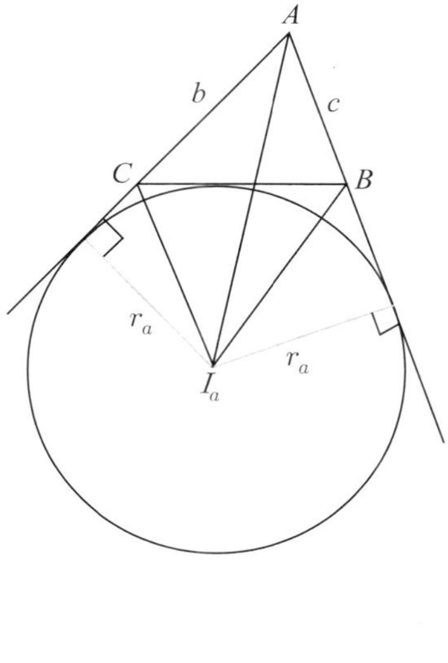

단계 3 아래 그림에서 A의 대변 BC와 방접원의 접점을 G라고 할 때, $BG=z$임을 보이시오.

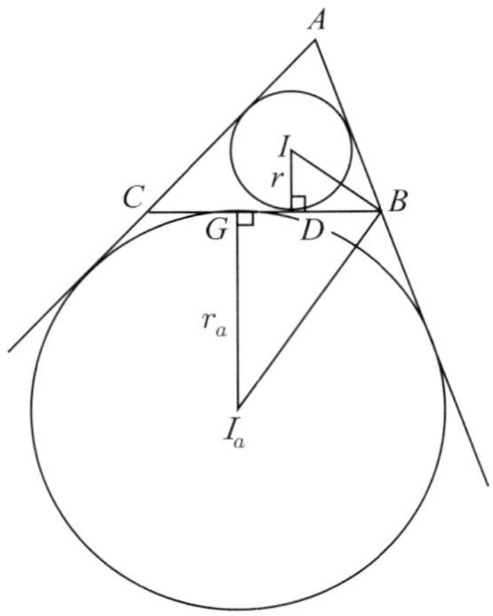

삼각형 BGI_a는 삼각형 IDB와 닮음임을 보이시오. 그러면 $\dfrac{ID}{DB}=\dfrac{BG}{GI_a}$이고 따라서 $rr_a=yz$이다. 같은 방법으로 $rr_b=zx$와 $rr_c=xy$임을 보이시오.

단계 4 단계 2를 이용하여 $K^6=(rs)(rs)(rs)(r_ax)(r_by)(r_cz)$임을 보이시오. 단계 3의 항등식 $rr_a=yz$, $rr_b=zx$, $rr_c=xy$을 이용하여 다음을 보이시오.

$$K^6=(sxyz)^3$$

위의 사실과 $x=s-a$, $y=s-b$, $z=s-c$를 사용하여 헤론의 공식을 증명하시오.

$$K=\sqrt{s(s-a)(s-b)(s-c)}$$

코사인 법칙으로 가는 지름길

내적(dot product)을 알고 있다면 코사인 법칙을 더 쉽게 증명할 수 있다.(이것은 코사인 법칙을 기억하는 편리한 방법이다!)

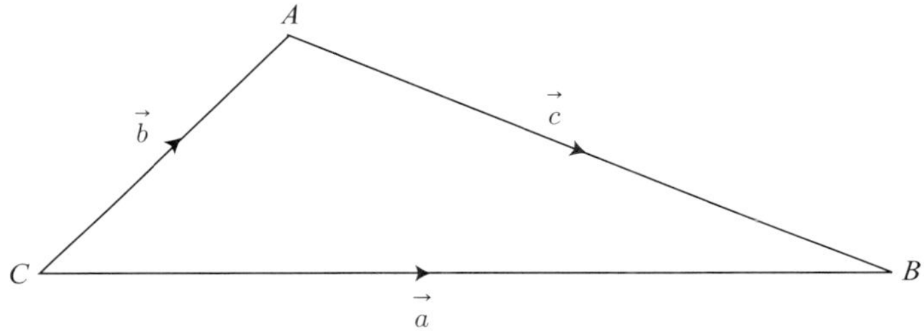

정리

코사인 법칙

임의의 $\triangle ABC$ 에서 $a^2 = b^2 + c^2 - 2bc\cos A$

$$b^2 = a^2 + c^2 - 2ac\cos B$$

$$c^2 = a^2 + b^2 - 2ab\cos C$$

a, b, c는 각각 각 A, 각 B, 각 C의 대변의 길이이다.

증명

세 번째 식만 증명해보자. 나머지 두 식의 증명도 동일하다.

$$\begin{aligned} c^2 &= \vec{c} \cdot \vec{c} \\ &= (\vec{a} - \vec{b}) \cdot (\vec{a} - \vec{b}) \\ &= \vec{a} \cdot \vec{a} + \vec{b} \cdot \vec{b} - 2\vec{a} \cdot \vec{b} \\ &= \vec{a} \cdot \vec{a} + \vec{b} \cdot \vec{b} - 2ab\cos C \\ &= a^2 + b^2 - 2ab\cos C \end{aligned}$$

내적의 성질을 이용하여 증명한 코사인 법칙을 살펴보면 엄밀한 증명이라고 할 수는 없지만 이들 두 개념이 얼마나 서로 밀접한 관계에 있는지 알 수 있다.

떨어지는 사다리 문제 풀이

놀랍게도 손전등은 사분원을 그린다. 그 이유는 다음과 같다. 92쪽의 ❷의 그림처럼 떨어지고 있는 사다리 모양을 그려 보시오.*

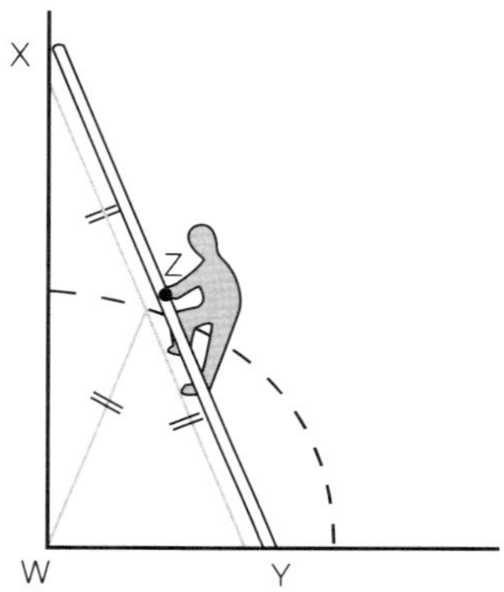

그림에 보이는 것과 같이 W, X, Y, Z로 기호를 붙인다. W는 벽과 땅이 만나는 곳이고, X는 사다리와 벽이 만나는 곳이다. Y는 사다리가 땅과 만나는 곳이고, Z는 손전등의 위치이다. 손전등이 사다리의 중점에 있기 때문에 $\overline{XZ} = \overline{YZ}$이다. 이 거리를 1이라 하자.

유클리드의 논증을 이용하면, $\overline{WZ} = 1$임을 쉽게 증명할 수 있다. 그러므로 사다리가 땅으로 떨어질 때, 손전등은 항상 점 W로부터 1의 거리에 있다. 이것은 원의 정의와 매우 유사하다.

일반적으로, 도둑이 정확하게 사다리의 중간 지점이 아닌 다른 곳에 있었다면, 손전등은 타원의 제1사분면을 따라서 움직일 것이다. 이 문제는 '자취 문제'의 한 예이다. 점의 자취는 어떤 일이 일어날 때 점의 경로를 말한다. 이 문제에서 우리는 사다리가 땅으로 떨어질 때 사다리의 중점의 자취에 대해 살펴보았다.

다음 장에서는 다른 자취 문제를 다룰 것이다.

---

* 이 문제를 소개해준 토론토 대학교의 에드 바뷰(Ed Barbeau)에게 감사를 전한다.

자취에 관한 문제

'떨어지는 사다리 문제'(92쪽)에서 '자취'에 대한 개념을 간단히 소개했다. 자취와 관련된 두 가지 신기한 문제가 있다.

❶ 반지름이 $r(r > 10)$인 원 C에서, 길이 10인 현이 원주를 따라 움직인다. 이때, 현의 중점은 다른 원 D를 따라 움직인다. 두 원 C와 D 사이에 있는 영역의 넓이는 얼마일까?

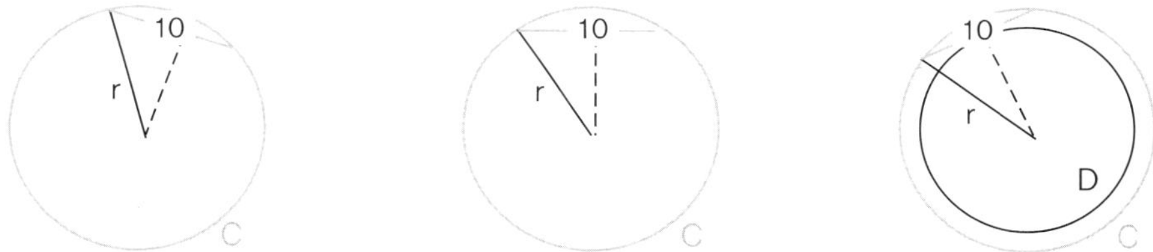

❷ 원 C를 평면에 고정하자. 원 C의 반지름을 지름으로 하는 원 B를 그리자. 원 B를 원 C의 안쪽을 따라 굴려보자. 원 B 위의 한 점 $\mathcal{P}$를 고정하자. 원 B가 원 C 위를 움직일 때 $\mathcal{P}$는 어떻게 움직이는가?

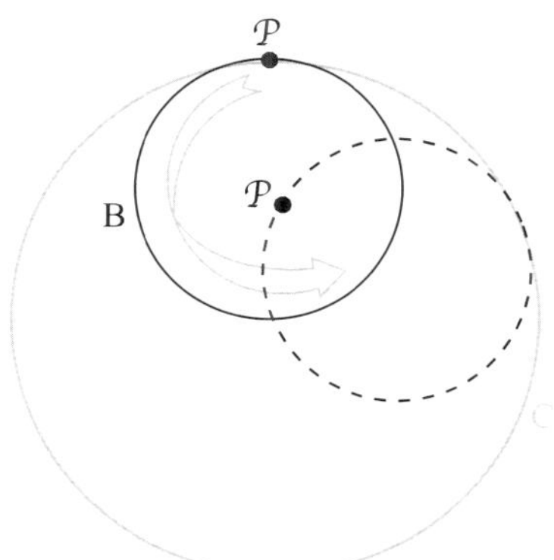

TIP 이 문제의 풀이는 '자취에 관한 또 다른 문제'(183쪽)에 있다.

삼각부등식

'상식'에서 아인슈타인까지

미적분학을 배운 적이 있다면 머리가 뱅뱅 돌만큼 $\epsilon-\delta$(입실론-델타) 증명법에 시달렸을 것이다. 만약 그렇다면 수학에 있어 부등식의 중요성에 대해 어느 정도 인식했을 것이며, 부등식이 유용함에도 불구하고 종종 증명하기가 아주 어렵고 힘들다는 것을 느꼈을 것이다.
그러나 어떤 부등식은 아주 간단하면서도 아름답게 나타난다. 이 중에서 가장 간단하고 아름다운 부등식은 아마 삼각부등식일 것이다.

원래의 삼각부등식

평면에서 두 점 사이의 가장 짧은 거리는 직선이다.

이 부등식은 아마 상식처럼 느껴질 것이다. 더구나 삼각부등식(Triangle Inequality)이라는 제목임에도 불구하고 삼각형이 나타나지 않는 것 때문에 당혹스러울 것이다. 그렇다면 아래의 삼각부등식을 살펴보자.

개정된 삼각부등식

P, Q, R을 임의의 세 점이라 하면 $|PQ| \le |PR|+|RQ|$이다.
등호는 R이 선분 PQ 위에 있을 때만 성립한다.

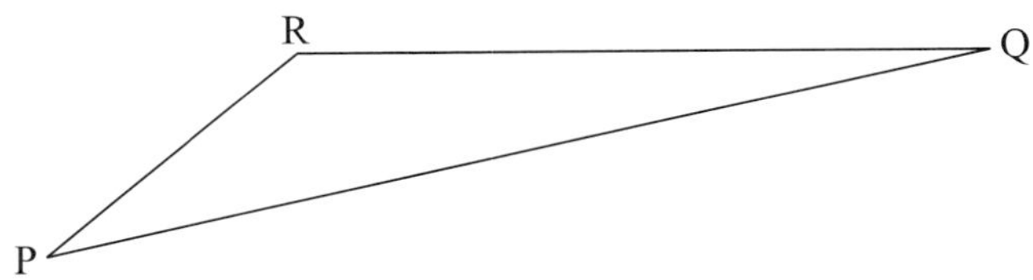

원래의 삼각부등식을 이용한 개정된 삼각부등식의 증명

P에서 Q로 가는 가장 짧은 길은 선분 PQ이다. 따라서 P에서 R로 갔다가 R에서 Q로 가는 길보다 P에서 Q로 가는 길이 가장 짧다. 즉, $|PQ| \le |PR|+|RQ|$.
좀더 나아가 만약 등호가 성립한다면 R을 통해 가는 길이 가장 짧은 길이 된다. 다시 말해서

R을 통해서 가는 길이 P에서 Q로 가는 직선의 길과 같아야 한다. 따라서 R은 선분 PQ 위에 있어야 한다.

아래의 실생활 문제를 삼각부등식을 활용해 해결해보자.

농부 브라운 씨는 직선 모양의 강에서 2km 떨어진 곳에 있다. 그가 아끼는 소, 아인슈타인은 강으로부터 1km 떨어진 곳에 있고 농부 브라운 씨로부터는 강둑을 따라 6km 떨어진 곳에 있다. 농부 브라운 씨는 강의 물을 길어 아인슈타인에게 주려고 한다. 그가 선택할 수 있는 가장 짧은 길은 어느 것인가?

풀 이

분명히 그는 강둑의 어느 한 지점에서 아인슈타인에게 곧바로 돌아가는 최단 거리를 취해야 한다. 결정적인 문제는 '강둑의 그 한 지점이 어디인가?'이다.
사실 브라운 씨는 그가 서 있는 곳에서 강둑을 따라서 4km 떨어진 지점인 곳으로 향해야 한다. 아래 그림에 그 지점을 표시하시오. 강 위의 임의의 한 점을 E′라 하자.

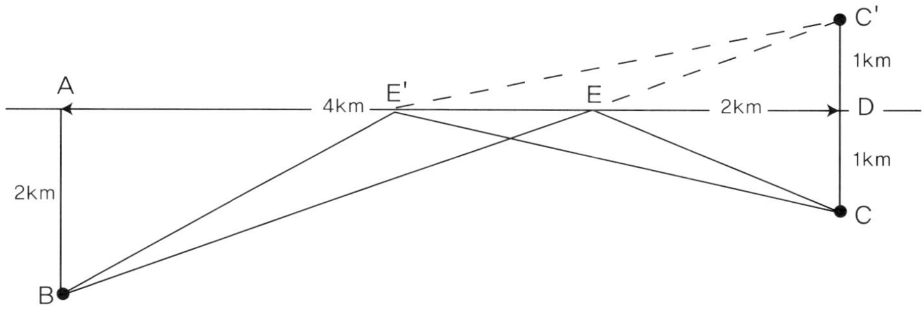

C와 강둑에 대칭되는 지점을 C′로 표시하고, BE′, EC, E′C를 연결한다. 기울기가 같으므로 B, E, C′은 동일 직선상에 있게 된다. 또한 대칭의 성질에 의해 EC′=EC, E′C′=E′C이다. 따라서 삼각부등식에 의해

$$BE' + E'C' \geq BC' = BE + EC' = BE + EC$$
$$\Rightarrow BE' + E'C \geq BE + EC$$

만약 브라운 씨가 E′을 향해 간다면 위의 부등식의 왼쪽 부분이 그가 가야 하는 거리이다. 만약 그가 E를 향해 간다면 위의 부등식의 오른쪽 부분이 그가 가는 길이다. 이로써 다른 어떤 길보다 E지점을 통해서 가는 길이 최소의 거리임이 증명된 것이다. Q.E.D.

앞의 문제에서 △BAE는 △CDE와 닮음이므로 ∠AEB = ∠DEC임을 알 수 있다. 그러므로 공이 B 위치에 있고 벽 AD가 있을 때, 공을 벽의 E점에서 맞아 튀어 오르도록 던지면 공은 E에서 C를 이은 경로로 이동한다. 이러한 반사의 원리는 여러 가지 상황에 적용된다. 즉 공이 벽에 맞아 튀어 오르면 반사각 ∠DEC는 입사각 ∠AEB와 같다. 게다가 경로 BEC는 벽을 지나 B에서 C로 가는 모든 경로 중 가장 짧다.

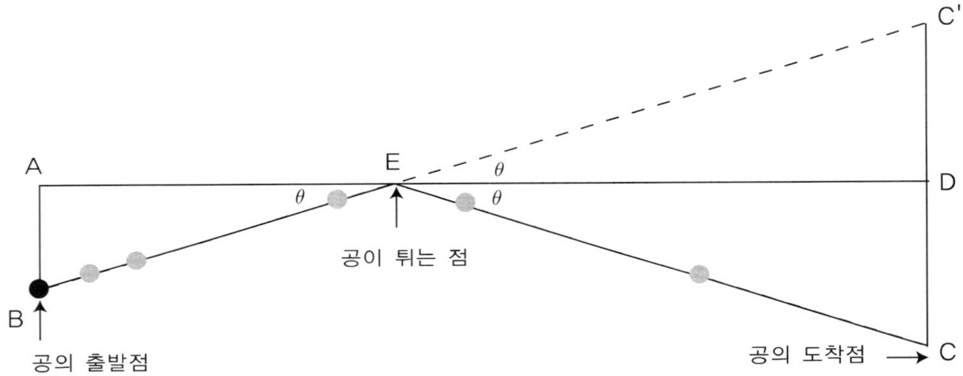

벽이 굽어 있다고 해도 비슷하지만 그 결과는 좀더 특이하다. 예를 들면 타원 모양의 당구대가 있다고 상상해보자.
타원의 식은 다음과 같다.

$$\frac{x^2}{a^2} + \frac{y^2}{b^2} = 1$$

(여기서 a와 b는 음이 아닌 실수이고, $a > b$이다.)

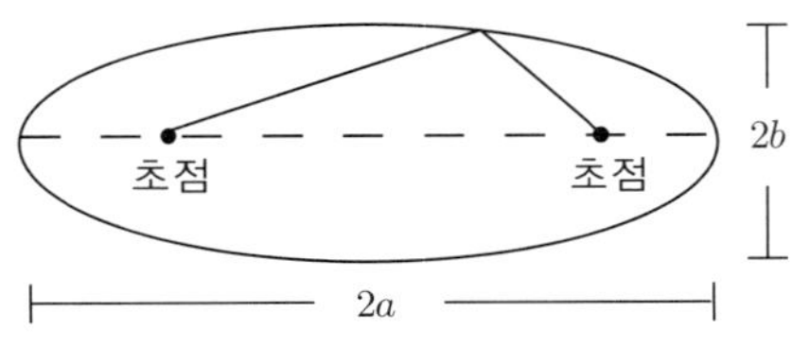

타원의 두 초점은 장축 위에 있으면서 중심에 대해 대칭이다.

한 초점에 공이 놓여 있고 다른 초점에 구멍이 있다면, 공을 치는 방향에 상관없이 공은 무조건 벽에 부딪힌 후 구멍으로 들어갈 것이다. (공이 초점에 놓여 있지 않으면 어떻게 되겠는가? 어느 방향으로 쳐야 벽을 맞고 구멍으로 들어가겠는가? 당구대가 포물선 모양이라면 어떤 일이 일어날까?)

타원형의 방에서 음파는 타원형의 당구대에서 당구공과 똑같은 반사성질을 가진다. 타원형 방의 한 초점에서 보내진 어떤 소리도 다른 초점에서 놀랄 만큼 분명하게 들린다. 런던탑의 위스퍼링 갤러리는 두 초점 사이가 제법 떨어져 있지만 그럼에도 한 초점에서 속삭인 소리는 다른 초점에서 쉽게 들린다. 미국의 6대 대통령이었던 존 퀸시 아담스(John Quincy Adams, 1767 −1848)는 이 원리를 이용하여 국회의사당 건물 안의 타원형 회의실의 한 초점에 그의 책상을 두고, 다른 초점에는 회의하는 책상을 두었다. 이런 방법으로 그는 동료의 대화를 도청하고 그들의 충성심을 감시할 수 있었다.

반사에 관한 이야기는 빛이 어떻게 움직이는가에 관해 상기시켜준다. 곧 알게 되겠지만 이 성질을 이용하여 더 많은 것을 이끌어낼 수 있다. 브라운 씨가 초원에 서 있고, 아인슈타인은 초원 옆의 거름이 뿌려진 들판에 있다고 하자. 브라운 씨는 아인슈타인에게 가능한 한 빨리 가려고 한다. 당연히 그는 거름이 뿌려진 들판보다 초원에서 훨씬 빨리 달릴 수 있다.

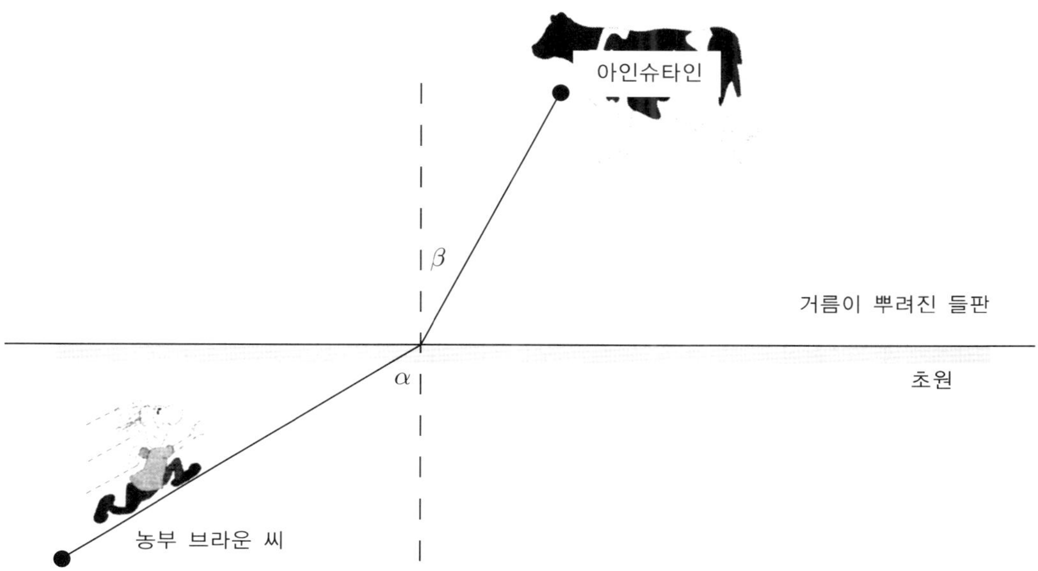

최선책은 초원과 거름 사이의 어떤 점까지 일직선으로 움직이는 것이다. 초원에서 더 빨리 움직이므로 아인슈타인을 향해 똑바로 가는 것보다 초원에서 더 많은 시간을 보내는 방법을 선택해야 한다.

만약 광학에서의 스넬의 법칙(Snell's Law)을 본 적이 있다면, 브라운 씨의 상황을 이해하기가 더 쉬울 것이다. 빛이 서로 다른 두 매질을 다른 속도로 지나간다면, 빛은 간단한 법칙에 따라 경계에서 '구부러진다(굴절한다)'. 사실, 이 상황에서 브라운 씨의 초원과 거름에서의 속도를 각 α, β와 연관시켜보면 비슷한 규칙이 적용된다.

스넬의 법칙(Snell's Law)

빛이 매질 1을 경계면에 수직인 선과 각 α를 이루면서 통과하고, 매질 2를 각 β를 이루면서 들어갈 때, α, β는 방정식 $\frac{\sin\ \alpha}{\sin\ \beta}=\frac{v_1}{v_2}$을 만족한다.

(단, 매질 1과 매질 2에서의 빛의 속도를 v_1, v_2라 한다.)

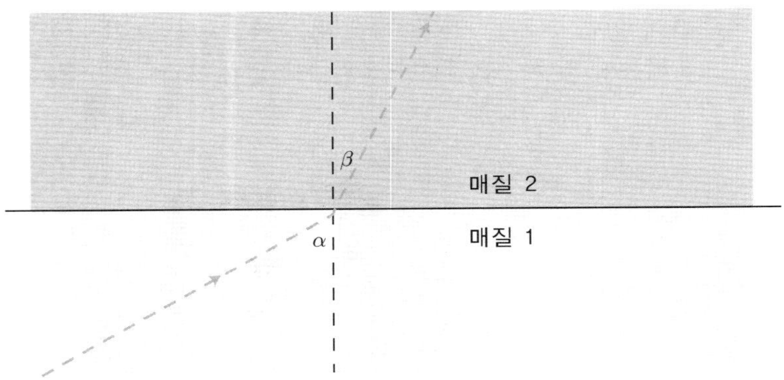

만약 풀과 거름 사이에 구분되는 경계가 없다면 어떻게 될까? 거름이 점점 더 깊고 두꺼워진다면 어떻게 될까? 이런 경우 브라운 씨가 취할 수 있는 최선의 길은 그림과 같이 곡선이 될 것임을 쉽게 상상할 수 있다.

"두 점 사이의 최단 거리는 무엇일까?"라는 본래의 질문에 지금까지의 논의들을 어떻게 연관지을 수 있을까? "두 점 사이의 최단 거리는 직선이다"라는 상식에 어떤 변화가 일어났는가? 이 상식을 버려야 하는가? 대답은 "아니오!! 이다." 놀랍게도 가장 빠른 길을 의미하는 직선의 정의를 바꾸어야 한다. [이것의 수학적 이름은 측지선(geodesic)이다.] 그러고 나서 직선의 개념을 2차원 평면에서 구의 표면(측지선은 대원 상에 있다)이나 브라운 씨의 거름 밭과 같은 이상한 공간으로 옮겨야 한다.

아인슈타인의 일반상대성이론(Theory of General Relativity)은 우리가 살고 있는 공간이 평면이 아니라는 것과 관계가 있다. 빛은 중력에 의해 끌어당겨져서 중력의 근원을 향해 구부러진다. 아인슈타인 이전에는 빛이 직선을 따라 가장 짧은 경로로 움직인다고 믿었다. 하지만 아인슈타인은 빛은 반드시 측지선을 따라 움직이고, 공간은 중력의 근원에 가깝게 굽어 있다고 주장했다. 즉, 빛이 움직인 길의 모양은 길의 모양은 그것이 움직이는 공간의 모양에 의해 결정된다는 것이다.

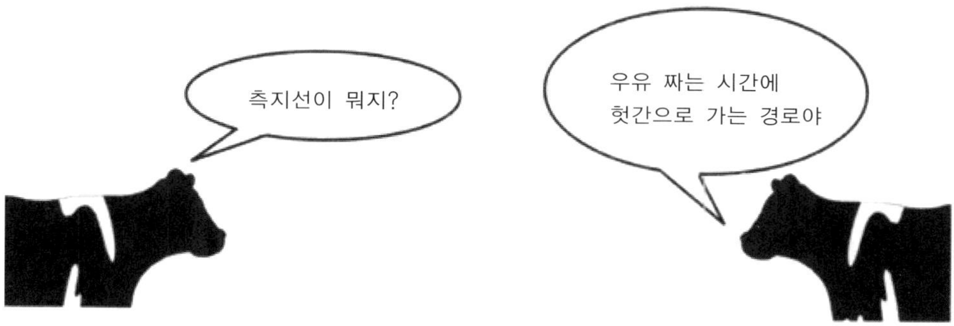

오늘날 이 분야는 매우 활발히 연구되고 있다. 그것은 미분기하와 수리 물리학과 같이 다른 분야에서도 연구되고 있으며, 이러한 수학적 주제들에 관한 연구를 통해 우주를 보는 새로운 시야를 가질 수 있을 것이다.

생각해보기

❶ 미국의 전국체스연합회는 전국에 있는 모든 우승자들을 위한 토너먼트를 계획하고 있다. 그리고 모든 우승자들이 경기장까지 오는데 걸리는 거리의 총합이 최소가 되는 위치로 경기장을 잡고자 한다. 이 경기의 참가자 중 반 이상이 뉴욕에 살고 있다면 다른 경기자들의 위치에 상관없이 뉴욕이 최적의 경기 장소임을 증명할 수 있겠는가? (뉴욕을 한 점으로 보고, 미국은 평면으로, 경기자들은 우회도로가 아닌 직선거리를 선택하고, 또한 뉴욕에는 교통체증이 없다고 가정하자.)

❷ a) 정삼각형 ABC의 한 변 AB 위에 임의의 점 P를 잡자. 마찬가지로 BC 위에는 점 Q를, AB 위에는 점 R를 잡자. 이때, 경로 P → Q → R → P의 최단 거리를 작도할 수 있는가?

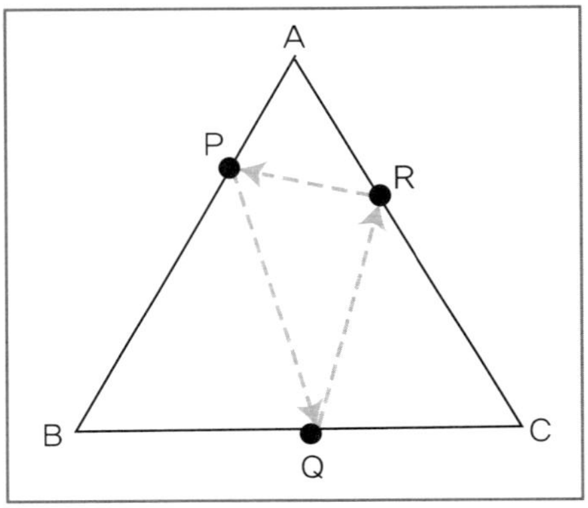

b) 예각삼각형 ABC가 있다고 하자. △ABC의 한 변 AB 위에 점 P를, BC 위에 점 Q를, CA 위에 점 R를 잡자. 그러면 둘레의 길이가 최소가 되는 △PQR을 작도할 수 있다. 그것은 바로, 점 P는 점 C에서 AB에 내린 수선의 발, 점 Q는 점 A에서 BC에 내린 수선의 발, 점 R은 점 B에서 CA에 내린 수선의 발임을 증명하시오.

자취에 관한 또 다른 문제

'자취에 관한 문제'(175쪽)에서 두 문제를 제시하였다. 그 문제의 해답을 보면 아마도 놀라게 될 것이다.

❶ 반지름이 $r(r>10)$인 원 C에서 길이가 10인 현이 원주를 따라 움직인다. 이때, 현의 중점은 다른 원 D를 따라 움직이다. 두 원 C와 D 사이에 있는 영역의 넓이는 얼마인가?

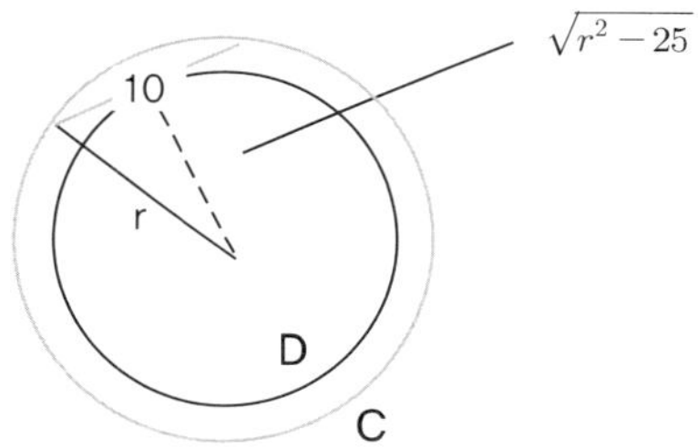

원 C의 넓이는 πr^2

원 D의 넓이는 $\pi\left(\sqrt{r^2-25}\right)^2$

원 C−원 D의 넓이는 $\pi r^2-\pi\left(\sqrt{r^2-25}\right)^2$

해답은 25π이며, 이것은 놀랍게도 r과 독립적이다!

이것과 비슷한 유명한 문제가 있다. 줄이 지구의 적도를 꼭 맞게 감싸고 있다고 하자. 이 줄을 잘라 길이 1미터만큼 더한 후에, 다시 묶자. 이것은 지구의 표면으로부터 일정한 거리만큼 떨어지게 된다. 이 거리는 얼마인가? (지구는 완벽한 구라고 가정한다.)

❷ 원 C를 평면에 고정하자. 원 C의 반지름을 지름으로 하는 원 B를 그리자. 그리고 원 B를 원 C의 안쪽을 따라 굴려보자. 원 B 위의 한 점 $\mathcal{P}$를 고정하자. 원 B가 원 C 위를 움직일 때, 점 $\mathcal{P}$는 어떻게 움직이겠는가?

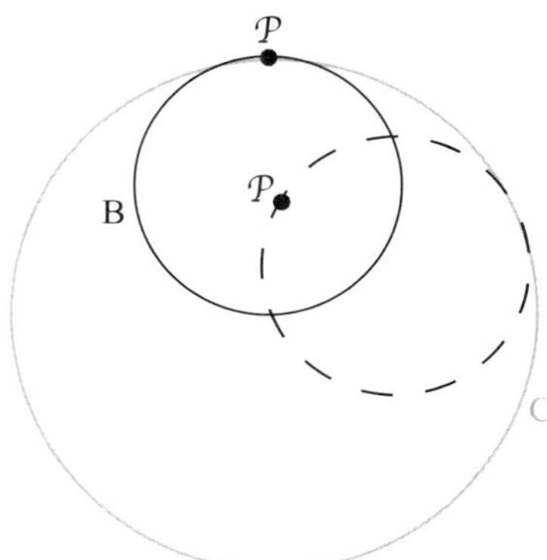

이 점 $\mathcal{P}$는 원 C의 고정된 지름을 따라 움직인다. 모든 원 운동은 일종의 선운동으로 변환된다![이 놀라운 결과는, 스피로그래프(Spirograph: 복잡한 기하 모양을 그릴 수 있는 교재용 완구)나 기어를 조작해 본 사람들에게는 별

로 놀랄 만한 것이 아니다.]

첫 번째 문제에 대한 놀라운 일반화가 하나 더 있다. 길이가 10인 현(직선)이 경계를 따라 움직일 수 있을 만큼 충분히 큰 볼록 도형 C를 하나 택하자. 이렇게 도형을 따라 움직이는 현의 중점은 또 다른 특이한 도형 D를 만들어낸다. (볼록 도형의 본래의 뜻은 움푹 들어간 곳이 없다는 뜻으로, 분명 D는 C의 내부에 있을 것이다.) C의 모양과 상관없이, C와 D 사이의 넓이는 항상 25π가 된다.

이 일반적인 결과의 증명 방법 중 하나는 대학교 미적분학 시간에 배우는 그린 정리(Green's Theorem)를 이용하는 것이다. 그러나 간단한 방법으로 이 결과에 대한 특별한 경우를 증명하는 것도 가능하다. '자취에 관한 문제' 중 첫 번째 문제는 C가 원일 경우에 대해 그린 정리를 증명하는 것이다. C가 사각형일 경우의 증명은, 떨어지는 사다리 문제(92쪽)에 대한 새로운 시각을 제공해 준다. 다른 모양에서는 어떨까? 정삼각형에서는?

대칭에 관한 간단한 질문

이것은 전형적인 문제인데, 거울을 볼 때, 왼쪽과 오른쪽은 바뀌지만 위쪽과 아래쪽은 바뀌지 않는다. 왜 그럴까? (만약 알고 있다면, 친구들에게 설명해 보시오.)

무한

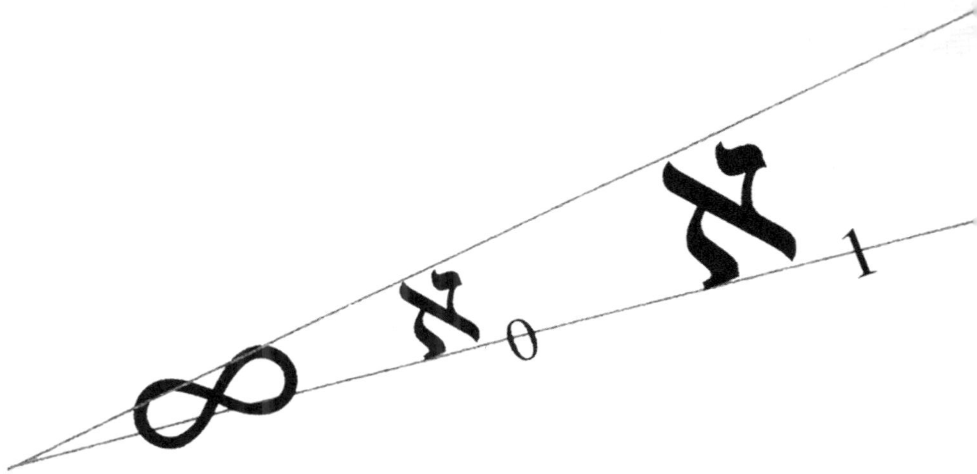

무한! 인간의 정신을 이토록 심오하게 자극했던 의문은 지금까지 없었다.

다비드 힐베르트 *David Hilbert*

새와 벌의 수학 이야기

서로 10km 떨어져 있는 곳에 있는 두 새가 상대방을 향해 각각 0.5km/min의 속도로 날아가고 있다. 벌은 1km/min의 속도로 한쪽 새가 있는 곳에서 출발하여 다른 새가 있는 곳을 향해 날아간다. 벌이 두 번째 새가 있는 곳에 도착했을 때, 바로 몸을 돌려 원래 출발했던 새에게로 다시 날아간다. 벌은 두 새가 만날 때까지 이런 행동을 반복한다.
그렇다면 벌은 총 몇 km를 날았을까? (풀이는 188쪽에 있다.)

무한과의 만남

고대 그리스 엘레아의 철학자 제논의 역설은 무한에 대한 관념과 특이한 성질 사이의 충돌을 나타내고 있다. 기원전 450년경 제논은 달리기 역설(Zeno's racεcourse paradox)로 알려진 다음과 같은 주장을 펼쳤다.

제논의 주장

> 달리는 사람은 유한한 시간 내에 절대 결승점에 도착할 수 없다.

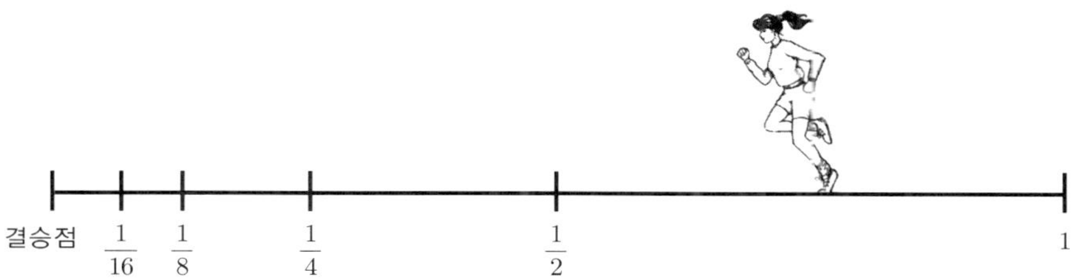

주장	이유
1. 달리는 사람은 달리기가 끝나기 전에 자신과 결승점의 중간지점을 반드시 지나게 된다.	중간 지점은 달리는 사람과 결승점 사이에 있기 때문이다.
2. 중간지점에 도착하는 데는 유한한 시간이 걸릴 것이다.	1에서 1/2까지의 거리는 유한하기 때문이다.
3. 중간지점에 처음 도착한 후에는 달리기가 끝나기 전에 남은 지점의 중간지점인 1/4지점에 반드시 도착한다.	남은 구간은 반으로 나눠지기 때문이다.
4. 이와 같은 무한번의 중간지점이 존재하고, 달리는 사람은 각 지점에 도착하는데 유한한 시간이 걸린다.	1, 2, 3과 같은 과정이 무한히 반복되기 때문이다.
5. 달리는 총 시간은 무한하다.	유한 시간을 무한히 더하면 무한하기 때문이다.

하지만 경험으로 미루어 볼 때 달리는 사람은 결승점에 도착한다는 것을 알고 있다. 그렇다면 제논의 주장은 어느 부분이 잘못된 것일까?

새와 벌의 수학 문제(186쪽) 풀이

폰 노이만의 풀이처럼 이 벌이 각 방향으로 얼마의 거리를 날았는지를 계산하는 것도 풀이의 한 방법이지만 이렇게 하려면 무한등비급수의 합을 구해야 한다. 그렇지만 훨씬 간단한 방법이 있다. 두 새가 중간지점에 도달하는 데는 10분이 걸린다. 벌은 1분에 1km를 날아가므로 10분 동안 벌은 10km를 날아간다. 따라서 벌은 총 10km를 날았다.

추가 질문

이 동안 벌은 총 몇 번 왕복하는가?

제논의 역설의 결점

다음 이야기는 제논의 주장에서 어디가 문제인지를 알게 해줄 것이다.

글리터라는 유명한 해적이 길이가 1미터인 원기둥 모양의 황금 막대를 발견하였다. 그는 이 막대를 다루기 좋도록 반으로 잘랐다.
그는 그 중 한 조각을 보물 상자에 넣고 남은 한 조각을 다시 반으로 잘라 그 중 한 조각을 다시 보물 상자에 넣었다. 또다시 남은 조각을 반으로 잘라서 그 중 한 조각을 보물 상자에 넣었다. 이런 과정을 n번 반복하였다.

> 보물상자에 n번째 들어가는 조각의 길이와 남아 있는 조각의 길이를 각각 구하여라.
>
> 보물상자에 들어 있는 처음 n개의 조각들의 길이의 합을 식으로 나타내고, 그 합을 미터 단위를 사용하여 구하여라.
>
> 이러한 과정이 무한 번 반복된다고 가정하자. 조각들의 길이의 합이 1미터를 넘을 수 있을까?

이 예는 유한한 양의 무한 번 합이 실제로 유한하다는 것을 보여준다. 이는 앞의 제논의 다섯 번째 주장에 대해 의문을 제기한다. 이와 같은 역설들은 수학자로 하여금 자명한 진리나 공리의 기본을 분명히 함으로써 수학을 굳건한 기초 위에 놓을 수 있도록 하였다. 이러한 과정을 통해 숨겨진 모든 가정들을 드러나게 만들었고 역설도 제거시켰다. 2000여 년이 지난 후, 제논의 역설보다 더욱 강하게 수학의 원리를 뒤흔드는 역설도 등장하게 되었다. 그러한 역설은 242쪽에서 살펴보도록 하자.

조화급수(Harmonic Series)

무한급수는 무한개의 항으로 이루어진 수열의 합이다. 그 합이 유한일 때, 수열은 수렴한다고 하고, 그렇지 않으면 발산한다고 한다. 예를 들면, 앞쪽에서 살펴본 보물 상자에 들어 있는 조각들의 길이에 의해 만들어진 급수는 다음과 같다.

$$\frac{1}{2}+\frac{1}{4}+\frac{1}{8}+\cdots+\frac{1}{2^n}+\cdots$$

이 급수는 1에 수렴한다. 그러나 급수 $1+1+1+1+\cdots$ 은 수렴하지 않는다.

무한급수에 극한의 의미가 포함되어 있다는 것을 인식하는 것이 중요하다. 예를 들면, $\frac{1}{2}+\frac{1}{4}+\frac{1}{8}+\cdots+\frac{1}{2^n}+\cdots$의 값은 n이 무한히 커질 때, 처음 n개 항의 합의 극한으로 정의된다. 다시 말하면, 이 수열의 극한은 아래 부분합의 수열의 극한이다.

$$\frac{1}{2},\quad \frac{1}{2}+\frac{1}{4},\quad \frac{1}{2}+\frac{1}{4}+\frac{1}{8},\quad \cdots$$

수렴성은 중요한 수학 주제이므로 대학의 학부에서 배우는 수학의 많은 분량이 급수의 수렴조건을 다루고 있다.
급수 $1+\frac{1}{2}+\frac{1}{3}+\frac{1}{4}+\cdots+\frac{1}{n}+\cdots$을 조화급수라 한다.

이 급수는 여러 가지 이유로 고등수학의 많은 분야에서 자주 나타난다. 이 유명한 급수가 발산하는 것에 대한 멋진 증명이 있다. 만약 이전에 한 번도 이것에 대하여 생각해본 적이 없다면, 증명을 읽기 전에 스스로 깊이 생각해보길 바란다.

조화급수의 발산에 대한 고전적 증명

이 증명은 매우 교묘하게 전개되는데, 먼저 1을 제외한 $\frac{1}{2}+\frac{1}{3}+\frac{1}{4}+\cdots$의 합을 생각하자.

$\frac{1}{2}$까지의 부분합은 $\frac{1}{2}$과 같다.

$\frac{1}{4}$까지의 부분합은 $\frac{2}{2}$보다 크다.

$\frac{1}{8}$까지의 부분합은 $\frac{3}{2}$보다 크다.

$\vdots$

$\frac{1}{2^n}$까지의 부분합은 $\frac{n}{2}$보다 크다.

이는 임의의 양수가 주어졌을 때, 이 수보다 더 큰 부분합을 충분히 만들 수 있음을 의미한다.

이는 인접한 두 지수 사이의 간격을 고려하여 증명한 것이다.

$\frac{1}{2^{n-1}}$과 $\frac{1}{2^n}$ 사이의 합	하한	값
$\frac{1}{2}$	$=\frac{1}{2}$	$=\frac{1}{2}$
$\frac{1}{3}+\frac{1}{4}$	$>\frac{1}{4}+\frac{1}{4}$	$=\frac{1}{2}$
$\frac{1}{5}+\frac{1}{6}+\frac{1}{7}+\frac{1}{8}$	$>\frac{1}{8}+\frac{1}{8}+\frac{1}{8}+\frac{1}{8}$	$=\frac{1}{2}$
$\vdots$	$\vdots$	$\vdots$
$\frac{1}{(2^{n-1}+1)}+\cdots+\frac{1}{(2^n-1)}+\frac{1}{2^n}$	$>\frac{1}{2^n}+\cdots+\frac{1}{2^n}+\frac{1}{2^n}$	$=\frac{1}{2}$

이를 모두 더하면, 아래 식을 얻는다.

$$\frac{1}{2}+\frac{1}{3}+\frac{1}{4}+\cdots+\frac{1}{2^n}>\underbrace{\frac{1}{2}+\frac{1}{2}+\cdots+\frac{1}{2}}_{n\text{개의 항}}=\frac{n}{2}$$

즉, 이 부분합은 n이 증가함에 따라 무한히 증가한다.

조화급수의 발산과 관련된 것을 몇 가지 소개하고자 한다.

경우 1

$1+\frac{1}{2}+\frac{1}{3}+\frac{1}{4}+\cdots$ 값을 구하는 대신

$1+\frac{1}{2^{1.00001}}+\frac{1}{3^{1.00001}}+\frac{1}{4^{1.00001}}+\cdots$ 을 구해보자.

두 번째 급수의 각 항은 조화급수에 대응하는 항보다 아주 조금 작다. 그러나 놀랍게도 두 번째 급수의 합은 매우 큰 값에 수렴한다! 그 값이 얼마인지 알고 싶다면 그 합이 다음의 적분값과 근사적으로 같다는 사실을 이용하여 스스로 구할 수 있을 것이다.

$$\int_1^\infty \frac{1}{x^{1.00001}}dx$$

경우 2

$1+\frac{1}{2}+\frac{1}{3}+\frac{1}{4}+\cdots$ 값을 구하는 대신에 자연수에서 일의 자리가 9인 항들을 모두 없앤 후 그 역수들의 합을 구해보자. 그 합은 다음과 같다.

$$1+\frac{1}{2}+\frac{1}{3}+\cdots+\frac{1}{8}+\frac{1}{10}+\cdots+\frac{1}{18}+\frac{1}{20}+\cdots$$

이 급수도 조화급수와 마찬가지로 발산할 것 같지만 이 합은 수렴한다.

경우 3

이번에는 소수의 역수의 합을 구해보자.

$$\frac{1}{2}+\frac{1}{3}+\frac{1}{5}+\frac{1}{7}+\frac{1}{11}+\cdots$$

소수가 그리 많은 것이 아니므로 이렇게 하면 꽤 많은 항들이 제거된다. 100보다 작은 소수는 25개이고, 1,000보다 작은 것은 168개이며, 1,000,000보다 작은 것은 78,498개이다. 그리고 소수들은 수가 커질수록 점점 희박해진다. 그러나 놀랍게도, 앞의 경우보다 항의 수가 적음에도 불구하고, 이 합은 발산한다!

5와 7, 41과 43 등과 같이 차가 2인 연속하는 두 소수를 쌍둥이 소수(twin primes)라고 하는데, 쌍둥이 소수들은 소수보다 더욱 희박하게 존재한다. 모든 쌍둥이 소수들의 역수를 항으로 하는 급수는 수렴한다. 이것을 보면 쌍둥이 소수가 얼마나 드물게 존재하는지 알 수 있다.

경우 4

134쪽의 '수론에서의 소수'에서 간단한 방법을 사용하여 소수가 무한히 존재하는 것을 증명하였다. 하지만 스위스의 위대한 수학자 레오나르도 오일러(Leonhard Euler, 1707-1783)는 조화급수가 발산한다는 사실을 바탕으로 다른 증명을 제시했다.

이 증명은 까다롭지만 함께 살펴보도록 하자. 오일러는 간접증명법(indirect method)을 이용하여 증명하였는데, 간접증명법이란 결론을 부정하여 증명하는 과정에서 모순이 생김을 보이는 것이다.

만약 $p_1, p_2, p_3, \cdots, p_r$ 과 같이 유한개의 소수가 존재한다고 하자. 그러면 임의의 양의 정수 n은 항상 다음과 같이 유일하게 표현할 수 있다.

$$n=p_1^{m_1}\,p_2^{m_2}\,p_3^{m_3}\,\cdots\,p_r^{m_r}\ \ (m_i\text{는 정수})$$

다음과 같이 주어진 곱 P를 생각해보자.

$$P=\left(1+\frac{1}{p_1}+\frac{1}{p_1^2}+\frac{1}{p_1^3}+\cdots\right)\left(1+\frac{1}{p_2}+\frac{1}{p_2^2}+\frac{1}{p_2^3}+\cdots\right)\cdots\left(1+\frac{1}{p_r}+\frac{1}{p_r^2}+\frac{1}{p_r^3}+\cdots\right)$$

소수가 유한개 존재한다고 가정했기 때문에, P는 유한이다. (왜 그럴까?)

이제, 모든 괄호를 풀어보자. $(a+b)(c+d)$를 전개하면 $ac+bc+ad+bd$를 얻는 것과 같은 방식으로 전개한다. p의 값은 다음과 같은 무한합의 형태가 될 것이다.

$$1+\frac{1}{p_1}+\frac{1}{p_2}+\frac{1}{p_3}+\cdots+\frac{1}{p_n}+\frac{1}{p_1p_2}+\cdots$$

이 합 안에는 아래와 같은 형태의 수도 나타나게 된다.

$$\frac{1}{p_1^{m_1}p_2^{m_2}p_3^{m_3}\cdots\ p_r^{m_r}}$$

앞서 모든 양수는 $p_1^{m_1}p_2^{m_2}p_3^{m_3}\cdots\ p_r^{m_r}$와 같은 형태로 나타낼 수 있다고 하였으므로, 사실 P는 조화급수이다. 그러므로 P는 무한이다.

그러나 P가 유한이라고 하였기 때문에 모순이 되므로 원래의 가정인 소수의 개수가 유한이라는 사실은 잘못된 것이다.

따라서 소수의 개수는 무한하다.

경우 5

조화급수가 발산한다는 것을 미적분학을 사용하여 증명할 수도 있다. 다음과 같이 무한급수 $f(x)$를 정의하자.

$$f(x)=x+\frac{x^2}{2}+\frac{x^3}{3}+\frac{x^4}{4}+\cdots$$

$f(0)=0$이고, $f(1)$은 조화급수가 됨을 알 수 있다. 이것을 x에 관하여 미분하면,

$$f'(x)=1+x+x^2+x^3+x^4+\cdots$$

이것는 무한등비급수이므로, 합은 $f'(x)=\frac{1}{1-x}$이다.

따라서,

$$\begin{aligned}f(1)=f(1)-f(0)=\int_0^1 f'(x)dx&=\int_0^1\frac{1}{1-x}dx\\&=-\ln(1-x)\Big|_0^1\\&=-(-\infty)\end{aligned}$$

[$x=1$을 $-\ln(1-x)$에 대입하는 것은 x가 1에 가까워질 때 $-\ln(1-x)$의 극한값으로 생각한다.]

존 폰 노이만(John von Neumann) 1903–1957

인간 컴퓨터

존 폰 노이만은 20세기 가장 뛰어난 수학자 중의 한 명이다. 30세에 알베르트 아인슈타인과 함께 프린스턴의 고등과학원 최초 교수들 중의 한 명으로 임명되었다. 수학과 물리학에서의 그의 연구 업적은 이들 영역을 크게 확장시켰으며 그러한 기여를 인정받았다. 폰 노이만의 최초의 업적은 집합론을 공리화한 것이다. '역설'(242쪽)에서 다룰 러셀의 역설과 같은 문제를 해결하기 위하여 그는 집합론의 공리들을 새롭게 만들었고, 이로부터 양자역학을 재구성하는 연구를 하게 되었다. 또한 그는 게임이론과 디지털컴퓨터의 개발 및 자동르봇 연구의 개척자였다. 말년에는 원자폭탄에 관한 연구를 하면서 폭발에 의한 압력과 관련된 계산을 때로는 암산으로 해결하기도 하였다.

존 폰 노이만의 뛰어난 암산능력에 대한 일화는 많은데, 한번은 칵테일 파티에서 어떤 사람이 176쪽에 있는 '새와 벌'에 관한 문제를 냈다. 노이만은 단지 1, 2초 정도 생각하고서는 "10 킬로미터."라고 답했다. 깜짝 놀란 그 사람은 "와, 전에 이 문제의 풀이를 들은 적 있죠?"라고 되물었다. 순진한 모습 그대로 노이만은 "무슨 풀이요? 난 그냥 무한급수를 더했는데요."라고 답했다.

게임이론의 재조명

"왓슨, 빨리 와봐! 게임이 막 시작되었어."

《셜록 홈스의 귀환》
아서 코난 도일 경 Sir Arthur Conan Doyle

셜록 홈스의 비밀 전략

셜록 홈스의 대륙 추적 게임 방법을 배우기 위해 '존경하는 왓슨 씨에게!'(80쪽)를 읽어보시오.

만약, 한번이라도 이 게임을 해보았다면, 엔드런이 항상 홈스의 바로 한 단계 앞에 머물게 된다는 것을 알게 될 것이다. 하지만 홈스가 항상 이길 수 있는 방법이 있다. 홈스가 이기기 위한 비밀 전략은 레이캬비크로 직행한 후(두 번 움직이면 거기에 도착할 수 있다) 에든버러로 향하는 것이다. 그 이후에는 엔드런을 쫓는데 어려움이 없을 것이다.

직접 게임을 해보고 이 전략이 맞는지를 체크해보시오. 대략적으로 이야기하면, 홈스는 반드시 엔드런의 뒤쪽으로 향하도록 해야 하는데 이는 사각형 모양의 땅에서 엔드런의 반대편 모서리 쪽으로 이동하는 것이다. 예를 들어, 만약 홈스가 브뤼셀에 있고 엔드런이 베니스에 있다면 홈스는 뮌헨으로 움직여야만 한다.

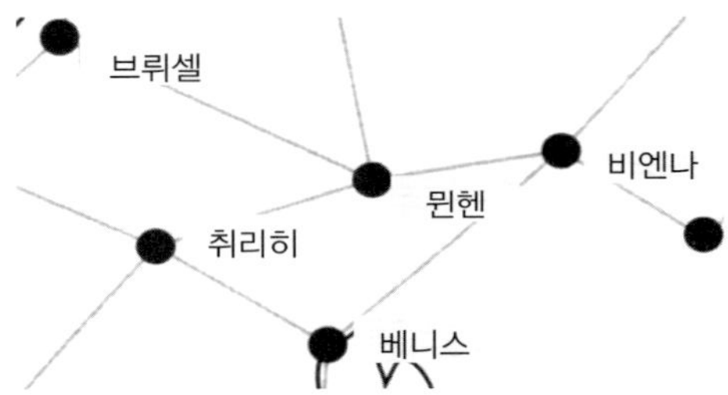

놀랍게도, 홈스가 레이캬비크로 가게 되면 엔드런을 쫓는 잠재적인 어려움은 제거된다. 홈스에게 주어진 열다섯 번의 움직임이면 이기기에 충분하고, 사실 여섯 번만 되어도 가능하다.

이 게임의 재미난 점은 엔드런의 편에서 게임할 수도 있고, 여러 번 이긴 후에는 반대편이 되어볼 수도 있다는 것이다. 여러분은 처음 몇 번은 무작위로 움직이고 나서, 나중에 레이캬비크를 향해 돌아가면 된다. 여덟 번쯤 움직이고 난 후 갑자기 게임의 목적이 생각났다면 빨리 당황한 적을 쫓아가서 잡으면 된다.

여기에 주목할 만한 사실이 있다. 레이캬비크는 게임을 이기기 위해 필수적인 곳이다. 만약, 지도에서 레이캬비크를 지운다면(즉, 홈스도 엔드런도 여기에 갈 수 없다), 홈스는 비록 시간 제한이 없고 엔드런이 도와주더라도 결코 엔드런을 잡을 수 없다. (홈스는 엔드런의 위치로 이동해야만 하고, 엔드런은 홈스의 위치로 이동하거나 자수할 수 없음을 기억하라) 왜 레이캬비크가 없어서는 안 되는지 설명할 수 있다면, 이 게임의 원리를 완벽하게 이해한 것이다. 더욱 중요한 것은, 이 게임을 통해 이 책에 제시된 중요한 테마들—홀짝 문제, 채색 문제, 그래프 이론 등에 꼭 필요한 통찰력을 가질 수 있다는 것이다. (마지막 문장이 실마리다.) 여러분이 그것을 이해했다고 생각되면, '왜 홈스의 전략이 맞을까?'(201쪽)를 보시오.

세 방향 결투

여러 명이 하는 게임은 왜 분석하기 더 어려울까

아래 문제는 세 개의 다른 구성요소—게임이론, 확률 문제, 역설—들에 관한 것이다.

계획 세우기

A, B, C 세 사람이 권총으로 결투를 벌이고 있다. 마지막 한 사람이 남을 때까지 한 발씩 발사하기로 한다. C는 매번 목표물을 맞히므로 완벽한 사격수이다. B는 보통 세 번의 시도에서 두 번을 맞힌다. 그리고 A는 항상 세 번의 시도에서 한 개의 목표물만 맞힌다. 결투순서는 A가 결투를 시작하여 다음에는 B가, (살아 있다면) 그 다음엔 C가, 그런 다음엔 다시 A가 총을 쏘아야 한다.

전략

C가 방아쇠를 당길 차례에는 (그가 살아 있다고 가정할 때) 제일 강력한 적수에게 방아쇠를 당기는 것이 가장 효과적이다. 그래서 B가 여전히 살아 있다면 C는 B를 쏘아야 한다.

B의 전략 또한 분명하다. B가 먼저 쏘아야 할 목표물은 C이다.

역설

이 게임의 전략은 A가 C를 쏘고 그것이 안 된다면 B를 쏘는 것을 의미하는 것으로 보인다. 그러나 A의 경우 첫발을 고의로 실수하는 것이 최고의 전략임을 알 수 있다. 만약, A가 첫발에 C를 쏘고 B와 C가 그들의 최상의 전략을 따른다면 A는 대략 31%, B는 54%, C는 15%의 확률로 이길 것이다. 그러나 만약 A가 그의 첫 발을 고의로 실수한다면 A는 40%, B는 38%, C는 22%의 확률로 이길 것이다.

따라서, 직관에 어긋난 전략에 의해 A의 예상밖의 승리는 훨씬 유리해지고, 가장 우승할 가능성이 있는 사람 중 하나가 된다.

확률 문제

앞에서 언급한 모든 가능성에 대한 확률을 구해보고 앞에서 주어진 확률과 같은지를 알아보시오.

게임-이론적 윤리

두 명이 하는 게임은 여러 명이 하는 게임보다 여러 가지 이유로 분석하기가 훨씬 쉽다. 앞의 경우처럼 약한 세 번째 사람은 자신의 유리한 입장을 취하지 않고 대신에 더 강한 사람들이 서로 싸워서 힘을 빼도록 하고 있다. 이렇게 함으로써 약한 세 번째 사람은 더 강력한 상대자들 사이에서 힘의 균형을 유지할 수 있다. 또한, 너무 급작스럽게 강력해지는 것도 때때로 위험을 초래할 수 있다. 왜냐하면 다른 사람들이 위협을 느껴 서로 뭉칠지도 모르기 때문이다.

물론, 이 모든 이유로 여러 명이 하는 게임이 더 재미있다!

나폴레옹 3세는 오스트리아-프러시아 전쟁*의 전리품을 갖기를 원했다.

브리타니아: "음, 난 최선을 다 했어요. 만일 두 나라가 서로 싸워야 한다면 그들은 그렇게 할 겁니다."
나폴레옹: "누군가가 그 득을 보겠군!"

* 프로이센의 비스마르크가 북부독일에서 오스트리아를 몰아내기 위하여 나폴레옹 3세의 프랑스와 동맹을 맺은 전쟁을 말한다. 프러시아는 과거 독일의 영어식 이름으로 프로이센이 독일식 이름이다.

왜 홈스의 전략이 맞을까?

왜 아이슬란드가 가장 중요할까?

대륙이동으로 인하여 레이캬비크가 게임판에서 사라졌다고 상상해보자. 또 아래 지도에서처럼 각각의 도시들이 검정색 또는 흰색으로 색칠되어 있다고 가정하자. (단, 인접한 도시는 서로 다른 색이다.) 경기자가 움직일 때마다 한 색의 도시에서 다른 색의 도시로 이동한다. (만약 여러분이 체스를 한다면, 이 패턴은 항상 한 색의 사각형에서 다른 색의 사각형으로 움직이는 나이트를 연상시킬 것이다.) 원래 게임에서는 홈스는 검은색 도시인 스톡홀름에서, 엔드런도 검은색 도시인 파리에서 게임을 시작한다. 게임을 조금 바꾸어 홈스가 스톡홀름 대신 다른 어떤 검은색 도시에서 출발한다고 하자. 엔드런도 파리가 아닌 다른 검은색 도시에서 출발한다고 하자. 심지어 이런 더 일반적인 상황에서조차도 홈스는 절대로 엔드런을 이길 수 없다.

게임이 시작되면 홈스는 흰색 도시로 이동할 것이다. (엔드런은 검은색 도시에서 시작하기 때문에 흰색 도시에는 없다.) 엔드런은 검은색 도시에서 흰색 도시로 이동한다. 그러면 홈스는 다시 흰색 도시에서 검은색 도시로 이동한다. 그러나 엔드런은 흰색 도시에 있기 때문에 이렇게 움직여서는 홈스는 엔드런을 잡을 수 없다. 엔드런은 다시 흰색 도시에서 검은색 도시로 건너간다. 따라서 홈스는 처음 이 두 번의 이동에서 엔드런을 잡을 수 없다. 그러나 이들 두 사람은 검은색 도시에 있기 때문에 다시 처음 위치에 있게 된다. 같은 이유로 홈스는 다음 두 번의 이동에서도 엔드런을 잡을 수 없다. 이런 식으로 계속 된다면, 홈스가 아무리 게임을 잘하고 엔드런이 아무리 못해도 홈스는 절대 이길 수 없다.

그 이유는 간단하지만 교묘하다. 지도에서 실제로 움직여보기 전에 그 이유를 생각해보기 바란다. 두 사람에게 레이캬비크로 갈 수 있도록 허락한다면 이 이유가 왜 성립하지 않는지 생각해보아라.

이 게임은 앞에서 논의한(100쪽 참고) 홀짝문제와 같은 많은 주제들과 연관된다. 지도 상에서 (전문적인 의미에서의 그래프) 이 게임이 진행되었기 때문에 그래프 이론과 관련된다. 또한 채색 문제를 소개하면서 이 문제를 풀었기 때문에 채색 문제(체스판 색칠하기에서 논의되었던)의 예도 될 수 있다.

특히, 우리가 주목했던 그래프는 특별한 속성을 가지고 있다. 각 도시들은 (그래프 이론에서 꼭지점에 해당하는) 두 이웃하는 꼭지점이 항상 다른 색으로 색칠되어야 하는 것처럼 검은색 또는 흰색으로 색칠된다. 이러한 그래프를 이분 그래프(bipartite graph)라 부른다. 이러한 그래프는 다방면에서 자주 나타난다.

생각해보기

❶ 만약 레이캬비크가 제거된 지도를 본다면, 임의의 장소에서 출발하고 다시 출발지점으로 돌아오는 일주여행을 할 경우 반드시 짝수 번 멈추어야 한다는 것을 알게 될 것이다. (시작과 도착은 한 번으로 센다.) 예를 들어, 한 가지 가능한 일주여행 코스는 마드리드-마르세이유-취리히-베니스-비엔나-뮌헨-브뤼셀-파리-마드리드이다. 왜 그럴까?

❷ (이것은 더 어렵다!) 만약, 짝수 번 멈추는 일주여행 같은 그래프를 가지고 있다면, 이 그래프는 이분 그래프인가?

님 게임에서 이기는 방법

님 게임에서 이기기 위한 전략은 간단하지만 이해하기는 어렵다. 하지만 몇 개의 이쑤시개를 가지고 조금만 연습해보면 할 수 있을 것이다.

> **도움말**
> 님 게임에서 이기기 위해서는 먼저 게임의 방법을 알아야 한다. 규칙은 '님 게임'(72쪽)에 설명되어 있다.

만약 아래와 같은 배열의 상황에서 여러분의 차례라면,

질 것이 분명하다. 아래와 같은 배열의 상황이고

상대방이 완벽하게 게임을 한다면, 여러분은 역시 지게 된다(왜 그런지 이해할 수 있는가?). 이와 같은 배열을 '지는 배열'이라고 하자. 어떤 주어진 배열이 '지는 배열'인지 아닌지를 확인할 수 있는 간단한 방법이 있다. 이 방법을 알고 있다면 완벽하게 게임을 할 수 있다. 여러분이 '이기는 배열'의 상황에 있을 때 상대방을 '지는 배열'로 유도하기만 하면 된다.(만약 여러분이 '지는 배열'에 있다면 상대방이 실수하거나 악수를 놓지 않는 한 여러분은 지게 된다.)

배열을 계산하는 방법

- 먼저 각 행을 이진법의 수로 나타내시오.(수들을 더하려고 하지 말고)
- 각 열 아래에 열의 숫자 '1'이 홀수 개 있으면 1을 적고, 짝수 개 있으면 0을 적는다. 이것을 숫자들의 님-합이라고 한다. (컴퓨터 애호가들은 이것을 XOR로 이해한다.) 이것은 '올림'이 없기 때문에 덧셈과 다르다.

예를 들어, 아래의 배열에 대해 앞에서 설명한 대로 님-합을 구하여 보자.

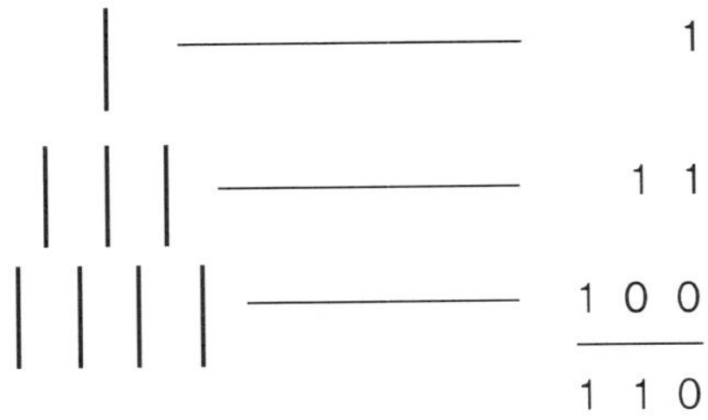

님-합이 0만 있다면 '지는 배열'이 된다. (따라서 위의 배열은 '지는 배열'이 아님을 알 수 있다.)

이러한 규칙은 우리가 이쑤시개를 어떻게 옮겨야 하는지를 알게 해준다. 위와 같은 배열이 제시되고 상대방의 님-합이 0이 되도록 하려면 한 행의 숫자를 바꿈으로써 첫 번째 열과 두 번째 열에 있는 1의 개수를 바꾸어야 한다. 실제로 게임을 해보면 100에 있는 이쑤시개 두 개를 제거하는 것이 유일한 방법임을 알 수 있다. 그러면 상대방은 오른쪽 그림처럼 님-합이 0이 되고 따라서 '지는 배열'에 놓이게 된다.

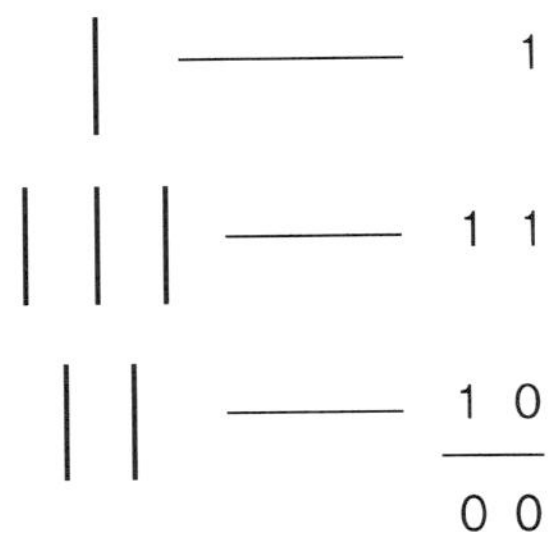

다음에 나오는 '생각해보기'에서 연습문제를 풀어 보면서 이기는 방법을 터득하고 다른 사람들과 게임을 해보자.

생각해보기

❶ 다음의 배열에서 당신은 무엇을 옮길 것인가? 이유는 무엇인가?

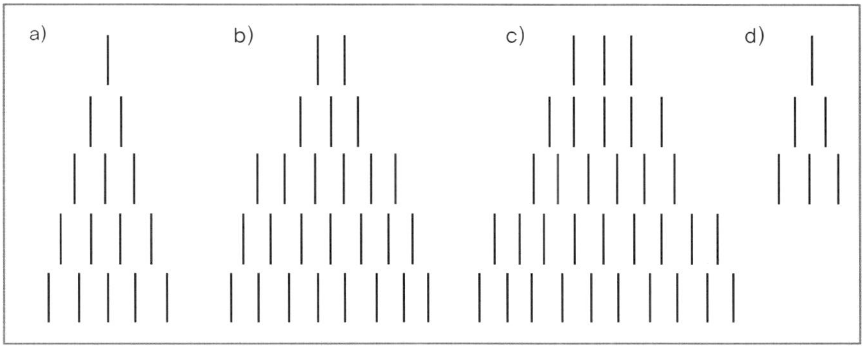

❷ 만약 게임에서 두 개의 같은 행이 남아 있다면, 누가 이길까? 첫 번째 하는 사람일까, 아니면 두 번째 하는 사람일까? 게임은 어떻게 진행될까?

❸ 그림과 같이 세 묶음의 배열을 생각해보자($0 \le a \le 6$). a가 얼마일 때 지는 배열인가?(표를 만들어 보아라.) $\binom{6}{a}$가 홀수가 되는 a는 어떤 수인가? 이것은 동시에 일어나는가? 6을 다른 숫자로 바꾸어서 풀어보자. (106쪽의 '파스칼 삼각형, 주세걸, 시어핀스키'에 관련된 내용이 있다.)

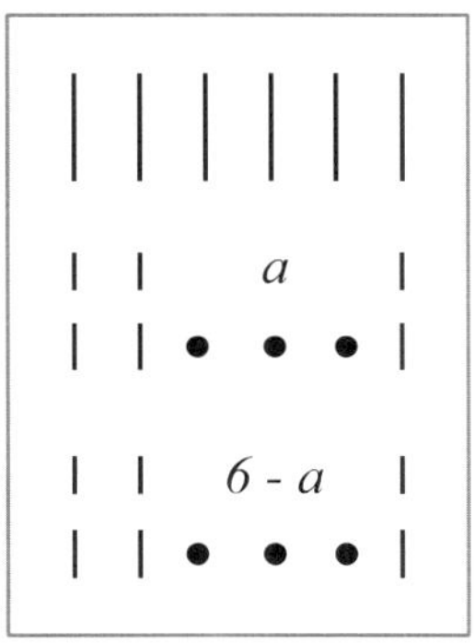

❹ 이 장에 설명된 전략이 항상 유효하다는 것을 어떻게 증명할 수 있을까?

❺ 다음과 같이 규칙이 변형된 님 게임에서 이기는 전략을 찾아보자.

a) 님 게임의 규칙을 약간 바꾸어, 한 사람이 최대한 두 묶음의 더미로부터 원하는 만큼의 이쑤시개를 제거할 수 있다고 하자(물론 최소한 한 개의 성냥은 제거해야 한다). 이기는 전략은 무엇일까?(님 게임에서와 같이 이진법으로 생각하여라.)

b) 한 줄에 n개의 이쑤시개가 놓여 있다. 첫 번째 사람은 $n-1$개까지 이쑤시개를 가져갈 수 있다. 두 번째 사람은 기껏해야 첫 번째 사람이 방금 가져간 개수만큼만 이쑤시개를 가져갈 수 있다. 다음으로 첫 번째 사람은 기껏해야 두 번째 사람이 방금 가져간 개수만큼 이쑤시개를 가져갈 수 있다. 이쑤시개가 다 없어질 때까지 이 과정은 반복된다. 마지막 이쑤시개를 가져간 사람이 승리한다. 첫 번째 하는 사람이 이기는 전략을 가지는 경우는 n이 어떤 수일 때인가? 답은 놀라울 것이다. (님 게임처럼 이진법의 수로 나타내 보아라. $n=1$, 2, 3, 4, 5일 때, 먼저 하는 사람이 이길 수밖에 없는 방법을 알아내어라. 만약 처음에 하는 사람이 이길 수밖에 없다면, 처음에 어떻게 움직여야 이길 수 있을까? 모든 홀수 n에 대하여 이기기 위해서는 처음에 어떻게 움직여야 하는가? 만약 그렇다면 4로 나누어지지 않는 짝수의 경우는 어떻게 해야 하는가?)

미적분학의 여러 개념

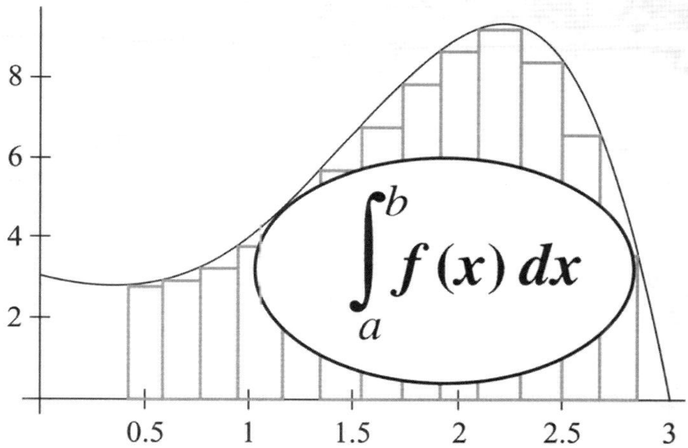

내가 다른 사람들보다 조금 더 멀리 볼 수 있었던 것은 거장들의 어깨 위에 서 있었기 때문이었다.

아이작 뉴턴 경 *Sir Isaac Newton*

수학사 이야기

요하네스 케플러(Johannes Kepler) 1571–1630

우주의 체계를 발견한 사람

17세기 이전의 사람들은 지구가 태양 주위를 어떻게 움직이는지를 이해하지 못했다. 비록 코페르니쿠스(Copernicus)가 1543년에 지구가 정지해 있는 것이 아니라고 주장했지만, 그의 이론은 갈릴레오나 티코 브라헤(Tycho Brahe) 같은 과학자들이 더 많은 증거를 모으기 전까지는 일반적으로 받아들여지지 않았다. 게다가 지구의 공전궤도 모양과 태양계의 다른 행성의 공전궤도는 요하네스 케플러가 1609년과 1619년의 저서에서 행성의 운동에 관한 세 가지 법칙을 발표할 때까지 전혀 알려지지 않았다. 케플러의 법칙은 경험적이었고, 과학자들이 왜 이 법칙이 사실인지에 관한 몇 가지 이론으로 설명하도록 남겨져 있었다.

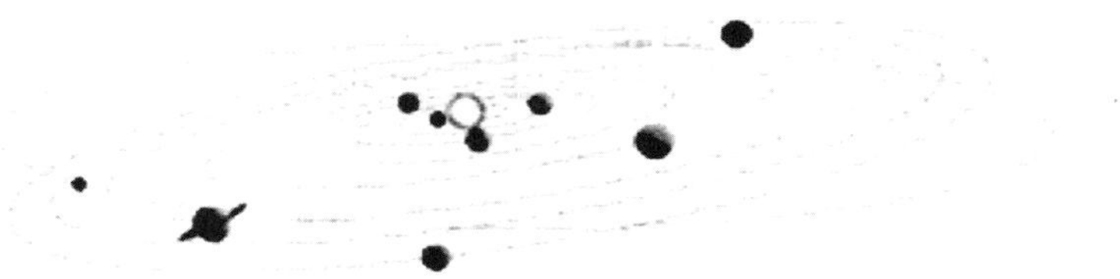

케플러의 세 가지 법칙

1. 각 행성들은 태양의 주위를 타원형 궤도로 움직인다. 태양은 각 타원의 초점에 위치해 있다.

2. 태양의 주위를 각 행성은 행성과 태양을 잇는 선에서 같은 넓이를 가지도록 움직인다.

3. P_1과 P_2가 두 행성의 공전주기이고, R_1과 R_2가 태양에서의 거리라고 하면 다음이 성립한다.

$$\left(\frac{P_1}{P_2}\right)^2 = \left(\frac{R_1}{R_2}\right)^3$$

아이작 뉴턴(Isaac Newton) 1642~1727

1663-64년에 케임브리지 대학은 전염병으로 인해 잠시 휴교되었다. 그 당시 재학중이던 21세의 아이작 뉴턴(Isaac Newton)은 독학을 계속하기 위해 고향으로 돌아갔다. 최고의 업적을 남긴 이 기간 동안, 뉴턴은 만유인력에 대한 법칙을 공식화하였다. 만유인력 법칙이란, 두 물체 사이의 끌어당기는 힘은 질량에 비례하고, 물체 사이의 거리의 제곱에 비례한다는 것이다. 또한, 이 시기에 뉴턴은 미적분학(calculus)이라고 불리는 수학의 새로운 분야도 개척하였다. 미적분의 방법과 그가 발견한 만유인력 법칙을 이용하여 그는 케플러의 세 가지 법칙도 추론할 수 있었다. 그리고 이 결과를 1687년에서야 그의 논문 《자연철학의 수학적 원리(Philosophiae Naturalis Principia Mathematica)》에 발표하였다.

과학자 라플라스(Pierre-Simon Laplace)는 이렇게 말했다.

"뉴턴은 아주 훌륭한 천재임이 틀림없다. 그러나 또한, 그는 아주 운이 좋은 사람인 것도 사실이다. 이 세계의 법칙은 누군가에 의해 딱 한 번만 발견되기 때문이다."

뉴턴은 어떻게 케플러의 두 번째 법칙을 추론하였을까?

뉴턴은 다음과 같이 추론했다.

1. 어떤 힘도 작용하지 않는다면, 행성은 극히 짧은 시간인 Δt 동안 P_1에서 P_2로 이동할 것이다. 그리고 그 다음 시간 간격 Δt 동안에도 P_2에서 P_3로 이동하여 $P_1P_2 = P_2P_3$가 된다. 연이은 시간 간격 동안에 이동한 부분의 넓이는 같다. 즉, ($\triangle SP_1P_2$의 넓이)=($\triangle SP_2P_3$의 넓이)이다. (왜 그럴까?)

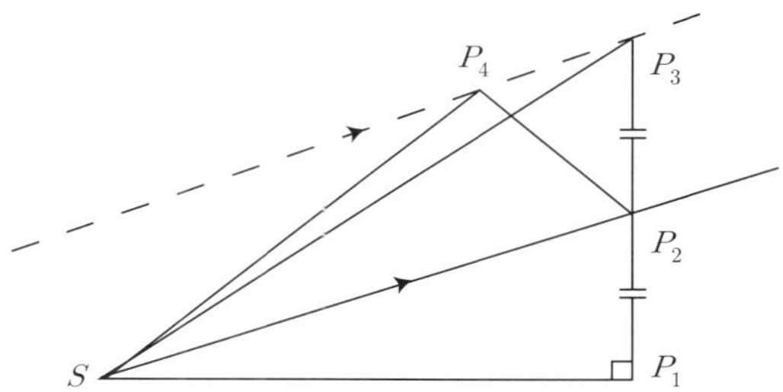

2. S지점에 위치한 태양이 어떤 행성을 자신의 방향으로 끌어당기고 있다고 생각해보자. 또한 극히 작은 $2\Delta t$ 시간 간격 동안 그 힘의 '평균' 방향을 P_2S으로 생각하자. 그러면 그 행성에 미치는 태양 힘의 순효과는 P_2의 진행방향을 P_3가 아닌, P_2S 방향과 평행하게 P_4로 옮겨놓는다. P_2에서 P_4로 이동하면서 행성이 이동한 부분의 넓이는 $\triangle SP_2P_4$이다. 게다가 넓이 ($\triangle SP_2P_4$의 넓이)=($\triangle SP_2P_3$의 넓이)이다.(왜 그럴까?) 앞에서 ($\triangle SP_2P_3$의 넓이)=($\triangle SP_1P_2$의 넓이)이다. Q.E.D.

연속성에 대한 의문

지구의 적도에서 정확히 같은 온도를 가진 두 개의 정반대 지점이 있다는 것을 증명할 수 있겠는가? 이 답에는 중요한 아이디어가 포함되어 있다. 이 아이디어가 무엇인지 먼저 생각해보고, 213쪽을 보기 바란다.

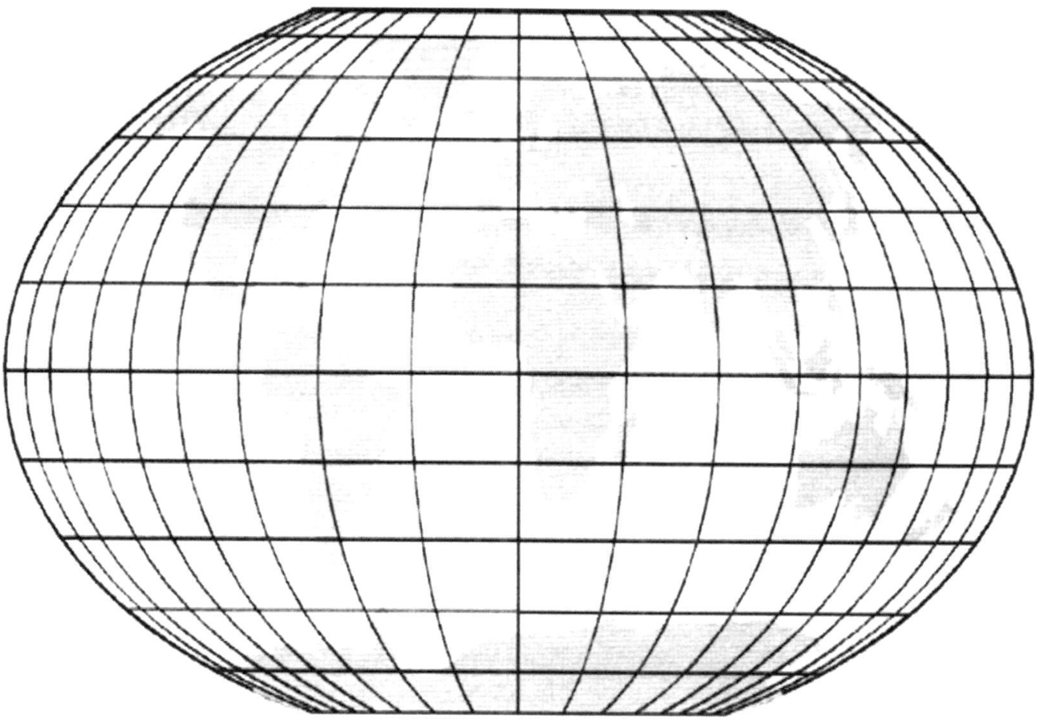

부분적분 역설

'부분적분법'의 공식을 상기하자.

$$\int f(x)\frac{dg(x)}{dx}dx = f(x)g(x) - \int g(x)\frac{df(x)}{dx}dx$$

좀더 간단하게 나타내면,

$$\int f\,dg = fg - \int g\,df$$

이 공식에 $f(x)=\frac{1}{x}$, $g(x)=x$ 를 대입해보자.

$$\begin{aligned}\int \frac{1}{x}dx &= \left(\frac{1}{x}\right)x - \int xd\left(\frac{1}{x}\right)\\ &= 1 - \int x\left(\frac{1}{x^2}\right)dx\\ &= 1 + \int \frac{1}{x}dx\end{aligned}$$

따라서 $\int \frac{1}{x}dx = 1 + \int \frac{1}{x}dx$, 따라서 $0=1$ 이다. 무엇이 잘못 되었는가?

연속성에 대한 의문의 풀이

정확하게 온도가 같은 지구 적도상의 정반대의 두 지점이 존재한다는 것은 사실이다. 왜 그런지 살펴보자. 이상한 새로운 온도계가 발명되었다고 상상해보자. 이 온도계는 온도를 나타내지 않는다. 이 온도계는 당신이 서 있는 지점과 거기에서 정확히 지구 반대편에 위치한 지점 사이의 온도의 차이를 나타낸다. 예를 들어 당신이 에콰도르의 콰이토에 있고 온도가 정확히 20℃라 하고, 콰이토의 정반대에 있는 인도네시아 수마트라 섬에 있는 산의 온도는 25℃라고 하면, 이 이상한 온도계는 −5도를 나타낸다.

이제 지구 적도 위의 어떤 점으로 걸어가서 이상한 온도계를 확인하자. 만약 온도계가 0을 나타낸다면 우리가 원하는 지점을 찾은 것이다. 그렇지 않다면 그 지점에서는 양수나 음수를 나타낼 것이다. 양수라 해보자. (음수인 경우는 같은 방법으로 반대로 생각하면 된다.) 그런 다음 재빨리 뛰거나 (혹은 헤엄쳐서) 적도를 반 바퀴 돌아 지구 반대편으로 가자. (온도계가 변하지 못할 정도로 무한히 빠르게 움직여야 한다.) 도착해서, 이상한 온도계를 보면 이미 음수가 되어 있을 것이다. 지구를 도는 동안 온도계를 유심히 살펴본다면 이 온도계가 양수에서 음수로 연속으로 변하고 있음을 알아챌 수 있다. 어느 지점에서 온도계는 0을 나타낼 것이고 그 지점이 우리가 원하는 지점이 된다.

위에서 사용된 아이디어는 한 값에서 다른 값으로 연속적으로 변하는 함수는 그 사이의 모든 값을(이 경우, 이상한 온도계의 값을 의미한다.) 취해야 한다는 것이다. 이 원리에는 중간값의 정리(Intermediate Value Theorem)라는 이름이 붙여져 있다. 비록 아주 당연한 말처럼 들리지만, 사실 이는 매우 유용한 정리이다. 하지만 이 정리를 엄밀하게 증명하기 위해서는 함수가 연속이라는 것의 의미를 정확히 정의할 필요가 있다. 수학자들이 사용하는 연속의 정의를 본 적이 있다면 중간값 정리를 증명하는 데 이 정의를 활용할 수 있다. 하지만 그 증명은 생각보다 매우 어렵다.

생각해보기

지금 지구 표면상에서 같은 온도를 나타내는 120° 떨어진 두 지점이 있다는 것을 증명할 수 있는가?

쌍대수(Dual Numbers)

이 장에서는 몇 가지 기초미적분학의 지식이 필요하다. 복소수와 관련된, 약간의 기초지식이 있다면 매우 큰 도움이 될 것이다.

Part 1: 복소수

복소수는 두 실수 a, b에 대해, $a+bi$꼴로 표현되는 수이다. 복소수의 덧셈은 아래와 같이 정의한다.

$$(a+bi)+(c+di)=(a+c)+(b+d)i$$

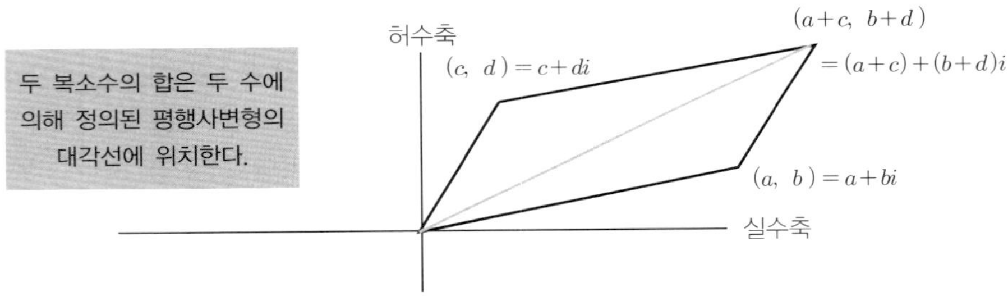

$i^2=-1$임을 이용하여 복소수의 곱셈을 할 수 있다.

$$\begin{aligned}(a+bi)(c+di) &= a(c+di)+bi(c+di)\\ &= ac+(ad+bc)i+bd\,i^2\\ &= (ac-bd)+(ad+bc)i\end{aligned}$$

두 복소수의 나눗셈은 분수의 분모와 분자에 분모의 켤레복소수를 곱하면 된다.

$$\begin{aligned}\frac{a+bi}{c+di} &= \frac{(a+bi)(c-di)}{(c+di)(c-di)}\\ &= \frac{(ac+bd)+(bc-ad)i}{c^2+d^2}\\ &= \frac{ac+bd}{c^2+d^2}+\frac{bc-ad}{c^2+d^2}i\end{aligned}$$

(두 복소수에 대응하는 선분과 이 두 복소수의 곱과 몫에 대응하는 선분의 크기와 방향은 어떻게 관련되어 있는가?)

Part 2: 복소수에서 쌍대수까지

쌍대수는 복소수와 비슷하다. 이 둘은 모두 a, b가 실수인 $a+b\varepsilon$ 형식의 수이다.(ε기호는 입실론이다. 입실론은 그리스 알파벳의 다섯 번째 철자이다.) 쌍대수의 덧셈은 $(3+4\varepsilon)+(5-2\varepsilon)=(8+2\varepsilon)$처럼 자연스럽게 계산하고, 곱셈은 $\varepsilon^2=0$이라는 사실을 이용하여 계산한다. (하지만 ε은 0이 아니다.)
다음은 쌍대수의 곱셈에 대한 예이다.

$$\begin{aligned}(3+4\varepsilon)(5-2\varepsilon) &= 3(5-2\varepsilon)+4\varepsilon(5-2\varepsilon)\\ &= 15-6\varepsilon+20\varepsilon-8\varepsilon^2\\ &= 15+14\varepsilon\end{aligned}$$

$(2+\varepsilon)(6-\varepsilon)=12+4\varepsilon$이나 $(a+b\varepsilon)(c+d\varepsilon)=ac+(ad+bc)\varepsilon$으로부터 쌍대수의 곱셈을 다시 확인하기 바란다.
나눗셈 역시 복소수와 방법이 비슷하다.(분모의 켤레 순서쌍을 분모와 분자에 곱하자.) 예를 들면, 다음과 같다.

$$\begin{aligned}\frac{4+2\varepsilon}{2+7\varepsilon} &= \frac{(4+2\varepsilon)(2-7\varepsilon)}{(2+7\varepsilon)(2-7\varepsilon)}\\ &= \frac{8-24\varepsilon}{4}\\ &= 2-6\varepsilon\end{aligned}$$

중간 과정은 생략되었으니 스스로 계산해 보시오.

단, 여기서 주의해야 할 점이 있다. 실수는 절대 0으로 나눌 수 없다. 쌍대수의 경우에는, $c=0$일 때 $c+d\varepsilon$로 나눌 수 없다.(이 경우에 어떤 일이 일어날까?)
만약 복소수가 익숙하다면, 쌍대수를 쉽게 사용할 수 있을 것이다. 쌍대수의 계산이 능숙해지면, 좀더 재미있는 단계로 넘어가 보자.

Part 3: 쌍대수와 미적분학

쌍대수의 좀더 복잡하고 어려운 계산을 살펴보도록 하자. 여전히 $a+b\varepsilon$꼴이지만, 이번에는 a, b가 x에 관한 함수이다. 예를 들면 $(3+2x)+\varepsilon(\sin x)$와 같은 것이다.
다음으로, 쌍대수의 특별한 집합을 살펴보자.(우리는 이것을 '좋은' 쌍대수라 부를 것이다.) 이것은 다음과 같은 형태를 가진다.

$$f(x)+f'(x)\varepsilon$$

($f(x)+\varepsilon\dfrac{df(x)}{dx}$와 같은 표현 방법을 사용해도 무방하다.)

$\sin x+\varepsilon\cos x$처럼 $(2x^3)+\varepsilon(6x^2)$은 '좋은' 쌍대수의 한 예이다. 3도 마찬가지이다($3+0\varepsilon$으로 표현 가능하기 때문이다). 하지만 $(3x^2)+\varepsilon(3x)$는 '좋은' 쌍대수가 아니다.

놀라운 사실은, '좋은' 쌍대수끼리 더하거나, 빼거나, 곱하거나, 나누어도 그 결과 역시 '좋은' 쌍대수라는 것이다. 아래의 예를 직접 계산해보기 바란다.

$$(f(x)+\varepsilon f'(x))(g(x)+\varepsilon g'(x))=f(x)g(x)+\varepsilon(f(x)g'(x)+f'(x)g(x))$$

$\dfrac{d(f(x)g(x))}{dx}=f'(x)g(x)+f(x)g'(x)$이므로, 이것은 여전히 '좋은' 쌍대수이다. 만약 곱의 미분법이 생각나지 않는다면 위의 계산을 해보는 것도 좋은 방법이다. 드 무아브르 정리*(de Moivre's Theorem)가 삼각함수의 여러 가지 공식을 기억하는데 도움을 주는 것처럼 쌍대수도 미적분학의 여러 공식을 기억하는데 도움을 준다.
$f(x)+\varepsilon f'(x)$을 제곱하면 아래와 같다.

$$(f(x)+\varepsilon f'(x))^2=(f(x))^2+\varepsilon(2f(x)f'(x))$$

실제로 다음의 식이 성립한다.

$$\frac{d(f(x)^2)}{dx}=2f(x)f'(x)$$

스스로 $(f(x)+\varepsilon f'(x))$의 세제곱, 네제곱, n제곱을 계산해보자. 복잡해서 잘 모르겠다면, $f(x)$을 f로 교체하라. 예를 들어 $(f+\varepsilon f')^2 = f^2+\varepsilon(2ff')$와 같이 하면 제곱 계산이 좀더 짧아진다.

그 후에 몫의 법칙(Quotient Rule)을 다시 증명해 보아라. 앞에 나온 쌍대수의 나눗셈법을 이용하여 $(f+\varepsilon f')/(g+\varepsilon g')$을 계산하고 결과를 확인해 보아라.

* 이 정리는 222쪽의 'i^i과 관련된 믿기 어려운 결과'에서 찾을 수 있다.

생각해보기

수학자들이 실제로 수학을 연구할 때 보면 그래서 "난 해냈어. 난 이 문제를 완벽하게 풀었어"라고 말할 수 있는 때는 사실 없다. 수학에서 작은 성공은 또 새로운 연구거리를 낳는다.

❶ 체인룰(Chain Rule)을 증명해보시오. 시작할 때, 다음과 같은 물음들을 생각해보자. f가 함수일 때, x 대신에 $(x+\varepsilon)$을 대입하면 어떻게 될까? 그 결과는 또 다른 쌍대수가 될 것이다. (좀더 간단한 경우부터 시작해보자. f가 다항함수이거나 더 간단히 x^2이나 x^3일 때 어떻게 되는지 살펴보시오.) $(x+3\varepsilon)$을 넣으면 어떻게 되는가? $(x^2+2x\varepsilon)$일 때는 어떠한가?

❷ 초쌍대수(Hyper-dual number)는 다음과 같이 정의한다. $i(i^2=-1)$이나 $\varepsilon(\varepsilon^2=0)$ 대신에 $e^3=0$을 만족하는 e를 생각하자. 초쌍대수는 $a+b\,e+c\,e^2$의 형태로 나타낸다. 이것들을 어떻게 곱할지 생각해보자. 이것들을 어떻게 나누는지 알 수 있겠는가? '좋은' 초쌍대수를 어떻게 정의하면 좋을지 생각해보시오. $(f+ef'+e^2f'')$는 될 수 없다. 왜 그런가? $(f+ef'+\frac{e^2}{2}f'')$을 해보시오. 왜 이것이 더 나은가?

❸ (❷에 이어서!!) $z^4=0$을 이용해서 초초쌍대수(Hyper-Hyper-dual number)를 정의할 수 있는가? 초초쌍대수가 그럴듯해지려면 어떠해야 되는지 추측할 수 있겠는가? 이것이 어떻게 일반화되는지 추측할 수 있는가?

인물탐구

빈 더 실바(Vin de Silva, 영국) 1971년 12월 2일생

‘그래, 바로 이거야!’라는 말이 내 머릿속을 지나갔다.

스리랑카의 콜롬보에서 태어난 빈 더 실바는 1973년에 부모와 함께 런던으로 이주하였다. 어린시절 그의 관심은 쓰레기차에서 공룡까지 다양했으며 그러는 가운데 수학에 대한 흥미를 가지게 되었다.

사실 빈의 궁극적인 수학자로서의 경력은 다소 즐겁지 못하게 시작되었다. 그가 3세 무렵 콜롬보에서 가장 큰 서점인 포일스(Foyles)에서 수학책을 바닥에 집어던지다 담당직원에게 꾸중을 들었다. 수학책을 싫어했던 이런 경험에도 불구하고 빈은 초등학교 시절 아버지의 도움으로 산수에 대한 재능을 나타내기 시작했다.

둘위치 공립고등학교에서 그는 수학을 잘했을 뿐만 아니라 프랑스어, 라틴어, 그리스어와 다른 언어의 수업에도 관심이 많았다. 그의 관심사는 체스와 브리지(카드놀이의 일종), 종이접기, 보드게임과 글쓰기에 이르렀다.

수년간 빈은 바이올린을 통해 음악에 대한 애정을 키웠다. 그는 8년간 교습을 받았지만 그것은 ‘마음속으로 손가락을 잘 움직이는 것과 같은 훈련’에 불과함을 알게 되었으며 매우 서투르게 연주했다. 첫 번째 선생님이 5년 후에 떠난 뒤에도 단지 취미로 바이올린을 연주할 뿐이었다. 운좋게도 그의 두 번째 선생님은 빈에게 큰 영감을 주었으며, 둘위치 대학의 마지막 해에는 오케스트라의 지휘자가 되어 생각하지도 못한 영예를 누리기도 했다. 그는 매우 귀중한 교훈을 선생님께 배웠다. “만약 네가 어떤 일을 신중하고 주의깊게 한다면, 아마도 시작할 때 생각했던 것보다 훨씬 더 나아지고 향상될 것이다”

이 교훈은 빈이 수학 분야에서 일할 수 있다는 깨달음을 주었고 또한 수학자로서의 긴 여정을 갈 수 있게 해주었다. 그때까지 수학은 그에게 단지 잠깐의 만족감에 지나지 않았는데, 종종 문제를 풀 때 참을성 없이 단지 몇 분 정도만 생각하고 풀리지 않으면 답을 보곤 했다. 고등학교를 마치기 5년 전에 만난 뛰어난 교사로 인해 빈은 전국수학경시대회에 참가하게 되었다.

둘위치에서 만난 폴 우드럭의 지도 아래 빈은 자신의 수학적 재능을 엄청나게 향상시켰다. 고등학교 2년 동안 영국수학올림피아드(BMO)에서 좋은 성적을 거두었다. 여기에서의 성적으로 1989년 독일 브라운슈바이크에서 열린 국제수학올림피아드(IMO)에서 영국 대표팀의 일원으로 참가할 수 있는 자격을 얻었다. 이 대회에서 빈은 동메달을 받았다. 1990년 중국 베이징에서 열린 대회에서는 금메달을 획득했다.

케임브리지 트리니티 대학에서 수학을 공부하는 동시에 러시아어 학위도 받았다. 그 이후부터 옥스퍼드 대학교에 진학하여 필즈메달(Fields Medal, 수학에서의 노벨상과 같은 상)을 받은 것으로 유명한 사이먼 도널드슨 밑에서 박사과정을 공부하고 있다.

또한 빈은 수학에 재능 있는 고등학교 학생들과의 연구도 계속하였다. 그는 BMO의 위원이 되어 케임브리지의 트리니티 대학에서 열리는 IMO 훈련과정을 도와주고 있다. 이러한 노력을 인정받아 1994년에는 영국올림피아드 팀의 책임자로서 홍콩에서 열린 IMO에 초대되기도 했다.

빈에게 있어서 수학의 매력은 다음과 같다. "순간적으로 '바로 이것이다.'라는 어떤 느낌을 가지게 되고 그것을 완벽하게 이해하게 되는 것은 정말 말할 수 없는 감동입니다. 그럴 때면 '그래, 바로 이거야!'라는 소리가 내 머릿속을 지나가죠."

복소수

$$e^{i\vartheta} = \cos\vartheta + i\sin\vartheta$$

$$\sqrt{-1}$$

$$e^{i\pi} = -1$$

수학적 창조를 낳는 힘은 이성이 아니라 상상력이다.

드 모르간 *A. De Morgan*

i^i과 관련된 믿기 어려운 결과

이 장은 복소수와 연관성이 많으며 드 무아브르(de Moivre)의 정리에 관한 지식도 필요하기 때문에 조금 어려울지도 모르지만 놀라운 결과를 얻을 수 있을 것이다.

a, b가 실수이고, a가 양수일 때, a^b의 값은 계산기를 이용해서 구할 수 있다. 예를 들어 $2^7=128$이고, $3^{0.5}\approx1.732050808$이 됨을 쉽게 확인할 수 있다. 하지만 양의 실수라는 조건을 제거하면 곧 문제가 발생한다. 계산기로 −1의 양의 제곱근인 $(-1)^{0.5}$을 계산하는 데, 계산기가 정교하지 않다면 오류를 일으킬 것이다. 하지만 복소수를 알고 있다면 i와 $-i$가 둘 다 −1의 '제곱근'임을 알고 있을 것이다.

이런 혼란스러운 상황에서 i^i의 값에 대해 묻는 것은 황당해 보일지도 모른다. $i^i=e^{-\pi/2}\approx 0.200787958$이라고 주장하는 것은 더욱 황당할 것이다. i^i의 근사값이 111.31777, 59609.741과 또 다른 수들과 같다고 주장한다면 상식에 벗어난 것처럼 보일 것이다. 하지만 약간의 정교성과 창의성, 드 무아브르의 정리를 이용하면 더 많은 것을 발견할 수 있을 것이다.

드 무아브르의 정리(de Moivre's Theorem)

$$e^{i\theta}=\cos\theta+isin\theta$$

여기에서 θ는 라디안이다.*

예를 들어, $\theta=\pi$라면

$$\begin{aligned}e^{i\pi}&=\cos\pi+isin\pi\\&=\cos180^\circ+i\sin180^\circ\\&=-1\end{aligned}$$

라디안 계산이 익숙하다면 생략해도 좋다.

$$e^{i\pi}+1=0$$

초월수를 초월수뿐만 아니라 허수로 거듭제곱한 다음 1을 더한 것이 '영'(아무것도 없는 무의 상태)이 된다는 것이 어떻게 가능한 것인가?

* 라디안(radian)과 도(degree)는 각의 단위로 π라디안=180°이다.

수학사 이야기

리처드 파인만(Richard Feynman) 1918–1988

기이한 방정식 $e^{i\pi}+1=0$

제임스 글레이크가 쓴 위대한 물리학자 리처드 파인만의 전기 《천재(Genius)》에 유명한 방정식인 $e^{i\pi}+1=0$이 등장한다. 25세 되던 1944년에 파인만은 원자 폭탄을 발명하기 위해 로스 알모스에 모인 세계에서 가장 유명한 물리학자들에게 강의를 하였다. 어머니에게 보낸 편지에 파인만은 양자 물리학의 새로운 기초를 연 '수의 흥미로운 성질'이라 이름 붙여진 이 강의에 대해 전하였다. 파인만이 어머니에 전한 내용을 글레이크는 다음과 같이 묘사하였다.

…파인만은 다른 어떤 수학만큼이나 근본적이면서도 모든 수학내용을 포괄하는 문제를 하나 더 제시하였다. 그 문제는 e에 어떤 거듭제곱을 해야 i가 되는가였다. (그 강의에 모인 사람들은 e, i, π가 마치 보이지 않는 막에 의해 연결되어 있다는 답을 알고 있었다. 하지만 파인만은 어머니에게 이렇게 말했다. "이 문제에 대한 답을 생각할 시간도 주지 않은 채 더 놀라운 문제로 넘어갔죠.") 기이하게 보이지만 수학에서 가장 유명한 공식 $e^{i\pi}-1=0$을 불과 14세 때 공책에 적었다고 파인만은 자랑스럽게 여러 번 말했다. 서로 다른 언어임에도 불구하고 대수와 기하는 같은 것이며 하나로서 순수한 논리에 의해 일반화되고 추상화된 일종의 초보적 산술이다. "그런데요, 제 강의를 듣고 있던 그렇게 훌륭한 사람들이 제가 만든 이 작은 산술공식에 큰 인상을 받았어요."*

다음은 e^x, $\cos x$, $\sin x$의 멱급수 전개이다.

$$e^x = 1 + x + \frac{x^2}{2!} + \quad \cdots \quad + \frac{x^j}{j!} + \quad \cdots \quad = \sum_{j=0}^{\infty} \frac{x^j}{j!}$$

$$\cos x = 1 - \frac{x^2}{2!} + \frac{x^4}{4!} - \quad \cdots \quad + (-1)^j \frac{x^{2j}}{j!} + \quad \cdots \quad = \sum_{j=0}^{\infty} (-1)^j \frac{x^{2j}}{(2j)!}$$

$$\sin x = x - \frac{x^3}{3!} + \frac{x^5}{5!} - \quad \cdots \quad + (-1)^j \frac{x^{2j+1}}{(2j+1)!} + \cdots \quad = \sum_{j=0}^{\infty} (-1)^j \frac{x^{2j+1}}{(2j+1)!}$$

이 멱급수에서 x는 라디안이다. sin, cos 등 삼각함수에서는 라디안이 도(°)보다 더 자연스러

---

* 제임스 글레이크(James Gleick), 《천재(Genius)》 (New York: Vintage Books, 1992), p. 183.

운 단위이다. 왜냐하면 도(°)를 쓰면 멱급수가 훨씬 더 복잡해지기 때문이다. 이것이 수학자들이 10^x보다 더 자연스러운 e^x을 발견하게 된 이유이며, 그래서 e와 π는 깊이 연관이 있다. 드 무아브르의 정리의 증명 과정에서는 간단한 대수적인 조작으로 e^x과 $\cos x + i\sin x$가 같은 멱급수 전개라는 것을 알 수 있다. 드 무아브르의 정리의 실수 거듭제곱은 많은 삼각함수의 공식을 이끌어 내는데 유용하다.

이 정리를 이용하여 직교좌표 형식의 복소수인 $z = R\cos\theta + iR\sin\theta$를 극형식 $z = Re^{i\theta}$로 바꿀 수 있다. 극형식(polar form)에서 R은 복소수의 크기이고, θ는 편각이다. 극형식에서 복소수의 곱셈과 나눗셈은 지수법칙을 이용하면 된다. 두 복소수 z_1, z_2에 대하여, $|z_1z_2| = |z_1||z_2|$, $\arg(z_1z_2) = \arg(z_1) + \arg(z_2)$임을 증명할 수 있다. 이것은 두 복소수의 나눗셈에서도 이용된다.

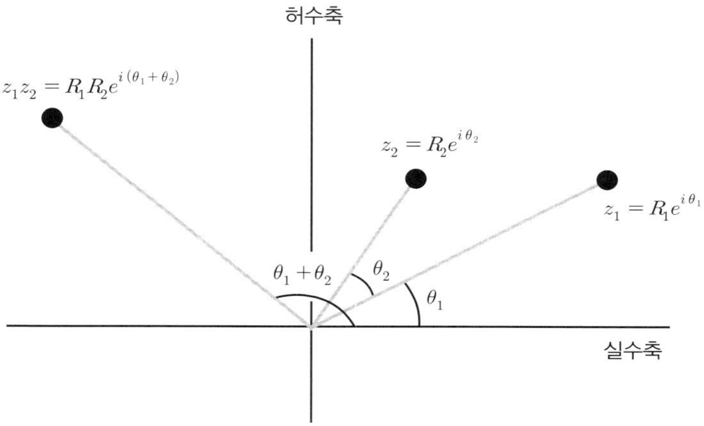

사인, 코사인에 관한 덧셈정리

드 무아브르의 정리를 사용하여 사인, 코사인에 관한 덧셈정리를 유도할 수 있다. 이 방법은 다른 삼각함수의 공식을 유도하는 데에도 이용된다.

드 무아브르의 정리에 의해 $e^{i(x+y)}=\cos(x+y)+i\sin(x+y)$이다.

$$\begin{aligned} e^{i(x+y)} &= e^{ix}e^{iy} \qquad \text{(지수 법칙에 의해)} \\ &= (\cos x+i\sin x)(\cos y+i\sin y) \\ &= (\cos x\cos y-\sin x\sin y)+i(\cos x+\sin y+i\cos y\sin x) \end{aligned}$$

실수 부분을 비교하면

$$\boxed{\cos(x+y)=\cos x\cos y-\sin x\sin y}$$

을 얻을 수 있고, 허수 부분을 비교하면

$$\boxed{\sin(x+y)=\cos x\sin y+\cos y\sin x}$$

을 얻을 수 있다.

두 복소수가 같다는 것은 실수 부분과 허수 부분이 각각 같다는 말과 동치이다.
즉, $f_1(x)+ig_1(x)=f_2(x)+ig_2(x)$는 $f_1(x)=f_2(x)$, $g_1(x)=g_2(x)$와 동치이다.

생각해보기

❶ $\cos 4\theta$와 $\sin 4\theta$를 $\cos\theta$와 $\sin\theta$로 나타내어라.

❷ $e^{i\theta}e^{-i\theta}=e^{0}=1$. 좌변을 전개한 후 $\cos(-\theta)=\cos\theta$와 $\sin(-\theta)=-\sin\theta$를 이용하여 증명하여라.

앞 장에서 $\arctan\frac{1}{2}+\arctan\frac{1}{3}=\arctan 1$ 임을 증명하였다. 하지만 복소수의 편각을 이용하면 더 쉽게 증명할 수 있다.

❶ 방정식 $(2+i)(3+i)=5+5i$ 임을 보이시오.

❷ 위 식에서 양변의 편각을 구하여라. 어떤 식이 $(1+2i)(1+3i)=-5+5i$와 대응하는가?

1706년에 런던의 천문학자인 존 마친(John Machin, 1680–1752)이 아래의 성질을 이용하여 π를 소수점 아래 100자리까지 계산하였다.

$$\frac{\pi}{4}=4\arctan\frac{1}{5}-\arctan\frac{1}{239}\quad(\text{호도법으로})$$

복소수를 이용하여 증명할 수 있겠는가? 1706년에 π는 처음으로 원의 지름에 대한 원주의 비를 나타내는 기호로 사용되었다.*

* 피터 베크만(Peter Beckmann), 《파이의 역사(A History of Pi)》 (Boulder, Colorado: The Golem Press, 1971).

i^i의 계산

i^i을 계산해보자

$$\begin{aligned} e^{\pi i/2} &= \cos\frac{\pi}{2} + i\sin\frac{\pi}{2} \\ &= \cos 90^\circ + i\sin 90^\circ \\ &= 0 + i \\ &= i \end{aligned}$$

그러므로

$$\begin{aligned} i^i &= \left(e^{\pi i/2}\right)^i = e^{(\pi i/2)i} = e^{-\pi/2} \\ &\approx 0.20787958 \end{aligned}$$

놀랍게도 i^i이 실수로 나타난다.
그러나

$$\begin{aligned} e^{-3\pi i/2} &= \cos\frac{-3\pi}{2} + i\sin\frac{-3\pi}{2} \\ &= \cos(-270^\circ) + i\sin(-270^\circ) \\ &= \cos 90^\circ + i\sin 90^\circ \\ &= i \end{aligned}$$

그래서

$$\begin{aligned} i^i &= \left(e^{-3\pi i/2}\right)^i = e^{(-3\pi i/2)i} = e^{3\pi/2} \\ &\approx 111.31777 \end{aligned}$$

놀랍게도 i^i이 다른 값으로 나왔다.

같은 방법으로, 임의의 정수 k에 대하여, $i^i = e^{(2k\pi - \frac{\pi}{2})}$임을 보일 수 있는가?

이 사실에 대하여 좀더 알아보자.

1의 n제곱근

이 문제의 요점은 i가 $e^{\frac{-3\pi i}{2}}$, $e^{\frac{\pi i}{2}}$, $e^{\frac{5\pi i}{2}}$, $e^{\frac{9\pi i}{2}}$, … 와 같이 다양한 방법으로 표현될 수 있다는 것이다. 마찬가지로 다른 복소수들도 이와 같이 다양한 방법으로 표현될 수 있다. 예를 들면, 1은 e^0로 표현할 수 있지만 $e^{2\pi i}$, $e^{4\pi i}$, $e^{6\pi i}$, … 과 $e^{-2\pi i}$, $e^{-4\pi i}$, … 으로도 표현할 수 있다.(잘 모르겠다면 드 무아브르의 정리를 이용하여 구해 보아라)

1의 제곱근을 구해보자

$k=\cdots, -2, -1, 0, 1, 2, \cdots$일 때, $1=e^{2\pi ki}$이다.

$$\begin{aligned}1^{\frac{1}{2}} &= \left(e^{2\pi ki}\right)^{\frac{1}{2}} \\ &= e^{\pi ki} \\ &= \cos 180k^\circ + i\sin 180k^\circ \\ &= \begin{cases} 1 & (k\text{가 짝수일 때}) \\ -1 & (k\text{가 홀수일 때}) \end{cases}\end{aligned}$$

위의 방법에 의하면 1의 제곱근은 두 개의 해를 가진다.
1의 세제곱근을 구해보자.

$$\begin{aligned}1^{\frac{1}{3}} &= \left(e^{2\pi ki}\right)^{\frac{1}{3}} = e^{\frac{2}{3}\pi ki} \\ &= \begin{cases} 1 & (k\text{가 3의 배수일 때}) \\ \cos 120k^\circ + i\sin 120k^\circ & (k\equiv 1 \pmod 3\text{일 때}) \\ \cos 240k^\circ + i\sin 240k^\circ & (k\equiv 2 \pmod 3\text{일 때}) \end{cases} \\ &= \begin{cases} 1 & (k\text{가 3의 배수일 때}) \\ \dfrac{-1}{2}+\dfrac{\sqrt{3}}{2}i & (k\equiv 1 \pmod 3\text{일 때}) \\ \dfrac{-1}{2}-\dfrac{\sqrt{3}}{2}i & (k\equiv 2 \pmod 3\text{일 때}) \end{cases}\end{aligned}$$

$k\equiv 1 \pmod 3$은 $k-1$이 3의 배수임을 뜻한다. 즉, k를 3으로 나누면 나머지가 1이다. 같은 방법으로, $k\equiv 2 \pmod 3$은 $k-2$가 3의 배수임을 나타낸다.*

* 23쪽의 '나누어떨어지는 규칙'에서 법 연산에 대해 공부했다.

1의 세 개의 세제곱근을 구해보았다. $\left(\frac{-1}{2}+\frac{\sqrt{3}}{2}i\right)^3$을 계산하면 얼마일까?

생각해보기

-1의 세 개의 세제곱근을 구할 수 있는가? 2의 네 개의 네제곱근은?
1의 i 제곱은? 주의: 아주 많다. 그리고 그것들이 실수가 아닐 수도 있다.

a^b과 i^i 다시보기

만약 b가 정수이면, a^b은 하나의 값을 가진다. 그 값을 계산하려면 a를 b번 곱하면 된다.

만약 b가 정수가 아닌 유리수라면(예를 들어, $\frac{1}{2}$ 혹은 $\frac{1}{3}$) 더욱 복잡해진다. a^b의 값이 유한개일지도 모른다.(만약 $b=\frac{2}{5}$라면, a^b은 얼마나 많은 값들을 가질까?)

그러나 만약 b가 유리수가 아니라면(예를 들면, $\sqrt{2}$, π, e, i) a^b의 값은 무한개일 수 있다. 그래서 앞의 i^i에 대한 여러 가지 계산 결과는 놀랍게도 모두 다 옳다.

결 론

지금까지의 내용들을 이해하기 위해 많은 시간이 걸리더라도 실망하지 않았으면 한다. 사실 이 내용들의 이면에는 더 어려운 내용들이 있다. (예를 들면, $e^x=y$ 형식의 지수방정식에는 '자연로그'가 포함되어 있다. 즉, $x=\ln y$이다. 복소수의 지수는 예상치 못했던 결과가 나오기 때문에 자연로그 'ln'에서도 예상치 못한 일이 벌어진다.)

고대의 3대 작도 불능 문제

앞서 '피타고라스의 오각별, 황금비와 독특한 삼각법'(164쪽)에서 살펴본 것처럼, 고대 그리스인들은 수학이 근본적으로 아름다움과 완벽함과 관련이 있다고 생각했다. 플라톤은 완벽한 기하학적 도형은 직선과 원뿐이라고 하였다. 이러한 이유로, 그리스인들은 기하학적인 작도를 하는데 눈금 없는 자와 컴퍼스 두 가지 도구만을 이용하였다. 그들은 두 가지 도구를 가지고 다양한 작도를 할 수 있었다. 예를 들면, 평행선이나 각의 이등분선, 그리고 선분의 n등분선도 모두 작도할 수 있었다. 또한, 임의의 다각형이 주어졌을 때, 그것과 똑같은 넓이나 두 배의 넓이를 가지는 정사각형을 작도할 수 있었다. 그리스인들은 이 모든 것과 그 이상의 것도 작도할 수 있었다. 그러나 이 도구들을 이용해서 작도할 수 없는 세 가지 문제가 있는데, 이는 정육면체의 배적 문제, 원적 문제, 각의 삼등분 문제이다.

아테네에 역병이 돌아 많은 시민들이 고통 받게 되자, 아테네 시민들은 역병을 퇴치할 방법을 문의하기 위해 델로스에 있는 아폴로 신전에 사절단을 보냈다. 신전은 "정육면체 모양의 아폴로 신전 제단의 부피를 두 배가 되게 하여라."라는 수수께끼 같은 답을 보내왔다. 아테네인들은 충실하게 제단의 부피를 두 배가 되게 하려고 하였지만 소용이 없었다. 부피를 8배로 만드는 것은 쉬웠지만 2배로 만들기는 쉽지 않았다. 이것이 '델리안 문제'(Delian problem)(정육면체의 배적)에 관한 전설이다.
즉, 임의의 선분이 주어지면, 이 선분의 $\sqrt[3]{2}$ 배인 선분을 작도하는 것이 가능할까?

원적 문제도 위와 비슷하다. 임의의 선분이 주어지면, 이 선분을 반지름으로 하는 원을 작도할 수 있다. 하지만 이 원과 같은 넓이를 가지는 정사각형을 눈금 없는 자와 컴퍼스만을 사용해서 작도하는 것이 가능할까?
즉, 주어진 선분의 $\sqrt{\pi}$ 배인 선분을 작도하는 것이 가능할까?

세 번째 문제는 조금 다르다. 임의의 각이 주어질 때, 눈금 없는 자와 컴퍼스만을 사용해서 각을 이등분하는 방법은 잘 알려져 있다. 하지만 임의의 각을 삼등분하는 것이 가능할까?

고대 그리스인들은 이 세 가지 작도 문제를 해결하기 위해 엄청난 에너지와 정열을 쏟아 부었지만 소용이 없었다. 사실 세 가지 작도 문제는 모두 해결이 불가능하다. 아무리 현명한 사람일지라도 작도를 할 수 없다. 그것은 수학적으로 작도 불능이라는 것이 증명되었기 때문이다.

오늘날에도 많은 사람들이 이 고전적인 문제의 '해답'을 각 대학교의 수학과에 보내고 있다. 증명을 보내준 것에는 감사하지만 읽어보지 않더라도 증명들이 옳지 않다는 것을 알 수 있다.

수학자들은 어떻게 이 사실을 알았을까? 이상하게 들릴지 모르겠지만, 이 기하학적 사실의 증명은 대수적인 증명 방법을 사용한다. 평면 위의 임의의 점은 실수로 된 순서쌍(x, y)로 나타낼 수 있다. 이것은 "나는 생각한다. 그러므로 존재한다."라는 명언으로 잘 알려진 프랑스의 수학자이자 철학자인 데카르트(René Descartes, 1596–1650)의 이름을 따서 데카르트 좌표(Cartesian co-ordinates)라 부른다. Cartesian(카테시안)은 데카르트의 라틴어 이름이다.

좌표 (x, y)는 복소수 $x+yi$로 나타내기도 하는데, 예를 들어, $2+3i$는 점 $(2, 3)$을 나타내고 $-i$는 점 $(0, -1)$을 나타낸다. 만약 평면에서 $0(=0+0i)$과 $1(=1+0i)$의 위치, 그리고 자와 컴퍼스가 주어진다면, 이 도구들과 두 점을 이용해서 작도할 수 있는 점들은 복소수의 부분집합이며 이를 '작도 가능한 수'(constructible numbers)라고 한다. '작도 가능한 수'는 $m+ni$ $(m, n$은 정수) 형태의 복소수로 표현되는 수임이 밝혀졌고, 덧셈, 뺄셈, 곱셈, 나눗셈, 그리고 제곱근 연산이 모두 가능하다. 예를 들면, $\frac{87}{5}$이나 i, 심지어

$$\frac{-17\sqrt{6+\sqrt{4+2i}}}{\sqrt{-3}+\frac{4}{3}}$$

도 작도할 수 있다.

이 증명은 갈루아(Évariste Galois)라는 수학자의 이름을 딴 '갈루아 정리'(Galois theory)를 이용한다. 정육면체의 배적 문제는 $\sqrt[3]{2}$를 작도하는 것을 의미한다. 갈루아 정리를 이용하여 $\sqrt[3]{2}$는 $m+ni(m, n$은 정수)의 형태로 표현될 수 없고 덧셈, 뺄셈, 곱셈, 나눗셈, 제곱근 연산이 불가능하다는 것을 증명할 수 있다. 따라서 정육면체의 배적 문제는 작도 불가능하다.

원적 문제는 $\sqrt{\pi}$가 작도 가능한가와 같은 문제이다. 모든 작도 가능한 수는 정수계수를 가지는 다항식의 해임이 밝혀졌고, 이들을 대수적 수(algebraic numbers)라 한다. 따라서 $\sqrt{\pi}$는 초월수(transcendental)이므로 작도 불가능하다.(대수적 수와 초월수는 '수, 수, 그리고 더 많은 수들!'(128쪽)와 '초월수의 존재'(254쪽)에 더 자세히 나와 있다.)

임의의 각을 3등분하는 것이 불가능함을 보이는 것은 조금 더 어렵다. 60°를 3등분할 수 없음을 증명해보자. 만약 각의 3등분이 가능하다면 cos20°를 다음과 같이 $0+0i$와 $1+0i$로부터 시작하여 작도할 수 있을 것이다.

먼저, 그림처럼 각 60°를 작도한다. 그런 다음 각 20°를 얻기 위해 3등분한다. 반지름이 1인 원과 각 20°의 교점이 (cos 20°, sin 20°)이다. 마지막으로 이 점에서 x축에 수선의 발을 내리면 길이가 cos20° 인 선분을 얻을 수 있다.

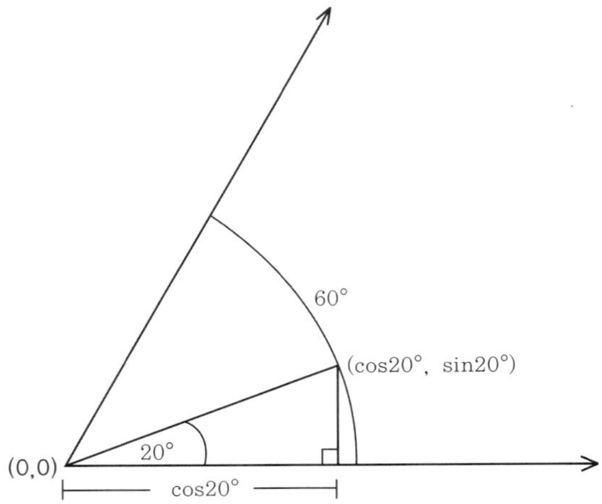

삼차방정식 $8c^3-6c-1=0$의 해로 알려진 cos20°는 $m+ni$나 $\sqrt{m+ni}$ (m, n은 정수)의 꼴을 갖는 수들의 +, −, ×, ÷으로 나타낼 수 없음이 밝혀졌다. 그래서 cos20°는 작도할 수 없다. 따라서 60°를 3등분할 수 없다면, 임의의 각을 3등분하는 방법도 없을 것이다.

이 세 가지 결과는 이해하기 매우 어렵지만 기하학에서 복소수가 어떻게 응용되는지를 알 수 있는 기회가 될 것이다.

갈루아 정리(Galois Theory)

갈루아 정리는 대학의 학부 과정에서 배우는 수학 중에서 가장 아름다운 수학 지식 중 하나이다. 갈루아 정리의 아이디어는 아래의 문제에서 볼 수 있다.

문제

$11+14\sqrt{2}$ 는 $(a+b\sqrt{2})^2$의 형태로 표현할 수 없음을 증명하여라.
(단, a, b는 유리수)

증명

만약 $11+14\sqrt{2}=(a+b\sqrt{2})^2=(a^2+2b^2)+(2ab)\sqrt{2}$ 이면
$11=a^2+2b^2$, $14=2ab$이다.
따라서 $11-14\sqrt{2}=(a^2+2b^2)-(2ab)\sqrt{2}=(a-b\sqrt{2})^2$

그러나 우변은 실수의 제곱이므로 최소한 0 이상의 수이고 좌변은 음수이므로 이것은 불가능하다.

이 증명을 완전하게 이해하기 위하여 $11+14\sqrt{2}=c+d\sqrt{2}$ 이고 c와 d가 유리수이면 $c=11$, $d=14$임을 알아야 한다.
$\sqrt{2}$가 무리수임을 증명할 수 있는가? ($\sqrt{2}$가 무리수인 것은 '스론의 첫 단계'(130쪽)에서 살펴보았다.)

도움말: $(11-c)=(d-14)\sqrt{2}$ 로 다시 고쳐서 생각해보자.

수학사 이야기

갈루아(Évariste Galois) 1811–1832

새벽의 권총 결투–추상 대수학의 서막을 열었던 십대

갈루아는 나폴레옹이 지배하던 격동기인 1811년 10월 25일 프랑스 파리에서 태어났다. 그의 가족은 정치적 성향이 강했는데 공화당원이었던 그의 아버지는 마을의 시장이었다. 조숙한 아이였던 갈루아는 학교 생활에 흥미를 잃었고 일 년 낙제를 했지만 라틴어만큼은 뛰어난 실력을 발휘했다. 학교 수업의 지루함을 달래기 위하여 갈루아는 수학책을 읽기 시작했고, 15세 때에는 전문 수학자들이나 읽을 수 있는 책을 읽게 되었다.

갈루아는 프랑스 수학자들의 산실인 에콜 폴리테크니크에 입학하고 싶었다. 이 학교에 입학하려면 공부를 체계적으로 해야 한다는 선생님의 충고를 무시하고 아무런 준비도 하지 않은 채 갈루아는 입학시험을 쳤지만 실패했다. 1829년 그의 아버지가 자살하고 며칠 뒤 다시 입학시험을 응시했지만 이번에도 실패했다.

이러한 실패에도 낙심하지 않고 갈루아는 다른 대학교에서 교육을 받았는데 여기서 그는 놀라운 실력을 발휘했다. 그러나 불행은 계속해서 그를 괴롭혔다. 17세의 젊은 갈루아는 유명한 왕립과학원에 논문을 제출했는데 과학원의 업무를 맡고 있었던 코시(Augustin-Louis Cauchy)의 실수로 논문이 분실되었다. 그런 후 1830년 2월 갈루아는 최고의 수학적 영예에 해당하는 최우수 논문상에 응모하기 위하여 논문을 제출하였다. 그런데 과학원의 간사를 맡고 있었던 푸리에(J. B. Fourier)가 논문을 집으로 가져가서 읽기도 전에 죽어버렸다. 따라서 갈루아의 놀라운 연구논문은 푸리에가 편집한 논문집에 수록될 수가 없었다.

계속된 불행에 사로잡혀 갈루아는 1830년 혁명에 가담하게 되어 1831년 체포되었고 감옥에서 얼마 동안 옥살이를 했다. 이 일이 있은 후 얼마 뒤 갈루아는 스테파니라는 의문의 아가씨와 연애사건에 빠지게 되었다. 결국 그는 결투 신청을 받게 되었는데 표면적으로는 젊은 아가씨와의 애정행각 때문이라고 하지만 사실은 정치적 성향 때문이었을 것이라고 한다. 결투가 있기 전날 밤 갈루아는 자신의 수학적 발견들을 열정적으로 기록했다. 그 다음 날인 1832년 5월 30일 아침 결투 상대자를 만났다. 갈루아는 복부에 총을 맞았고 다음 날 겨우 20세의 나이로 죽었다!

갈루아의 이런 비극적인 죽음이 있은 후에야 비로소 그의 연구 업적이 엄청나게 중요하다는 사실이 알려지게 되었다. 이 절에서 논의했던 결과들은 갈루아의 연구를 기초로 하고 있지만 그의 아이디어는 훨씬 더 장엄하고 심오한 것이다. 심지어 으늘날 갈루아 이론(Galois theory)은 수학의 많은 영역에서 핵심적인 역할을 하고 있다. 만약 갈루아가 몇 년 만 더 살았다면 얼마나 깊고 장대한 연구 업적을 낳았을지 충분히 짐작이 갈 것이다.

기하학에서 복소수의 사용

비록 복소수가 수학의 여러 분야에서 매우 유용하지만 기하학에서도 그러한지를 생각하기는 쉽지 않다. 하지만 놀랍게도 복소수는 다음과 같은 뜻밖의 결과를 증명하는데 도움이 된다.

정리

단위원에 내접하는 정 n각형의 꼭지점을 P_0, P_1, P_2, …, P_{n-1}이라 하면

$$|P_1P_0||P_2P_0||P_3P_0| \cdots |P_{n-1}P_0| = n$$

증명

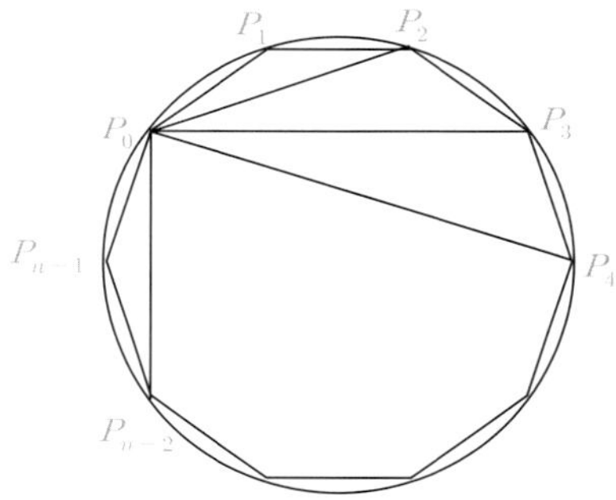

3대 작도 불능 문제(230쪽)에서, 평면에서 복소수가 어떻게 점으로 표현되는지를 살펴보았다. 예를 들어, $3+4i$는 점 $(3, 4)$로 표현된다. 복소평면(Argand plane)에서 1의 n제곱근에 대응하는 n개의 점 w^0, w, w^2, … w^{n-1}(w는 1의 원시 n제곱근이다)을 생각해보자. 이 점들은 단위원에 내접하는 정n각형의 꼭지점이다.

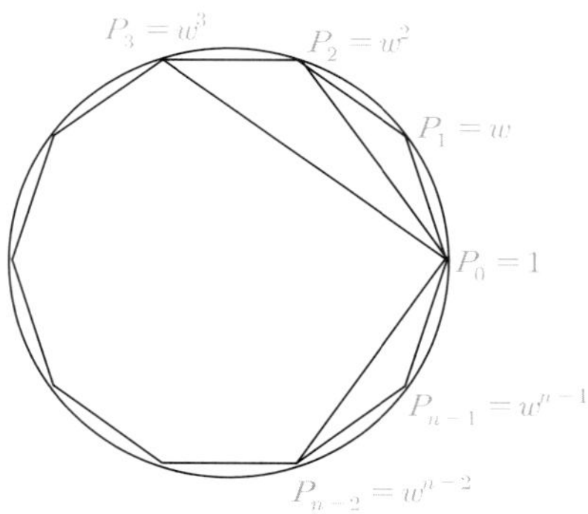

P_0가 1에 대응하는 것을 '$P_0 = 1$'로 나타내고, P_j가 w^j에 대응하도록 각 점을 P_0, P_1, P_2, …, P_{n-1}라고 하면 다음 식이 성립한다.

$$\begin{aligned}
&|P_1P_0||P_2P_0||P_3P_0| \cdots |P_{n-1}P_0| \\
&= |1-w^1||1-w^2||1-w^3| \cdots |1-w^{n-1}| \\
&= |(1-w)(1-w^2)(1-w^3) \cdots (1-w^{n-1})| \\
&= |f(1)|
\end{aligned}$$

$f(x)$를 다음과 같이 정의하자.

$$f(x)=\frac{(x-1)(x-w)(x-w^2)(x-w^3)\cdots(x-w^{n-1})}{(x-1)}$$

그런데 $x^n-1=(x-1)(x-w)(x-w^2)\cdots(x-w^{n-1})$

$$f(x)=\frac{x^n-1}{x-1}$$
$$=1+x+x^2+\cdots+x^{n-1}$$

(방정식의 양변은 해가 같고 최고 차항의 계수가 1이기 때문에)

이 식에 $x=1$을 대입하면, $f(1)=1+1+1+\cdots+1=n$

그러므로, $|P_1P_0||P_2P_0||P_3P_0|\cdots|P_{n-1}P_0|=|n|=n$이다. Q.E.D.

지금까지 기하학에서의 복소수를 살펴보았다. 다음 정리의 증명을 스스로 해보시오

정리

단위원에 내접하는 정n각형의 꼭지점을 P_0, P_1, P_2, ⋯, P_{n-1}, 원의 중심을 O, 반직선 OP_0 위의 임의의 점을 Q라 하면

$$|P_0Q||P_1Q|\cdots|P_{n-1}Q|=||OQ|^n-1|$$

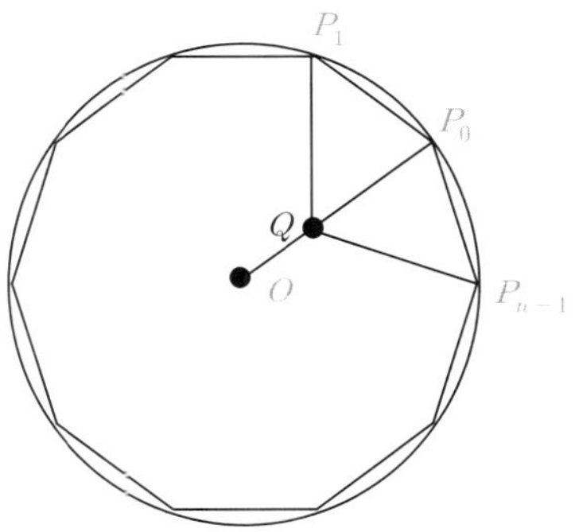

생각해보기

복소수를 사용하여 많은 사실을 증명할 수 있는데, 그 중 몇 개를 소개하고자 한다.

❶ 임의의 각을 θ(도)라 하고 계산기를 사용하여 다음을 계산하여라.

$$\cos\theta+\cos(\theta+120°)+\cos(\theta+240°)$$
$$\sin\theta+\sin(\theta+120°)+\sin(\theta+240°)$$

무엇을 발견할 수 있는가? 이유는 무엇인가? 이것을 일반화할 수 있는가?

힌트: 다음 식의 값을 구하여라.

$$\cos\theta+\cos(\theta+72°)+\cos(\theta+144°)+\cos(\theta+216°)+\cos(\theta+288°)$$

❷ 주어진 사각형 ABCD의 각 변을 한 변으로 하는 네 개의 정사각형을 그려라. 각각의 사각형의 중심을 O_1, O_2, O_3, O_4라고 하자. 그러면 $|O_1O_3|=|O_2O_4|$이고, O_1O_3는 O_2O_4와 직교한다.

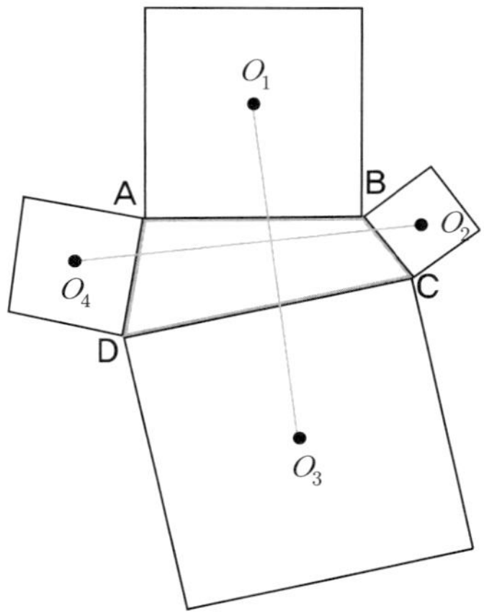

❸ 육각형 ABCDEF는 단위원에 내접한다. 그리고 $|AB| = |CD| = |EF| = 1$이다. G, H, I를 BC, DE, FA의 각각의 중점이라고 하자. 그러면 삼각형 GHI는 정삼각형이다.

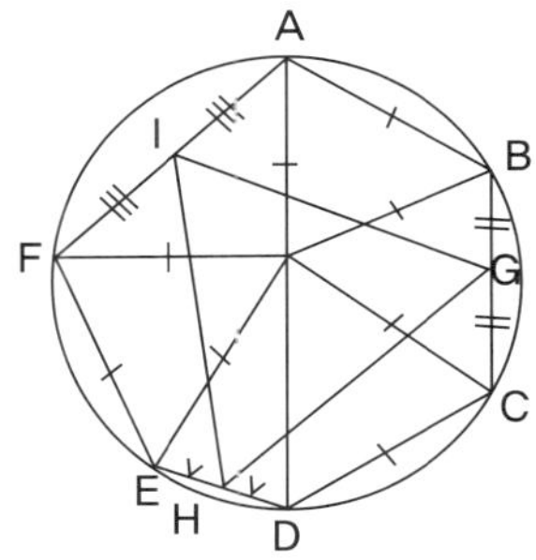

❹ 삼각형 ABC의 각 변을 한 변으로 하는 세 개의 정삼각형이 있다. (각각의 삼각형의 중심을 O_1, O_2, O_3라고 하자) 그러면 삼각형 $O_1O_2O_3$는 정삼각형이다.

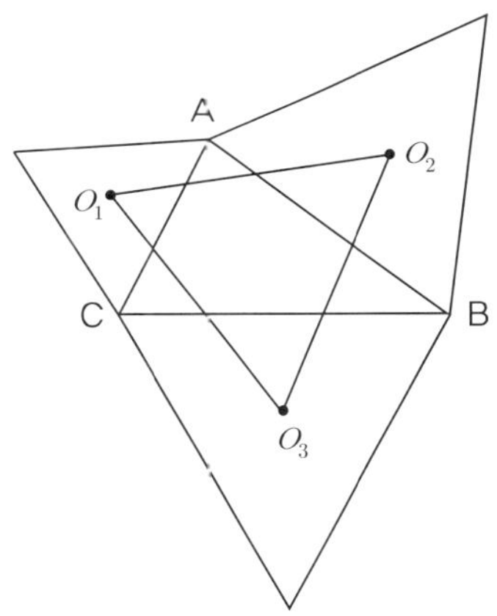

나폴레옹의 정리

나폴레옹은 수학을 좋아하였는데, 특히 기하학을 좋아하였다. 그는 1794년에 19세기 전반 대부분의 프랑스 수학자들을 배출한 에콜 폴리테크니크를 설립하였다. 그러나 이 정리를 그가 만들었다고는 하지만, 많은 역사학자들은 나폴레옹이 그것을 발견할 만큼의 기하학적 지식이 있었다는 것에는 회의적이다.

TIP 세 개의 고전적인 수학문제를 풀기 위한 복소수의 사용방법은 '3대 작도 불능 문제'(230쪽)에서 더 많이 논의된다.

기하학에서 복소수의 사용에 대해서 더 많이 알고자 하는 독자들은 로렌 라르손(Loren C. Larson) 이 지은 《문제를 통한 문제해결(Problem-Solving Through Problems)》의 8.4장을 보기 바란다. 더 많이 알고 싶으면 이 책의 참고문헌을 보기 바란다.

무한의 재조명

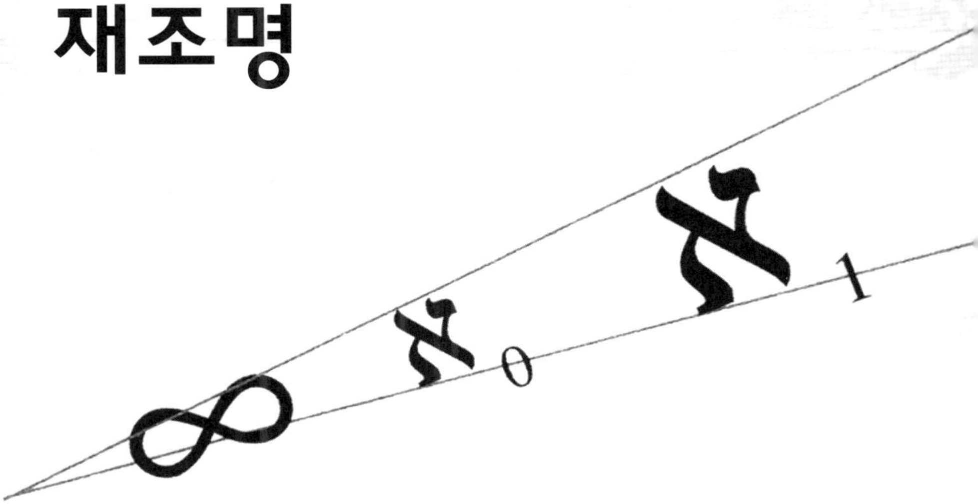

수학적 증명은 다이아몬드처럼 단단하고 투명하며, 오직 엄격한 이성 외에 어떤 것으로도 만질 수 없다.

존 로크 *John Locke*

역설!

사람들은 오래전부터 무한의 개념에 마음을 빼앗겨 왔다. 그러나 무한을 표현하는데 언어를 사용할 수 없으므로, 대부분의 역사에서 이 주제는 종교적인 분야로 간주되었다. 독일의 위대한 수학자 칸토어(Georg Cantor, 1845~1918) 때부터 비로소 무한에 대한 수학적인 연구가 시작되었고, 그 결과는 사람들을 혼란시키기에 충분했다. 무한의 수학적 개념과 관련된 몇 가지 아이디어를 소개하고자 한다.

모든 다른 수들보다 큰 신비한 '수'로 무한을 소개하는데, 이것을 기호 ∞로 나타낸다. 무한의 개념은 일반적으로 생각하는 것보다 복잡하다. '유한한' 수가 갖는 성질이 성립하지 않는 경우도 있다. 그 이유를 알기 위해, 몇 가지 수학적인 실험을 해보자.
다음과 같은 양의 정수의 집합을 생각해보자.

$$\mathbb{N}=\{1,\ 2,\ 3,\ \cdots\}$$

집합의 농도(cardinality)는 집합의 크기를 말한다. 예를 들어, 집합 {고양이, 개, 나무}의 농도는 이 집합이 3개의 원소를 가지므로 3이다.
따라서 집합 $\mathbb{N}$은 무한히 큰 집합이므로 집합의 농도는 ∞이다.

집합 $\mathbb{N}$에 '0'을 추가하면 $\{0,\ 1,\ 2,\ 3,\ \cdots\}$이 된다.

일반적으로 우리가 집합에 하나의 원소를 추가할 때, 집합의 농도는 1씩 증가한다. 예를 들어, 집합 {고양이, 개, 나무}에 집을 추가하면 {고양이, 개, 나무, 집}이 되고, 이것의 농도는 4이다. 같은 방법으로 새로 만들어진 무한집합의 농도는 $\infty+1$이다.

그 다음 이 집합의 모든 원소에 1을 더해보자. 물론 이렇게 해도 집합의 원소의 개수는 변하지 않으므로 집합의 농도는 변하지 않는다. 새롭게 만들어진 무한집합은 다음과 같다.

$$\{1,\ 2,\ 3,\ \cdots\}$$

놀랍게도 이 집합은 $\mathbb{N}$과 같은 집합이므로 집합의 농도는 ∞이다. 따라서 다음의 식이 증명되었다.

$$\infty = \infty + 1$$

이 등식의 양변에 ∞을 빼면, 다음을 얻는다. $0=1$

이것은 모순이다. 무엇이 잘못되었을까?

철학에서 제기하는 고전적인 역설 중 '이발사의 역설'이 있다. 이 이발사는 스스로 면도를 하지 않는 마을의 모든 남자들을 면도해 준다. 문제는 "이 이발사는 스스로 면도하는가?"이다.

표와 같이 차례대로 두 개의 가능한 결론을 각각 가정함으로써, 이 문제를 분석할 수 있다.

이발사는 스스로 면도를 한다.	이발사는 스스로 면도를 하지 않는다.
이발사는 스스로 면도하지 않는 사람들만 면도해 주므로, 이발사는 스스로 면도를 하지 않는 사람이다. 이것은 이발사가 스스로 면도한다는 주장에 모순이다.	이발사는 스스로 면도를 하지 않는 모든 사람들을 면도해주므로, 위의 주장에 따라 이발사는 스스로 면도해야 한다. 이것은 이발사가 스스로 면도를 하지 않는다는 주장에 모순이다.

두 주장 모두 모순을 포함하고 있다. 이 모순은 면도를 하거나 하지 않는 사람들의 집합에 이발사도 포함시켰기 때문에 생긴 것이다.

이발사의 역설과 유사한 역설을 살펴보자. 이제까지 나온 모든 책들과 앞으로 나올 모든 책들을 포함한 거대한 도서관을 상상해보자. 이제 본문에 제목이 포함되지 않는 다시 말해 스스로 언급되지 않은 모든 책의 목록인 '최후의 문헌'이라 불리는 책을 상상해보자. 다음과 같은 의문을 제기할 수 있다. '최후의 문헌'은 '최후의 문헌'의 목록에 있을까? 이것은 이발사의 역설보다 더 복잡한 질문이므로 주의 깊게 생각해야 한다. 위와 마찬가지로 차례대로 각각 가능한 답을 가정해보자.

최후의 문헌은 목록에 있다.	최후의 문헌은 목록에 없다.
최후의 문헌은 스스로를 언급되지 않는 책만 목록에 작성하므로, 위의 주장은 최후의 문헌이 스스로 언급되지 않는다는 사실을 포함하고 있다. 이것은 위에 주어진 주장에 모순이다.	최후의 문헌은 스스로 언급되지 않는 모든 책만 목록에 작성하므로, 위의 주장은 최후의 문헌은 스스로 언급되어야 한다. 즉, 스스로 목록에 올려야 하므로 이것은 위의 주장에 모순이다.

각각의 답이 모순을 포함하므로, 역설이 생기게 된다.

버트런드 러셀
(Bertrand Russell)
1872–1970

앞의 역설은 영국의 수학자이자 논리학자, 철학자, 평화주의자이며 1950년에 노벨문학상도 수상한 버트런드 러셀의 이름을 딴 러셀의 역설(Russell's paradox)로 알려져 있다. 이 역설은 어떻게 재해결되었을까? 만약 이 역설의 해법을 바로 찾아내지 못하여도 실망할 필요는 없다. 이 화제가 불러일으킨 논쟁은 20세기 초 집합론과 논리학의 개혁에 불을 붙였고, 수학기초론에 큰 기여를 하였다.

이 역설은 '자기 언급(self-reference)'의 개념과 연관되어 있음에 주목할 필요가 있다. '자기 언급'과 관련된 비슷한 역설로는 "이 문장은 거짓이다."가 있다.

이것은 현대 수학에서 자주 거론되는 화제이고, 논리학과 프랙털 이론에서도 나타난다. 앞으로 다루게 될 무한에 관한 논의에서 역설의 특징을 여러 번 접하게 될 것이다.

앞에서 $\infty = \infty + 1$인 예를 살펴보았다.
그렇다면 $\infty = \infty + \infty$인 예를 생각할 수 있는가?

추가로 읽어볼 만한 책. 이 책보다 자세하고 깊게 무한을 다루고 있는 유명한 책들이 많이 있다. 도전적이고 값진 책으로는 퓰리처상을 수상한 더글라스 호프스태터(Douglas Hofstadter)의 《괴델, 에셔, 바흐: 영원한 황금노끈(Gödel, Escher, Bach: An Eternal Golden Braid)》이 있다. 자세한 정보는 참고문헌을 보기 바란다.

서로 다른 두 개의 무한

이 장에서는 무한의 개념에 대해서 좀더 깊이 살펴보자. 무한에 대한 대략의 의미는 누구나 알고 있으나, 수학적인 용어로 표현하기 위해서는 엄밀한 정의가 필요하다. 이 정의를 이해한다면, '많은 다른 무한들이 존재한다'와 같은 여러 가지 놀라운 사실들을 증명할 수 있을 것이다.

집합 S에 집합의 크기를 의미하는 농도(cardinality)를 $|S|$로 나타내자. 예를 들어, {고양이, 개, 나무}의 농도는 3이고, 공집합 { }은 원소가 하나나도 없으므로 농도가 0이 된다. 또한 정수의 집합 $\mathbb{Z}$, 유리수의 집합 $\mathbb{Q}$, 실수의 집합 $\mathbb{R}$과 같은 무한집합도 있다.

유한집합의 농도는 쉽게 비교 가능하다. $3>0$이므로 |{고양이, 개, 나무}|>|{ }|이다. 또한 무한집합의 농도는 어떠한 유한집합의 농도보다도 분명히 크지만 무한집합들의 크기를 비교하는 것은 매우 어렵다. 한 직선에 있는 각 점들보다 더 많은 정수들이 존재하겠는가? 정수보다 더 많은 유리수가 존재하겠는가? 두 번째 질문에 대해 직관적으로 모든 정수는 유리수이지만, 모든 유리수가 정수인 것은 아니기 때문에 유리수의 농도는 정수의 농도보다 훨씬 크다고 생각하기 쉽다. 그러나 곧 알게 되겠지만, 무한한 수들의 농도에 대한 정의는 유리수의 집합과 정수의 집합의 농도가 같다는 결론을 이끌어낸다.

무한집합의 농도를 어떻게 정의할 것인가? 당신에게는 엄청나게 많은 수의 사탕과 친구들이 있다고 하자. 친구들의 수만큼 사탕이 있음을 어떻게 보일 것인가? 양쪽의 수를 세어 비교할 수도 있겠지만, 좀더 일반적인 방법을 생각해보자. 각 친구들에게 사탕을 한 개씩 주기 시작해서 남는 사탕 없이 모든 친구들에게 사탕을 하나씩 줄 수 있다면 친구들의 수와 사탕의 수가 같다는 것을 알 수 있다.

이와 유사한 과정으로 무한집합들의 농도를 비교할 수 있다. 집합 S와 T가 주어져 있다고 하자. S와 T의 각 원소를 짝지어 S의 각 원소가 T의 단 하나의 원소에 대응되고, 그 역도 성립한다면 $|S|=|T|$라고 한다. 예를 들면, 다음과 같은 두 집합 $S=\{1, 2, 3, \cdots\}$와 $T=\{0, 1, 2, 3, \cdots\}$에서 집합 S의 각 원소 n에 T의 각 원소 $n-1$이 대응되기 때문에 두 집합은 같은 크기이다. 이것은 앞 장에서 살펴본 예이다. 집합 S에 한 개의 원소를 추가하여도 이 집합의 농도는 변하지 않는다. 이것이 무한집합의 특이한 성질이다.

이 예를 좀더 자세히 살펴보자. 두 개의 집합 S와 T가 주어졌다고 하자. S에서 T로의 사상(mapping)은 S의 각 원소에 T의 원소 하나를 대응시키는 것이다. 복잡한 것 같지만 사실 매우 간단하다. 우선 두 개의 원을 그린다. 첫 번째 원에 S의 원소를 쓰고 두 번째 원에 T의 원소를 쓴다. 이런 식으로 두 집합을 대응시킨다. 사상은 집합 S의 원소에서 집합 T의 원소로 화살표를 그은 다이어그램으로 생각할 수 있으며, 이때 집합 S의 각 원소에서는 반드시 한 개의 화살표만 그어져야 한다.

예를 들어 $S=\{1, 2, 3, 4\}$, $T=$ {고양이, 개, 나무}라 하면 다음은 S에서 T로의 '사상'의 한 예이다.

사상의 예

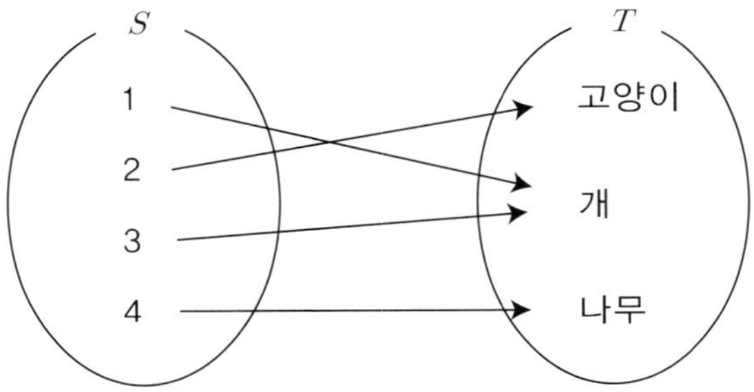

일대일 사상은 두 개의 화살표가 T의 한 원소를 향하지 않는 사상이다. 위의 사상은 일대일이 아니다. 왜 그럴까? 아래의 사상은 일대일이다.

일대일 사상의 예

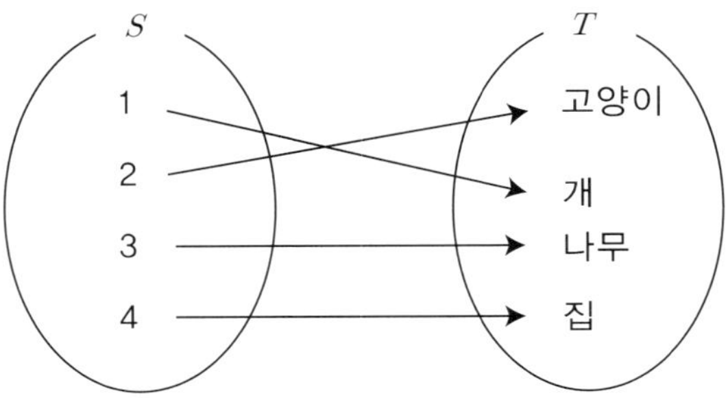

> 만약 S에서 T로의 일대일 사상이 존재할 때, 'S의 농도는 T의 농도보다 작거나 같다'라 하고 다음과 같이 나타낸다. $|S| \leq |T|$

이 정의에서 '작거나 같다'는 유한집합에서 사용하는 '작거나 같다'와 같은 의미이다. (정의가 여러분의 생각과 일치하는지에 대해 검토해보는 습관을 가지는 것이 좋다.) 이 정의는 무한집합의 농도를 비교하여 두 집합이 같은 농도를 가진다는 것을 보이는데 이용한다.

> T의 모든 원소가 대응되는 S에서 T로의 일대일 사상이 존재하면, "S와 T는 크기가 같다"고 하며 다음과 같이 나타낸다. $|S| = |T|$.
> 이를 대응(correspondence)이라고 한다.

(이것은 |사탕의 집합| = |친구들의 집합|을 보이는 것과 같은 방법이다.)

이제 두 무한 집합의 크기가 같다는 엄밀한 정의를 알게 되었으므로 크기가 다른 두 무한집합에 대해서 살펴보자. 처음 이야기한 무한 $|\{1, 2, 3, \cdots\}|$을 생각해보자. 이 무한은 기호 $\aleph_0$로 표시한다. $\aleph$(aleph)는 히브리 문자의 첫 글자이다. $\aleph_0$(aleph zero, '알레프 제로'로 읽는)는 자연수 $\mathbb{N}$의 농도이다. 이 크기의 농도를 가진 집합은 양의 정수의 집합 $\mathbb{N} = \{1, 2, 3, \cdots\}$와 일대일 대응관계에 있는 같은 크기의 집합이므로 가산무한집합(셀 수 있는 무한집합, countably infinite)이라고 한다.

$\mathbb{N}$보다 큰 농도를 가지는 집합을 찾기 위해서 먼저 정수의 집합 $\mathbb{Z}$를 생각해보자. 분명 양의 정수의 개수보다 정수의 개수가 더 많은 것처럼 보인다. 하지만 앞에서 살펴본 농도의 정의에 의하면 두 집합은 농도가 같은 집합이라는 것을 알 수 있다! $\mathbb{N}$에서 $\mathbb{Z}$로의 일대일 대응이 존재하므로 $|\mathbb{N}| = |\mathbb{Z}|$이다.

$\mathbb{N}$에서 $\mathbb{Z}$로의 대응

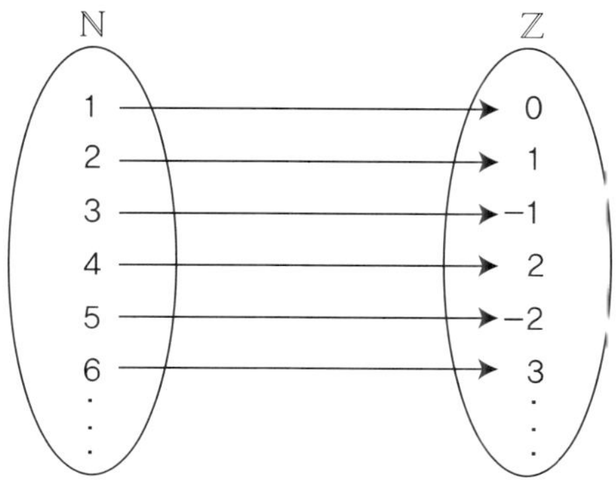

이 대응의 경우, n이 짝수이면 $\frac{n}{2}$으로, n이 홀수이면 $-\frac{(n-1)}{2}$로 대응된다. 따라서 $\mathbb{Z}$는 새로운 크기의 무한이 아니라 다른 형태의 가산집합이다.

칸토어의 대각화 방법

실수의 집합 $\mathbb{R}$의 농도를 $\mathfrak{C}$라 하고, 새로운 무한 $\mathfrak{C}=|\mathbb{R}|$에 대하여 알아보자. 분명히 $\aleph_0 \leq \mathfrak{C}$이다. 다시 말해서 양의 정수에서 실수로의 일대일 대응이 분명히 존재한다. 이제 $\mathfrak{C} \neq \aleph_0$임을 보이자. 대단히 기발한 이 증명은 칸토어에 의하여 1874년 고안되었으며, 이는 칸토어의 대각화 방법(Cantor diagonalization method)으로 알려져 있다. 이것은 양의 정수보다 실수의 농도가 크다는 우리의 직관을 수학적으로 뒷받침해준다.

자연수 $\mathbb{N}$에서 실수 $\mathbb{R}$로의 함수 f가 주어져 있다고 가정하자. 이것은 각각의 자연수 n에 대하여 실수인 $f(n)$이 존재한다는 것을 의미한다. 몇 개의 실수가 자연수와 대응이 되지 않으므로 f가 일대일 대응이 될 수 없음을 보이자.

임의의 함수 f에 대하여 다음과 같이 몇 가지 값을 살펴보자.

$$f(1) = 1.2$$
$$f(2) = \pi$$
$$f(3) = 203$$

먼저 0을 사용하여 이 숫자들을 길게 나타내보자.

$$\cdots 0001.200000000\cdots$$
$$\cdots 0003.141592653\cdots$$
$$\cdots 0203.000000000\cdots$$

$f(1)$에 대응되는 실수의 소수점 아래 첫째 자리에 동그라미를 하고, $f(2)$에 대응되는 실수의 소수점 아래 둘째 자리에 동그라미를 하고 나머지 수들도 이와같이 한다. 이제 다음 규칙에 따라 0과 1 사이의 새로운 실수 r을 만들어보자.

> $f(k)$에 대응되는 실수의 소수점 아래 k번째 숫자가 1이 아니면, r의 소수점 아래 k 번째 숫자는 1로 한다.
> $f(k)$에 대응되는 실수의 소수점 아래 k번째 숫자가 1이면, r의 소수점 아래 k 번째 숫자는 0으로 한다.

분명 r 은 $f(1)$에 대응되는 실수와 적어도 소수점 아래 첫 번째 자리의 숫자는 다르기 때문에 두 수가 같아질 수 없다. 마찬가지로 r 은 $f(2)$에 대응되는 실수와 적어도 소수점 두 번째 자리의 숫자가 다르기 때문에 두 수가 같아질 수 없다. 사실상 r 은 $f(n)$에 대응되는 실수와 적어도 소수점 아래 n번째 자리가 다르기 때문에 어느 숫자와도 같아질 수 없다. 따라서 r 이 $f(n)$의 어느 값과도 같아질 수 없음이 증명되었다. 다시 말하면, $\mathbb{N}$에서 $\mathbb{R}$로의 일대일 대응이 존재하지 않기 때문에 $\mathbb{C}$는 $\aleph_0$보다 크다는 사실을 알 수 있다. Q.E.D

이 증명과 앞 절에서 살펴본 러셀의 역설이 유사함을 알 수 있다.

만약 위의 증명이 이해가 잘 되지 않으면 여러 번 증명을 읽어보기 바란다. 이 증명을 이해했다면 자부심을 가져도 된다. 어려운 수학 문제를 해결해냈으니까

생각해보기

❶ 앞에서 집합 S에서 집합 T로의 일대일 대응이 존재한다면 $|S| \leq |T|$임을 알아보았다. 아마 g가 일대일 대응이고 T의 몇 개의 원소가 대응되지 않았다면 $|S| < |T|$라고 생각할 수 있다. 이것이 성립하지 않는 예를 찾아보시오. (도움말: 무한집합에 관한 내용과 242쪽의 '역설!'을 다시 읽어보시오.)

❷ 복소수는 비가산집합임을 증명하시오. 즉 $|\mathbb{C}| > \aleph_0$임을 보이시오.

도움말

다음 절에서는 무한히 많은 무한들이 있음을 살펴볼 것이다. 초월수의 존재를 증명하기 위하여 무한을 사용할 수 있다면 다음 장으로 건너뛰어도 좋다.

무한의 무한

다양한 크기의 무한들이 무한히 많이 있음을 보이는 증명을 살펴보자. 다른 농도를 가지는 무한집합을 S_0, S_1, S_2, …라 하자.

공집합이 아닌 집합 S가 주어졌을 때, S의 부분집합들의 집합을 S의 멱집합(power set) $\mathcal{P}(S)$라 하자. 예를 들어, S를 $\{1, 2, 3\}$이라 하면 $\mathcal{P}(S)$는 아래와 같다.

$$\mathcal{P}(S)=\{\{\}, \{1\}, \{2\}, \{3\}, \{1, 2\}, \{1, 3\}, \{2, 3\}, \{1, 2, 3\}\}$$

$|S|=3$일 때, $|\mathcal{P}(S)|=8$임을 기억해두자. ($|\mathcal{P}(S)|=2^{|S|}$인 것은 조합론을 이용하여 증명할 수 있다.) S가 유한집합이라면 $|S|<|\mathcal{P}(S)|$임이 분명하다. 이 결과는 실제로 무한집합에서도 성립한다.

증명에 앞서 이 식의 의미를 살펴보자. 무한 $\aleph_0=|\mathbb{N}|$을 생각하자. 이 증명은 앞의 항이 그 뒤의 항보다 작은 수열 $|\mathbb{N}|$, $|\mathcal{P}(\mathbb{N})|$, $|\mathcal{P}(\mathcal{P}(\mathbb{N}))|$, $|\mathcal{P}(\mathcal{P}(\mathcal{P}(\mathbb{N})))|$…의 존재성을 알려준다. 따라서 무한으로 구성된 증가수열(무한의 가산무한)을 얻을 수 있다.

정리

$|S|<|\mathcal{P}(S)|$

증명

S의 원소 s가 $\mathcal{P}(S)$의 단원집합 $\{s\}$에 대응되는 일대일 함수 f를 생각하자. $f(s)=\{s\}$인 $f: S \rightarrow \mathcal{P}(S)$가 일대일 대응이므로, $|S|\leq|\mathcal{P}(S)|$이다. (245쪽의 '서로 다른 두 개의 무한'에 나오는 사실을 이용하자) 따라서 $|S|\neq|\mathcal{P}(S)|$만 증명하면 된다. S에서 $\mathcal{P}(S)$로의 대응에서 $\mathcal{P}(S)$의 원소가 남는다는 것을 보일 수 있다면 S에서 $\mathcal{P}(S)$로의 일대일 대응이 아니므로 $|S|\neq|\mathcal{P}(S)|$이다. 두 사실에서 $|S|\leq|\mathcal{P}(S)|$이고 $|S|\neq|\mathcal{P}(S)|$이므로 $|S|<|\mathcal{P}(S)|$이다.

S에서 $\mathcal{P}(S)$로의 임의의 대응을 g라 하자. 이것은 S의 각각의 원소에 대해 g가 S의 특정한 부분집합에 대응됨을 의미한다. 이제 g에 의해 대응되지 않는 $\mathcal{P}(S)$의 원소가 있음을 보이자. 집

합 $T = \{s \in S \mid g(s)$에 속하지 않는 $s\}$를 생각하자. T는 S의 원소들의 집합이므로 당연히 S의 부분집합이다.

집합 S에서 멱집합 $\mathcal{P}(S)$로의 일대일 대응

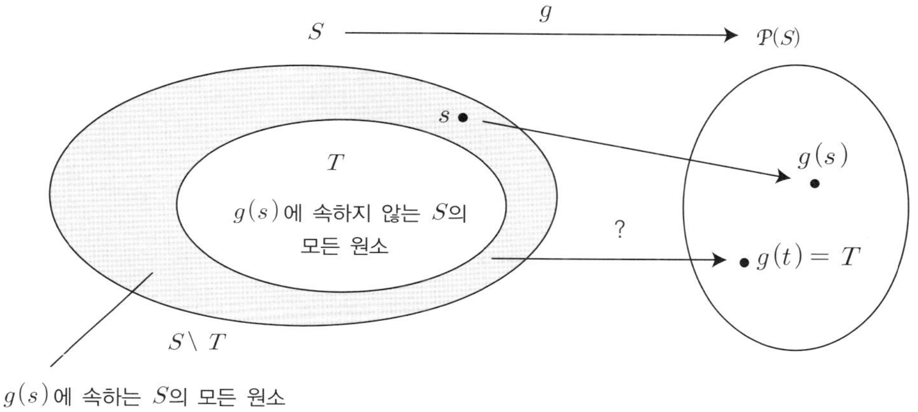

이 증명의 요점은 다음과 같다. $g(t)=T$인 S의 원소 t가 있을까?
러셀의 역설(244쪽)에 관한 논의처럼 두 가지 가능한 답을 표로 만들면 다음과 같다.

$g(t)=T$이고 t가 T에 속하는 경우	$g(t)=T$이고 t가 T에 속하지 않는 경우
t가 $g(t)$에 속하므로 (T의 정의에 의해) t는 T에 속하지 않는다. 이것은 t가 T에 속한다는 것에 모순이다.	t가 $g(t)$에 속하지 않으므로 (T의 정의에 의해) t는 T에 속한다. 이것은 t가 T에 속하지 않는다는 것에 모순이다.

즉, $g(t)=T$라면 't가 T에 속한다'와 't가 T에 속하지 않는다'는 두 문장이 다 거짓이므로 이는 모순이다. $g(t)=T$인 t가 S에 존재하지 않으므로 $\mathcal{P}(S)$에는 대응 g에 의해 대응되지 않은 원소가 반드시 존재한다. 이것으로 증명이 완성되었다.

증명이 끝났으므로 이 증명으로 알 수 있는 것들을 살펴보자. S에서 $\mathcal{P}(S)$로의 임의의 대응에 대해서도 g에 의해 대응되지 않는 $\mathcal{P}(S)$의 원소를 구성할 수 있다. 이것은 S에서 $\mathcal{P}(S)$로의 일대일 대응이 되지 않음을 보여주므로, $|S| \neq |\mathcal{P}(S)|$이다. 따라서 $|S| \leq |\mathcal{P}(S)|$이므로 $|S| < |\mathcal{P}(S)|$을 얻을 수 있다.

어떤 것이 존재함을 보이는데 무한을 어떻게 사용하는지를 알고 싶으면 '초월수의 존재' (254쪽)를 읽어보기 바란다.

수학사 이야기

게오르그 칸토어(Georg Cantor) 1845–1918

수학의 기초를 흔든 사람

1874년경 코시(Augustin-Louis Cauchy), 바이어슈트라스(Karl Weierstrass), 가우스(Gauss)와 같은 수학자들은 더 엄밀한 증명 방법을 제공함으로써 수학의 많은 직관적인 개념들을 형식화하는데 성공을 거두었다. 예를 들어, 어떤 함수가 연속인지에 대한 검사를 대수적이면서 구성적인 방법으로 하기 위하여 도입된 것이 그 유명한 연속성에 대한 $\varepsilon-\delta$를 사용한 정의이다. 일반적으로 모든 수학은 모순이 없는 유한개의 공리들로부터 유도된다는 생각이 널리 퍼져 있었다. 이런 순수한 낙관론적 견해가 지배하던 시대에 독일의 수학자인 칸토어는 무한집합이나 유(class)에 관한 이론을 다룬 혁명적인 논문인 〈집합론(Mengenlehre)〉을 발표하였다. 1874년에 발표된 칸토어의 심오한 논문은 무한집합의 농도를 결정하는 방법에 대한 것이었다. 정수집합 $\mathbb{Z}$와 유리수집합 $\mathbb{Q}$를 일대일대응을 시킴으로써 칸토어는 $\mathbb{Z}$가 $\mathbb{Q}$의 진부분집합임에도 불구하고 이들 두 집합의 농도가 같음을 입증할 수 있었다. 더구나 칸토어의 논문은 대수적인 수들의 집합 A의 농도는 $\mathbb{Z}$와 $\mathbb{Q}$ 둘 모두와 같음을 입증하였다. (앞으로 이 주장을 살펴볼 것이다.) 이 결과는 임의의 유한집합의 진부분집합은 그 집합보다 작은 농도를 가지기 때문에 역설처럼 보였다.

칸토어의 〈집합론〉에 관한 논문은 그 당시 보수적 수학자들의 집중적인 비난을 받았다. 무한집합에 대한 칸토어의 주장에 가장 신랄한 비판을 했던 인물 중에 크로네커(Leopold Kronecker)가 있었는데 그는 어떤 집합의 존재를 입증하는데 칸토어가 사용했던 간접증명을 문제 삼았다. 자신의 연구에 대한 부정적 반응과 그 당시 주류에 속했던 수학자들에게 인정을 받지 못하자 칸토어는 자신감 상실과 극심한 우울증에 시달렸고 1884년 칸토어의 나이 40세 때 정신발작을 일으켰다. 그 이후 정신발작에서 조금 회복된 칸토어는 틈틈이 찾아오는 우울증을 겪으면서도 자신이 만든 〈집합론〉을 계속 연구하였다. 1891년, 칸토어의 아이디어는 수학자들 사이에서 인정을 받기 시작하였고 크로네커와의 생각 차이도 좁힐 수 있었다. 1918년 1월 6일 칸토어는 독일의 할레에 있는 정신병원에서 생을 마감하였다. 오늘날 칸토어의 업적은 수학의 위대한 전환점 중의 하나로 우뚝 서 있다.

초월수의 존재

앞의 두 절에서 무한에 대한 논의를 위해 필요한 개념과 정리를 알아보았다. 이제 이 내용을 활용하여 수학의 다른 분야에 대해 살펴보자. 먼저 정의 하나가 필요하다.

정의

대수적인 수(algebraic number)는 아래의 방정식을 만족하는 복소수이다.

$$a_n x^n + a_{n-1} x^{n-1} + \cdots + a_1 x + a_0 = 0$$

(단, 계수 $a_n,\ a_{n-1},\ \cdots,\ a_1,\ a_0$ 는 모두 정수)

예를 들면, $\frac{3}{2}$, 0, $\sqrt[5]{2}$ 는 모두 대수적인 수이다. 이들을 해로 갖는 방정식을 찾을 수 있는가? 모든 유리수가 대수적인 수임을 알 수 있는가? 만약 $\mathbb{A}$를 대수적인 수들의 집합이라 하면 $\mathbb{Q} \subset \mathbb{A}$로 나타낼 수 있다. 즉 유리수의 집합에 대수적인 수인 복소수를 포함해야 대수적인 수들의 집합이 될 수 있다. 그러나 $\mathbb{A}=\mathbb{C}$일까? 복소수이지만 대수적인 수가 아닌 것이 있을까? 이런 수들을 초월수(transcendental numbers)라 부른다.(128쪽의 '수, 수, 그리고 더 많은 수!'에서 언급한 적이 있다.) 무한을 이용하면 초월수가 존재한다는 것을 정확히 보일 수 있다. 사실 어떤 의미에서 '대부분의' 복소수는 초월수이다.

π나 e가 초월수인 것은 사실이다. 그러나 증명은 상당히 어렵다.

$$\sum_{n=1}^{\infty} \frac{1}{10^{n!}}$$

이 초월수임을 보이는 것은 쉽다.
일반적으로, 어떤 실수가 초월수임을 보이는 것은 특별한 기술이 필요하다. 수직선상의 거의 모든 수가 초월수이지만 초월수의 위치를 수직선상에서 찾아내는 것은 매우 어렵다.

초월적인 명상
–수학자의 경우

초월수의 존재는 복소수의 집합이 대수적인 수의 집합보다 크다는 사실로부터 유도된다. 이는 대수적인 수는 가산인데 비해 복소수는 그렇지 않다는 것을 보여주며, 따라서 $|\mathbb{A}|=|\mathbb{N}|$이고 $|\mathbb{N}|<|\mathbb{C}|$(245쪽의 '서로 다른 두 개의 무한' 참조)이다. 이로부터 $|\mathbb{A}|<|\mathbb{C}|$임을 알 수 있는데 이것은 대수적인 수가 아닌 복소수가 많음을 암시하는 것이다.

정리

$|\mathbb{A}|=|\mathbb{N}|$

증명

자연수보다 훨씬 많은 대수적인 수가 있으므로 자연수와 대수적인 수의 크기가 같다는 이 정리는 거짓처럼 보인다. 그러나 자연수와 대수적인 수 사이의 일대일 대응을 찾을 수 있다. 즉, 모든 자연수 n에 대하여, 대수적인 수 $f(n)$이 대응되는 함수 f를 찾을 수 있다. 이 함수를 만들기 위한 방법은 다음과 같다.

경고!
이 증명은 간단하지 않다.
그러나 가치가 있다.

임의의 m에 대하여, 각각의 대수적인 수 x는 m차 방정식의 한 근이며, 임의의 정수 a에 대하여, 방정식의 각 계수들은 a보다 작거나 같은 절대값을 가진다. 따라서 $|a_i|\leq a$인 계수 a_i에 대한 모든 m차 방정식 근을 모두 목록으로 나타내보면, x는 이 목록에 나타난다. 이제 해야 할 일은 모든 양의 정수 m과 a에 대하여 $|a_i|\leq a$인 계수 a_i에 대한 모든 m차 방정식을 어떻게 나열하는지를 보여주는 것이다. 아래 그림은 m차 방정식의 집합과 상한 a의 계수에 의한 집합과 순서쌍 (m, a)을 대응시키는 방법인 대각선화 과정이다.

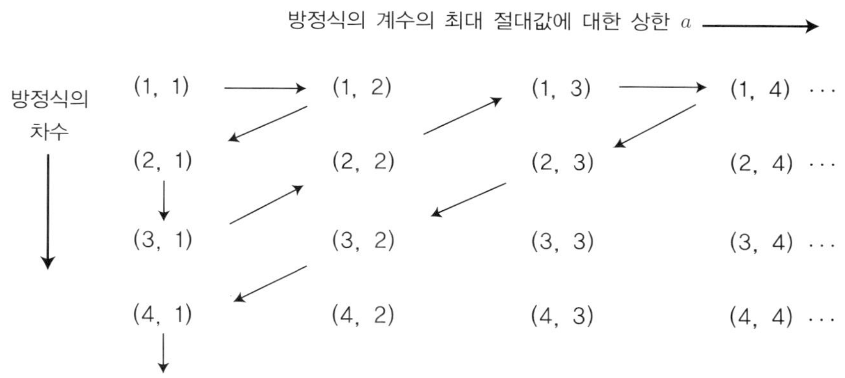

위의 그림처럼 먼저 1차 방정식의 해가 되고 계수들의 절대값이 1 이하인 모든 대수적인 수를 나열하면 -1, 0, 1과 같은 세 수가 위의 조건을 만족한다.(이 수들은 방정식 $x+1=0$, $x=0$, $x-1=0$의 근이다.) 이 세 수를 함수 f의 값인 $f(1)=-1$, $f(2)=0$, $f(3)=1$로 두자.

다음으로 아직 열거하지는 않았지만 1차 방정식의 해가 되고 계수들의 절대값이 2 이하가 되는 모든 대수적 수를 나열하자. 이 조건에 맞는 수는 유한개로 -2, $-\frac{1}{2}$, $\frac{1}{2}$, 2이다. (이 값들은 방정식 $x+2=0$, $2x+1=0$, $2x-1=0$, $x-2=0$의 근이다.) 이 수들을 위와 같이 정의하면 $f(4)=-2$, $f(5)=-\frac{1}{2}$, $f(6)=\frac{1}{2}$, $f(7)=2$ 이다.

다음으로 2차 방정식의 해가 되고 계수들의 절대값이 1 이하가 되는 모든 대수적 수를 나열하자.(이 수는 유한개이다.) 그리고 위와 같이 이 수들을 함수 f의 그 다음 값으로 두자.

다음으로 3차 방정식의 해가 되고 계수들의 절대값이 1 이하가 되는 모든 대수적 수를 나열하자. 앞의 대각선화 과정을 나타내는 그림의 화살표의 순서대로 나열한다.

차수 2, 계수의 절대값이 2 이하인 것
차수 1, 계수의 절대값이 3 이하인 것
차수 1, 계수의 절대값이 4 이하인 것
차수 2, 계수의 절대값이 3 이하인 것
차수 3, 계수의 절대값이 2 이하인 것
차수 4, 계수의 절대값이 1 이하인 것
차수 5, 계수의 절대값이 1 ⋯

각 단계에서 새로운 대수적인 수를 유한개 얻을 수 있다.(m차이며 계수들의 절대값이 a 이하인 방정식은 유한개밖에 없기 때문이다. 이 방정식의 개수는 최대 $(2a+1)^{(m+1)}$이다.)

결국 모든 대수적인 수는 이런 방법으로 만들 수 있다. 예를 들면, 만약 α가 $14x^{304}-300x^{302}+4x+1=0$의 해라면 그것은 위의 목록에 있을 것이며 차수가 304이고 계수들의 절대값이 300 이하인 방정식을 얻을 것이다.
모든 대수적인 수가 정확하게 하나씩 함수 값 $f(1)$, $f(2)$, $f(3)$, ⋯으로 나타나므로, $\mathbb{N}$과 $\mathbb{A}$ 사이에 일대일 대응관계가 성립된다. 즉 $|\mathbb{N}|=|\mathbb{A}|$이다.

결국 다음과 같은 놀라운 사실을 알 수 있다. 흔히 정수의 개수보다 훨씬 많은 대수적인 수가 존재할 것이란 생각이 든다. 대수적인 수는 흔하지만 초월수는 찾기 힘들며 설령 찾았다고 해도 그 수가 초월수임을 증명하는 것도 어렵다. 하지만 무한집합의 농도 개념에서 볼 때 정수의 개수만큼의 대수적인 수가 존재하고 대수적인 수보다 초월수는 훨씬 많이 존재한다.

생각해보기

❶ $|\mathbb{N}|=|\mathbb{Q}|$을 증명할 수 있는가?

❷ 실수인 초월수의 존재를 증명할 수 있는가?

❸ $\mathbb{N}$과 $\mathbb{A}$를 일대일 대응시키는 쉬운 방법은 다음과 같다.

i) 1차 방정식의 해가 되는 대수적인 수를 모두 나열한다.

ii) 2차 방정식의 해가 되는(이미 나열한 것이 아닌) 대수적인 수를 모두 나열한다.

iii) 3차 방정식의 해가 되는(이미 나열한 것이 아닌) 대수적인 수를 모두 나열한다.

그러나 이 방법을 따르면 두 번째 단계에서 문제가 발생하는데 1차 방정식의 해들이 너무 많기 때문이다. 이 방법에 무엇이 잘못되었는가? 앞의 증명에서는 이 문제를 어떻게 피할 수 있었는가?

❹ a) 다음 내용을 어떻게 증명할지 생각해보자.

집합의 크기가 점점 더 커지는 유한집합열 $S_1, S_2, S_3, \cdots$이 있다. 일대일 대응을 만들어 다음을 증명해 보시오.

$$|\mathbb{N}|=\left|\bigcup_{j=1}^{\infty} S_j\right|$$

b) 이제 $S_j=\{m$차 다항식의 해인 대수적인 수로서 $m+a=j$이고 여기서 계수들은 $|a|$ 이하이다$\}$로 두자. S_j가 유한집합임을 증명하시오. 모든 대수적인 수는 어떤 S_j 집합에 포함됨을 증명하시오. 그런 후에 a)의 결과를 사용하여 $|\mathbb{N}|=|\mathbb{A}|$임을 증명하시오.(앞의 증명보다는 깔끔하지만 본질적으로 같은 증명이다.)

노엄 엘키스(Noam Elkies, 미국) 1966년 8월 25일생

인물탐구

하버드 대학교 역사상 가장 어린 나이에 정교수가 되다!

노엄 엘키스는 아주 어릴 적부터 수학과 숫자퍼즐을 하면서 노는 것을 즐겼다고 한다. 어릴 적에는 피아노의 건반을 헤아리는 것을 좋아했는데 이것은 어른이 되었을 때 수학과 음악 모두를 좋아할 수 있는 계기가 되었다. 1970년에서 1978년 사이 이스라엘에서 받은 특별교육캠프와 영재교육의 혜택으로 그의 수학적 재능은 일찍부터 눈에 띄게 발전했다. 그는 부모님의 책꽂이에서 유클리드의 《원론(Elements)》 히브리어 번역판을 우연히 발견하고 그 책을 읽으면서 자연스럽게 수학에 빠져들게 되었다.

노엄은 다시 뉴욕으로 돌아와 수학으로 가장 뛰어나다고 할 수 있는 슈트비샌 고등학교에 입학했다. 더 많은 수학책을 읽으려고 공공도서관에 있는 수학책을 뒤지기도 했다. 마틴 가드너(Martin Gardner)의 책은 그에게 수학적으로 특별한 영감을 주었다. 사실 가드너가 제시한 문제들 중 한 문제를 프로젝트로 발전시킨 노엄은 1982년 전국과학대전인 웨스팅하우스과학재능경연대회에서 수상을 하기도 했다.

또한 노엄은 미국수학협의회에서 주최한 수학 경시대회에 연속으로 참가하였다. 연속 출전의 최고 절정은 미국수학올림피아드였는데 2년 동안 결승전에 진출하였고, 이어서 국제수학올림피아드 미국대표로 출전하여 2년 연속 금메달을 수상했다.

슈트비샌 고등학교에 재학하는 동안 노엄은 줄리어드 음악학교에도 다녔다. 수학과 음악은 둘 다 추상성과 어떤 특정한 즐거움을 필수적으로 가지고 있기 때문에 노엄은 수학과 음악이 아주 유사한 심미적 아름다움을 추구한다고 생각하였다. 사실, 노엄은 고등학교 마지막 학년 때 음악가가 되려는 생각도 했는데, 그래서인지 요즘도 정기 개인연주회를 열고 있으며 가끔 자신이 작곡한 곡을 연주하기도 한다.

슈트비샌 고등학교와 줄리어드 음악학교를 마치고 노엄은 수학과 음악을 공부하기 위하여 콜럼비아 대학교에 입학했으며, 3년 후 겨우 18세에 대학교를 졸업했다. 3년 동안 매년 북미퍼트남수학경시대회에서 최고상을 수상했다.

1985년 노엄은 하버드 대학교 박사과정에 입학한 그 해 1학년 여름에 250년 전에 수학자들이 성립하지 않는다고 했던 수론의 한 가지 추측을 증명함으로써 지도교수를 깜짝 놀라게 했다. 이 중요한 결과는 그의 박사학위 논문의 주제가 되었으며, 박사과정을 시작한 지 2년 만에 수학 분야의 박사학위를 받았다.

1987년, 오랜 시간을 끌어온 또 다른 문제가 노엄에 의해 해결되었다. 어떤 수의 세제곱을 2개의 세제곱 수의 합으로 나타내는 것은 불가능하다는 것이 수세기 동안 알려져 왔다. 그러나 가끔 어떤 세제곱 수는 3개의 세제곱수의 합으로 표현되는 경우는 있다. 예를 들면 $3^3+4^3+5^3=6^3$이다. 오일러(Leonhard Euler, 1707-1783)는 $n>2$일 때 어떤 수의 n제곱은 n개의 n제곱수의 합으로 나타낼 수 있고, $n-1$인 경우에는 그렇게 하는 것이 불가능하다고 추측했다. 1966년 랜더(L. J. Lander)와 파킨(T. R. Parkin)은 $27^5+84^5+110^5+133^5=144^5$임을 밝혀 오일러의 추측이 잘못된 것임을 입증했다. 그러나 오일러가 살았던 당시에는 3개의 네제곱수의 합이 어떤 수의 네제곱이 되는지는 해결되지 않은 채 남아 있었다. 수론의 정교하고 우아한 정리들을 사용하여 노엄은 이 미지의 사실에 대한 반례를 찾아낼 수 있었다.

$$2682440^4+15365639^4+18796760^4=20615673^4$$

그런 다음 노엄은 이러한 반례는 무수히 많다는 사실을 증명했으며 만들어내는 방법도 제시하였다. 이 반례들에 사용된 수는 매우 큰 수들인데 노엄이 제시한 두 번째 반례의 경우 그 수들은 자리수가 거의 70자리였다!

노엄은 일찍 학교를 졸업하게 되면 하버드 대학의 훌륭한 학문적 분위기를 더 이상 접할 수 없다는 것이 마음에 걸렸다. 그런데 그런 걱정은 한순간에 사라져버렸다. 1987-90년 특별연구원으로 선정되었고, 1990-1993년에는 조교수로 임명되었다. 1993년 마침내 26세의 나이로 하버드 대학교에서 가장 나이 어린 정교수가 되었다.

노엄이 좋아하는 문제는 유명한 리만가설(Riemann Hypothesis)을 포함한 수론 분야인데 이 가설은 수론 분야에서 아주 오랫동안 남아 있는 추측으로 만약 허결된다면 엄청난 파장을 불러일으킬 가설이다. 노엄은 "모든 수론학자들은 선천적으로 이 가설에 매료됩니다"라고 말했다. 그러나 많은 수학자들의 집중적인 노력에도 불구하고 "아마도 우연히 어느 날 풀릴 겁니다"라고 노엄은 말했다.

노엄이 연구 중인 또 다른 문제는 기하학과 수론 분야를 공유하고 있는 ABC 추측(ABC conjecture)이다. ABC 추측은 페르마의 마지막 정리(Fermat's Last Theorem)를 포함하여 많은 중요한 결과들을 내포하고 있는 추측이다. 1991년 노엄은 이 추측의 중요한 시사점을 줄 수 있는 문제를 증명하였다.

ABC 추측은 이해하는데 아무런 문제가 없을 만큼 간단하다. 페르마의 마지막 정리의 한 해가 존재한다고 가정해보자.

$$x^n + y^n = z^n \qquad (n > 3)$$

$A = x^n$, $B = y^n$, $C = z^n$이라 하면 $A + B = C$가 된다. 그러면 ABC를 나누어떨어지게 하는 소수의 곱은 많아야 $xyz < C^{3/n}$으로 C보다 훨씬 작은 수이다. 만약 이것이 불가능함만 보일 수 있다면 페르마의 마지막 정리를 증명할 수 있게 된다.

ABC 추측의 기본적인 아이디어는 다음과 같다. 만약 A, B, C가 모두 소수이고 $A + B = C$라면 ABC를 나누어떨어지게 하는 소수들의 곱은 $C^{1-\epsilon}$보다 더 커야 한다. 수학적 엄밀성을 조금 약화시켜서 이것을 다시 살펴보면 C가 아주 클 때 이 곱은 적어도 C와 크기가 같아야만 한다. 이 ABC 추측을 약간 변형한 것으로 A, B, C가 정수가 아닌 다항식일 때도 이 추측은 참이라는 사실이 알려져 있다. 이 결과의 증명은 아래에 있는 1956년 제16회 윌리엄로웰퍼트남수학경시대회 문제의 해법과 아주 유사하다.

> 복소수 계수를 갖는 다항식 $P(z)$와 $Q(z)$는 동일한 인수들로 된 해집합을 가지지만 그 인수들의 구성은 서로 다를 수 있다. 이것은 $P(z)+1$, $Q(z)+1$인 다항식에서도 성립한다. $P(z) \equiv Q(z)$임을 증명하시오.

노엄은 흥미로운 또 다른 미해결 문제를 제시하였는데 이 문제는 미국의 퍼즐 전문가인 샘 로이드(Sam Loyd, 1841-1911)가 처음 제기한 것으로 아래의 문제는 이것을 조금 더 일반화한 형태이다.

16개의 점이 있을 때 4개의 점을 지나는 선분의 최대 개수는 몇 개인가?

아래의 그림을 보면 총 16개의 점이 있고 10개의 선분이 있으며 이들 선분은 각각 4개의 점을 지나고 있다. 이것은 '$16 = 10 \otimes 4$'로 다시 적을 수 있다. (여기서 $=$와 $\otimes$ 기호는 일반적으로 사용되는 의미와는 다르다.)

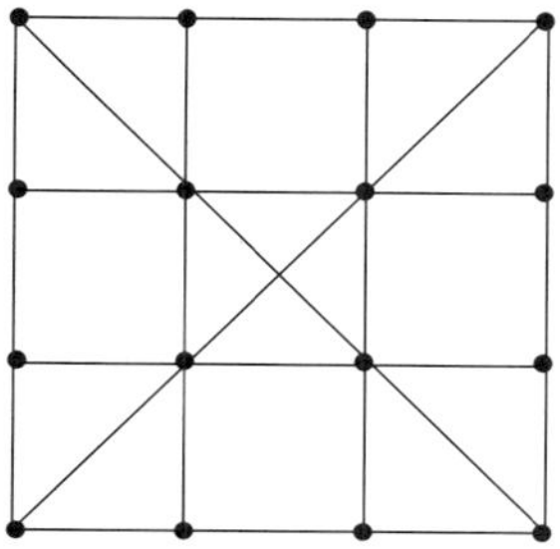

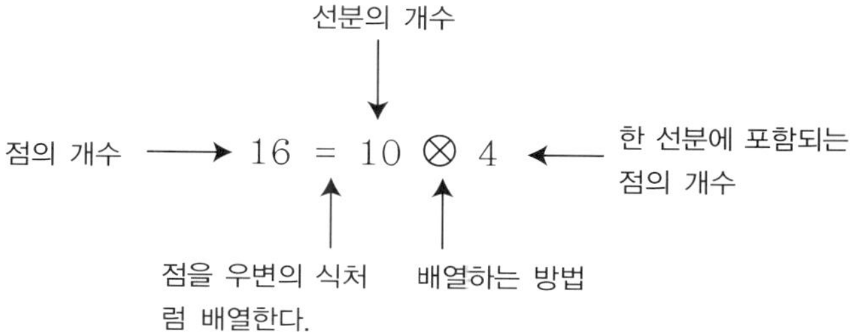

그렇지만 아래의 그림의 경우에는 16개의 점이 있으면서 각 선분이 4개의 점을 지나는 선분은 총 15개이다. 이것을 위에서처럼 식으로 적어보면 '$16 = 15 \otimes 4$'이다. 이 두 가지가 16개의 점이 있을 때 각 선분이 4개의 점을 지나는 문제에 대해 가장 잘 알려져 있는 풀이다.

$16 = 15 \otimes 4$

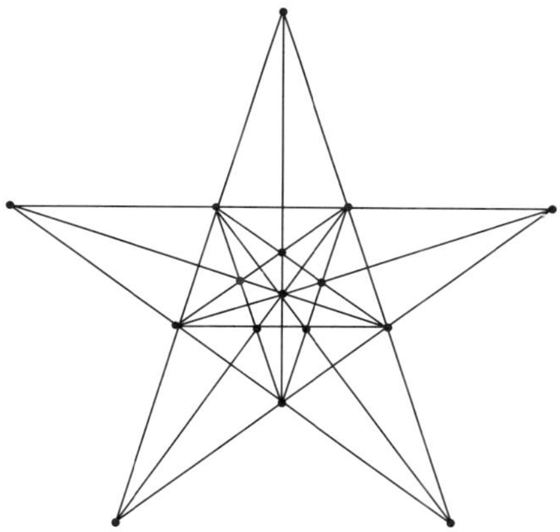

이것은 4 이상의 짝수에 대해 $n^2 = (3n+3) \otimes n$로 일반화할 수 있다. 왜 이렇게 되는지 이해가 되는가? $n=6$일 때를 먼저 시도해보아라. 이것이 선분의 최대 개수를 구하는 방법이라고 할 수 있는가?

다음 그림은 9개의 점이 있을 때 각 선분이 3개의 점을 지나는 경우인 $n=3$일 때의 선분의 최대 개수를 구한 결과를 보여주고 있다.

$9 = 10 \otimes 3$

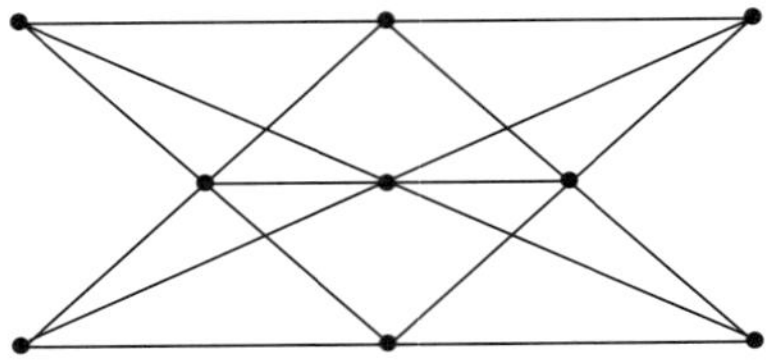

1981년에 노엄은 총 25개의 점이 있고 각 선분이 5개의 점을 지나는 경우인 $n=5$일 때 선분의 최대 개수를 구하는 결과로 알려진 다음 예를 발견하였다.

$25 = 18 \otimes 5$

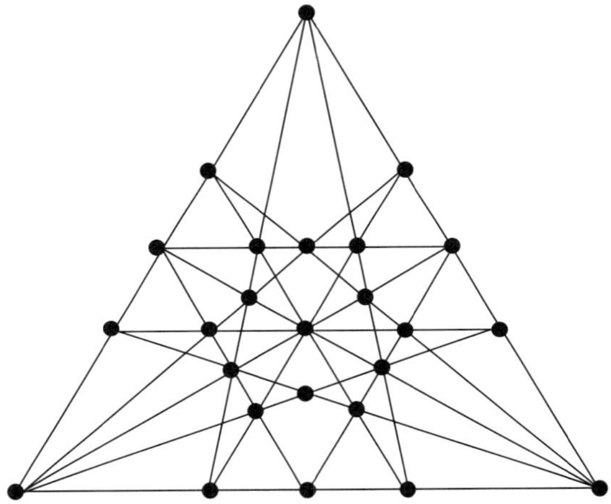

n이 5보다 큰 홀수에 대해서 $n^2 = (3n+3) \otimes n$이 가능한지는 여전히 밝혀지지 않았다. $7^2 = 240 \otimes 7$임을 보이는 예를 찾을 수 있겠는가? 또 $m > 3n+3$에 대해서 결코 $n^2 = m \otimes n$ 이 성립하지 않음을 증명할 수 있는가?

책을 마치며

제가 그랬던 것처럼 여러분도 이 책을 통해 폭넓은 수학을 경험함으로써 많은 즐거움을 얻었기를 바랍니다. 그리고 수학에 대해 많은 생각이 여운으로 남아 있기를 바랍니다. 이 책의 전체 요지는 수학의 아름답고 놀라운 결과들이 그 자체만으로도 가치 있지만 가끔 더욱 심오한 곳으로 인도하기도 하고 더욱 흥미를 자극하기도 한다는 것입니다.

제가 캐나다 토론토의 노던 중학교에 다닐 때 캐빈 퍼부가 다음과 같은 아름다운 문제를 제시하였습니다.

> 사방이 절벽으로 둘러싸인 노르웨이의 깊은 산꼭대기에는 가로와 세로가 각각 1000개의 정사각형으로 된 거대한 장기판이 있다. 각 정사각형에는 나침반의 8개 방향 중 한 개를 나타내는 화살표가 그려져 있는데, 그래서 (가장자리에 있는 몇 개 정사각형의 경우 예외는 있지만) 각 정사각형에는 8개 방향 중에서 서로 가장 인접한 방향을 나타내는 화살표가 그려져 있다. 가장자리를 서로 공유하는 정사각형에는 서로 45도의 차이가 있는 화살표가 그려져 있다. 이 정사각형 중 아무 곳에나 쥐를 한 마리 두고 그 사각형에서 가리키는 방향을 따라 점프한다고 한다.
>
> 이 불쌍한 쥐가 결국 절벽 아래로 떨어져 죽을 수밖에 없다는 사실을 증명하시오.

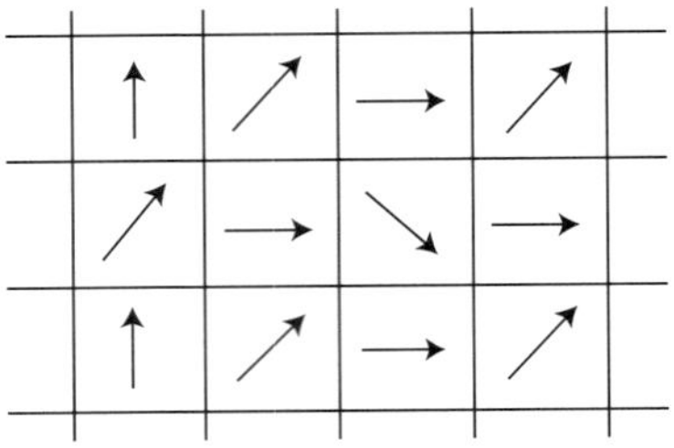

비록 캐빈이 그 당시에는 이 문제를 알지 못했지만 사실 이 문제는 수학 분야에서 아주 유용한 기하적 사고의 유형인 위상수학(topology)과 관련된 것입니다. 이것은 단순한 아이디어나 문제가 새로운 수학의 지평을 열 수 있는 한 가지 좋은 예입니다.

만약 여러분이 고등학생이고 흥미로운 수학에 대해 더 알고 싶다면 이러한 욕구를 충족시킬 수 있는 여러 방법들이 있습니다. 무엇보다도 먼저 증명을 적어나가는 것에 편안해져야 합니다. 다른 사람을 설득하는 형식으로 종이 위에 자신의 아이디어를 펼쳐 보이는 것은 정신을 연마하는 것입니다. 다른 새로운 기능의 숙달과 마찬가지로 증명쓰기도 연습이 필요합니다. 유클리드 기하는 이 연습을 위해서 가장 완벽한 경험을 제공해주는데, 그 이유는 요구되는 도구는 최소이면서 돌아오는 보상은 최대이기 때문입니다. (그런데 고등학교 수학교육과정부터 이 기하가 사라지고 있는 듯해서 안타까운 마음이 듭니다.)

여러 저자들이 수학의 아름다움을 경험하고 느낄 수 있는 좋은 책을 저술하였습니다. 그래서 여러 수준에 적합한 수많은 뛰어난 수학책들이 있습니다. '참고문헌'에 있는 책부터 시작하는 것이 좋다고 생각하는데 물론 여기에 제시하지 않은 책들 중 많은 좋은 책들이 있습니다. 여기저기 찾아다녀보고 유명한 저자들의 책을 읽어나가고 여러분이 정말로 좋아하는 주제를 따라가보는 것이 좋습니다. 여러분 학교 도서관에 좋은 수학책이 몇 권밖에 없다면 사서교사에게 더 사달라고 부탁하십시오.

그런데 혼자서 읽고 개인적으로 공부하는 것도 좋지만 여러 친구들이나 선생님과 함께 여러분의 생각을 공유하고 토론하는 것도 아주 중요합니다. 수학을 공부하는 동아리 활동도 한 가지 방법이며 친구들과 아이디어 토론과 논쟁을 지속적으로 가지는 것도 좋은 방법입니다. 또한 주말이나 여름, 겨울방학을 이용한 수학 캠프에서 제공하는 프로그램도 많이 있으므로 참가하도록 하며, 여러분 주변의 대학교를 잘 활용하면 좋은 경험을 가질 수 있을 것이라고 생각합니다.

이 책이 여러분들에게 수학에 대한 흥미와 도전감을 가질 수 있는 기회를 주었기를 다시 한번 바랍니다. 이 책에 대해 좋은 의견이나 충고가 있다면 언제든지 알려주기 바랍니다. 여러분의 미래에 대한 탐구에 행운이 있기를 바랍니다.

라비 바킬(Ravi Vakil)

저자에 관하여

라비 바킬(Ravi Vakil)의 이력은 한마디로 화려하기 그지없다. 고등학생일 때 그는 모든 주요한 수학 경시대회에서 우승을 휩쓸었다. 캐나다수학올림피아드에서 2년 연속 1등을 했고, 1988년 미국수학올림피아드 북미 지역에서 1등을 했으며, 국제수학올림피아드에서 금메달 두 개와 은메달 한 개를 획득했다. 또한 캐나다 물리학 경시대회에서 1등을 차지했고, 그의 고등학교 컴퓨터 팀이 세 번이나 지역에서 개최된 최종 결승전에 출전하는데 큰 역할을 했다. 라비는 토론토 시의 마틴 글로브 예비대학교의 1988년 최우수 졸업생으로 최우수성적 금메달과 주지사 상을 받았다.

토론토 대학교의 학부 시절, 라비는 뛰어난 능력을 발휘하여 새로운 목표를 달성하였다. 대학 4년 내내 유명한 북미퍼트남수학경시대회의 최종 결승에 올랐으며, 이런 능력 덕분으로 퍼트남 장학금을 매년 받았다. 1992년, 과학 전공 학부와 석사 학위를 받았는데, 특히 과학 전공의 경우 토론토 대학교의 최고학점을 받아 주지사 상을 받았다.

라비는 다른 분야에서도 뛰어난 능력을 발휘하였다. 스쿼시를 비롯하여 토론 실력도 뛰어났으며, 열성적으로 학생회 활동에 참여하고, 다양한 신문이나 잡지에 기고활동을 하였으며, 국제사면위원회의 일원으로 활동하기도 했다. 이런 다방면의 활동으로 토론토 대학교에서 최고 졸업생에게 주는 존모스 기념장학금을 비롯하여 각종 장학금을 받았다.

이처럼 개인적으로 뛰어난 성공을 거둔 사람이지만 라비 바킬은 항상 다른 사람을 돕는 온정이 넘치는 인물이기도 하다. 1989년부터 1995년까지 국제수학올림피아드의 캐나다 대표팀 코치로 열심히 활동했다. 또한 영어권 나라에서는 최초로 학생이 운영하는 저널인 《매스매티컬 메이헴(MatheMatical Mayhem)》의 공동 창간자인데 이 저널은 고등학생과 대학의 학부생들을 위한 수학 문제 해결 저널이다.

이 책이 출판된 1996년 라비 바킬은 하버드 대학교의 조섭 해리스 박사(Josph Harris)의 지도하에 대수적 기하학(Algebraic Geometry)이란 순수수학을 공부하였다. 박사학위를 받은 후, 라비 바킬은 프린스턴 대학교와 M.I.T를 거쳐 스탠포드 대학교에서 조교수로 수학을 가르치고 있다. 현재 미국수학회와 알프레드 슬론 연구소의 특별연구원이다.

참고문헌

Berlekamp, Elwyn R., Conway, John H., and Guy, Richard K. *Winning Ways for Your Mathematical Plays*. New York: Academic Press, 1982.

두 권의 책은 재미있는 다양한 게임을 통하여 게임이론을 수학적으로 설명하고 있는 아주 잘 쓴 책으로 읽으려면 머리를 많이 써야 한다.

Boyer, Carl B. and Merzbach, Uta C. *A History of Mathematics*. 2nd ed. New York: John Wiley & Sons, 1991.(《수학의 역사(상 · 하)》, 양영오 · 조윤동 옮김, 경문사, 2000)

Ball, W.W. Rouse and Coxeter, H.S.M. *Mathematical Recreations and Essays*. 13th ed. New York: Dover Publications Inc., 1987.

Beckmann, Petr. *A History of Pi*. Boulder, Colorado: The Golem Press, 1971. (《파이의 역사》, 박영훈 옮김, 경문사, 2002.)

Castellanos, Dario. "The Ubiquitous π". *Mathematics Magazine*. Vol. 61, No. 22, Apr. 1988, 67-98.

Coxeter, H.S.M. "The Golden Section, Phyllotaxis, and Wythoff's Game", *Scripta Mathematica*. Vol. 19, No. 2-3, June-Sept. 1953, 135-43.

*Coxeter, H.S.M. and Greitzer, Samuel L. *Geometry Revisited.* Washington D.C.: Mathematical Association of America(MAA), 1967.

미국수학회(MAA)에서 추천하는 최근 출간된 우수 수학도서 중 19권에 해당한다. 더 자세한 내용은 미국수학회 출판부에 문의하기 바란다.

Crux Mathematicorum.

캐나다수학회에서 출간한 상급 문제해결 저널로서 일 년에 10회 출간되며 '올림피아드 코너'가 상설되어 있다. 더 자세한 것은 다음 주소로 문의 바람. CMS/SMC, 577 King Edward, Suite 109, POB/CB 450, Station A, Ottawa, Ontario, Canada K1N6N5. 전화: (613) 564-2223, 팩스: (613) 565 -1539.

Curl, Robert F. and Smalley, Richard E. "Fullerenes", *Scientific American*. Vol. 264, No. 4, Oct. 1991, 54-63.

Gardner, Martin, "Six sensational discoveries that somehow or another have escaped public attention". *Scientific American* Vol. 232, No. 4, Apr. 1975, 126-133.

가드너가 쓴 책은 모두 뛰어나기 때문에 항상 읽는 것이 좋다.

Gleick, James. Genius. New York: Vintage Books, 1992.

*Greitzer, Samuel L., *Arbelos*. Washington D.C.: MAA, 1982-1988.

고등학생을 위한 최상의 수학적 문제해결 저널이다.

Hardy, G.H. *A Mathematician's Apology*. Cambridge: Cambridge University Press, 1993.

Hoffman, Paul. *Archimedes' Revenge: The Joys and Perils of Mathematics*. New York: W.W. Norton & Co., 1988.

Hofstadter, Douglas R. *Gödel, Escher, Bach: An Eternal Golden Braid*. New York: Random House, 1979.

퓰리처상을 받은 훌륭한 책이다.

Holton, Derek. *Let's Solve Some Math Problems*. Waterloo, Ontario: Waterloo Mathematics Foundation, 1993.

더 자세한 것은 다음 주소로 문의 바람. Canadian Mathematics Competition, Faculty of Mathematics, University of Waterloo, Waterloo, Ontario, Canada N2L 3G1. 전화: (519) 855-1211 구내: 2248, 팩스: (519) 746-6592.

*Honsberger, Ross. *Ingenuity in Mathematics*. Washington D.C.: MAA, 1970.

미국수학회(MAA)에서 추천하는 최근 출간된 우수 수학도서의 또 다른 한 권으로 독창력이 뛰어난 책이다. 미국수학회에서 출간한 혼스버그의 다른 책도 모두 훌륭하다.

Jacobs, Harold R. *Mathematics, A Human Endeavor*. San Francisco: W.H. Freeman, 1982.

이 책은 교사용 지도서도 있다.

*Larson, Loren C. *Problem-Solving Through Problems*. New York: Springer-Verlag, 1983.

전반적으로 아주 좋은 책으로 대학생용으로 쓴 책이지만 많은 부분은 고등학교의 수학영재 학생들에게도 적합하다. 이 책은 비둘기집의 원리와 산술, 대수, 복소수, 부등식, 기하를 다루고 있다.

Mathematical Digest.

《수학 다이제스트》는 남아프카공화국의 게이프타운 대학교 존 웹 교수가 일 년에 4회 발간하는 고등학생용 수학저널이다. 더 자세한 내용은 다음 주소로 문의 바람. Mathematical Digest, Department of Mathematics, University of Cape Town, 7700 Rondebosch, South Africa.

**Mathematical Mayhem*.

《메이헴》은 고등학생과 대학생들이 만드는 비영리 문제해결 저널로 일 년에 5회 발간된다. 이 저널에는 여러 수준의 수학문제뿐만 아니라 매우 유익한 정보를 소개하는 글도 실려 있다. 더 자세한 것은 다음 주소로 문의 바람. Department of Mathematics, University of Toronto, 100 St. George St., Toronto, Ontario, M5S 1A1. 이메일: mayhem@math.toronto.edu

Nelsen, Roger B. *Proofs Without Words: Exercises in Visual Thinking*. Washington D.C.: MAA, 1993.

*Polya, G. *How to Solve It*. Princeton: Princeton University Press, 1973.

Rucker, Rudy. Infinity and the Mind: *The Science and Philosophy of the Infinite*. Boston: Birkhauser, 1982.

Swetz, Frank J. ed. *From Five Fingers to Infinity: A Journey through the History of Mathematics*. Chicago: Open Court Publishing Company, 1994.

*표시가 있는 참고문헌은 모든 고등학교의 도서관에 반드시 갖추어야 할 책이다.

찾아보기

올림피아드 찾아보기

A Mathematical Mosaic
by Ravi Vakil

수학의 모자이크

지은이 라비 바킬
옮긴이 조정수, 김은하, 서현미, 오유미, 여주현, 이임정
이은숙, 장미선, 김연수, 이경진, 이준혁, 김 학
펴낸이 박문규
펴낸곳 KM 경문사
펴낸날 2009년 9월 1일 1판 1쇄
2010년 12월 1일 1판 2쇄
등 록 1979년 11월 9일 제 9-9호
주 소 121-818, 서울특별시 마포구 동교동 184-17
전 화 (02) 332-2004 팩스 (02) 336-5193
이메일 kyungmoon@kyungmoon.com

값 13,000원

ISBN 978-89-6105-172-9